U0024049

戰爭傳播

一個「傳播者」取向的研究

方鵬程　著

序　言

古羅馬雄辯家西賽洛曾說：「戰爭當以和平為歸宿」，但歷史的事實卻是每當這種眾生響往的「歸宿」降臨時，往往過不了多久，就不告而別。

「戰爭」與「和平」，向來是人類的大問題，戰爭傳播居於關鍵。自有人類以來，就有戰爭，一有戰爭，就有戰爭傳播。甚且在戰爭降臨之前，或難得享有的短暫和平時期，也有戰爭傳播。

戰爭傳播可說是個全新的名詞，但也是從近些年來一些十分熱門、眾所熟悉的名詞，諸如「CNN 戰爭」、「新聞戰」、「媒體戰」、「網路作戰」等等整合而來。它充滿無限弔詭，一方面似可能「節縮」戰爭的時間及人員物力的損傷，另方面卻更可能是挑起戰爭及師出有名的憑藉。

本書賦予戰爭傳播一種比較中性的意義，它有如臉朝著兩個不同方向的羅馬門神 Janus，一方通向戰爭，另一方則通向和平，而身處其中的人們，包括傳播者、媒體從業人員及閱聽眾等，都是抉擇取捨的主體，可以決定往那一個方向走，尤其居關鍵少數人的傳播者，本書對其之可能的所作所為較多著墨，以期增近人們認知，重新看待習以為常、不再質疑的事務。但若要為戰爭傳播的出路提供解答，國人甚喜的組合動物——「龍」，無疑是一個具有啟示意義的力量。在對戰爭傳播進行必要的分析與了解之餘，提出積極思考的方向，則為本研究的另一項關心與嘗試。

本書第一章至第四章乃本書的研究主體，首重研究問題的提出與理論意涵的釐清，其中第一章指陳戰爭傳播的弔詭，並質疑戰爭傳播是「不得已之惡」，另說明研究方法與態度；第二、三、四章主要在梳理戰爭傳播的意涵、範疇，以及戰爭傳播理論經宣傳、說服、溝通等階段的發展狀況。

其次，第五至九章為本書的研究客體，概分歷史研究與比較分析兩大部分。歷史研究部分包括第五與第六章，各對西方、我國的戰爭傳播歷史作長期性回溯。比較分析部分則聚焦於軍隊公共關係、媒體操控及框架競爭，以及戰爭傳播的回應等方面的探討。其中第七章探論美軍及國軍的公共關係（公共事務）；第八章剖析2003 年波斯灣戰爭美伊兩國的媒體操控與框架競爭現象；第九章則以中國大陸與台灣為例，續論有關全球戰爭傳播的回應。

最後在第十章對戰爭傳播提出展望，探論戰爭傳播的未來，由對中國大陸刻正頗受矚目的「和平崛起」作解讀，用以說明軟性力量、衝突理論、博奕理論、談判學等學說的侷限性，而以「對話（dialogue）」的內涵與意識作為本書的交代與寄語。

俄國大文豪托爾斯泰所描繪的帝俄早已不存在，可是他那一部敘述拿破崙征俄戰爭的故事——《戰爭與和平》，永遠活在人們心中。我之所以喜歡這部劃時代的鉅著，不全是因為它的文學成就上的磅礡氣勢或寬闊視界，也在於他超脫到人道主義的歷程。

年輕時，托爾斯泰做過所有的人間罪惡，酗酒、宿娼、決鬥，甚至兇殺，後來最令他怡然自得的是——在綠野中喫茶而坐，欣賞五穀豐收，與孩子們悠游同樂。

後面這三幅情景，不就是「和平」的寫照。

身為戰後嬰兒潮的一群，是看不到炮火的，可是上述那一分和平的寧靜，我們在童年時也沒有真正享受到。那時候的台灣，媒體並不怎麼發達，從沒有電視到黑白電視，在台南鄉下也只能偶爾翻閱到《中華日報》，但是學校教育把我們培養出頗具「保密防諜」警覺性的高度能力，甚至認為只要號角一響，就要起身保國衛民。

當時年紀小，我們從小一起長大的一群，都曾認真思量過如何報效國家，因為那個時代氛圍，讓我們感覺也的確可能——戰爭隨時報到。到現在，我們這一群的下一代，都已經入伍或退役了，然而，戰爭的陰影解除了？

我們及我們的下一代，和我們的上一代相比是不太一樣的。前者，未曾拿過槍或大炮打過敵人，卻擁有一堆槍砲的玩具；後者剛好相反，他們可能都沒玩過槍砲的玩具，可是必須扛起槍炮打敵人。

上面一段話，很巧的是我家庭背景的構圖之一。在我兩歲時，我的父親人在金門八二三炮戰現場，不過他的任務，主要是以照相機紀事。

由於這樣的因緣，讓我對戰爭與戰爭傳播的相關事情常繞心頭，也特別在意。記得大學時，歐陽醇老師上採訪寫作、評論寫作課時，就常提到他在戰亂時期的經歷與軍事新聞採訪種種，在研究所碩博士班亦有一些課程主題須對戰爭與和平作深入思考，我也有很長時間從事媒體、媒體關係及新聞教育的工作，尤其對 1991 年波斯灣戰爭、9.11 事件及 2003 波斯灣戰爭的收視與閱讀，都是促成本書的直接刺激。

長久以來，一直想尋求關於戰爭與和平的解答而不可得，如今選擇從戰爭傳播的角度切入，得能付梓，算是對自己成長過程所曾有過的疑慮與思考，做出一份初步的交卷。本書的完成，系上師長同仁的督勉愛護，點滴在心頭，在此謹致衷心謝忱。然而，即使再三斟酌與細校，疏陋仍在所難免，尚祈各方不吝賜教，是所至禱。

方　鵬　程

2007 年 5 月于新店

目次

第一章　導論

托佛勒夫婦（A. &H. Toffler）在《新戰爭論》的引言中，曾提到今天的戰爭，「它們破壞生態，它們透過電視銀幕，直接闖進每個人的起居室」（傅凌譯，1994：3），Carruthers（2000：2）亦指出，拜科技發展之賜，大眾傳播媒體提供人們各種不同、更廣而接近的方法，去「目擊」戰爭。

許多人對以上的論述，應不致陌生[1]，但若加以細究，上段所引二人看問題的「出發點」仍有不同，前者乃起始於「戰爭」，後者是就「傳播」的層面，可是所談論的重點，卻都重疊在「戰爭傳播」。

根據以往的經驗，人類戰爭影響層面甚廣，破壞了既有建設、環境生態及文化遺產，直接衝擊到日常的生活與秩序（如與民生息息相關的石油、賣場食品或股票等物品價格及投資），甚至威脅參戰國人民生命財產的安全，因而，除了絕少數人之外，沒有人喜歡戰爭。但是，不只因為對各層面影響甚鉅，更因為戰爭無論大小，其任何的相關動靜具有一般主流媒體所需要的破壞性、衝突性、影響性等特質，必然是最搶手的資訊。

戰爭的行為幾乎與傳播的行為同步，戰爭之始常是正常傳播中止（譬如外交等手段失靈了）或對抗性傳播衍生之時；戰爭進行之

---

[1] 在 1992 年時，全球已擁有 10 億台電視機，但其中 55%集中在西方先進國家，而非洲各國僅有 1%的電視機（Preston,2001；轉引自邊明道，2004：51）。

時，則是宣傳、說服或溝通激烈交鋒時期，凡此對於媒體而言，無一不是賣點。在媒體使命與經營效益的種種考量下，無不卯盡全力去「參與」戰爭，讓戰爭正在進行的實況，直接在新聞版面、銀幕或顯示器「上演」，爭取最佳的閱讀率、收視（聽）率。

以上所述，只是觸及了本研究的一部分，因為那可能只是站在「第三者」的立場，去看「他人的戰爭（other people，s wars）」，而不是自己來看「自己的戰爭（our wars）」（以上兩個名詞均出自Carruthers 的用語）。一旦戰爭發生在自己家園，此時被運用到的媒體，不再只是一種傳播、閱聽、收視或收訊的工具，而是貝克（Real Adm. Brent Baker）所謂的「戰場」[2]了。

對於上述種種現象，本研究嘗試以「戰爭傳播」來加以涵蓋。它可能是一個全新的名詞，但這是從近些年來一些十分熱門、眾所熟悉的名詞而來。這一些名詞諸如「CNN 戰爭」、「新聞戰」、「媒體戰」、「網路作戰」等等，在報章雜誌、學術的期刊與論著中不時出現，也將在本書第二章做些深入探討。

此一名詞的提出，或許可以協助相關研究或論述的整合，也或許只是「新瓶舊酒」，但這並不重要，值得在意的是，能否由此賦予較新意義，裨益人們更具嚴肅的思考與態度，畢竟，「兵者，國之大事也」；戰爭傳播，亦是國之大事也。

---

[2] 貝克可能是第一位使用「戰場」一詞來形容新聞媒體的人。他在第一次波斯灣戰爭期間擔任美國海軍少將資訊主管，曾於 1991 年 4 月 5 日陸戰隊指揮參謀學院舉行的軍方與媒體會議上指出：「如果我們對媒體戰場保持緘默的話，就是棄械投降了。」（吳福生譯，2001：358）

壹、戰爭傳播的弔詭

我們可以在一些著述中，看到類似出現在李凱（R. Leckie）《論戰爭》的數字統計：「在 5500 年的歷史紀錄中，和平時期尚不到 230 年；在我們美國的歷史中，我們武裝部隊未參加過軍事戰役或作戰時期尚不足 20 年。」（陳希平譯，1973：1）。瑞士、美國等許多國家曾經統計，從西元前 3200 年到西元 1964 年，世界上共發生過 14513 次戰爭，其間只有 329 年是和平的（李慶山，1994）。

而從戰爭後果的層面看，第一次世界大戰共造成 1000 萬人死亡，2000 萬人傷殘，900 萬兒童淪為孤兒，500 萬婦女失去丈夫。二次大戰的傷亡人數無法精確估算，甚至超出了想像的能力，保守估計也有 5500 萬人，其中大約有 2000 萬蘇聯公民死於戰火，有 600 萬猶太人（主要為中歐地區的猶太人口）在納粹集中營慘遭殺戮，中國在 8 年對日抗戰中可能損失 1500 萬人（Carruthers, 2000：1）。

總計上個世紀殺戮殘酷的兩次世界大戰，至少剝奪了大約 6 千至 7 千萬人的生命[3]，可是人類何曾因此獲得教訓，戰爭何曾因此終止？世界各地依然陸陸續續發生許許多多區域性、規模不一的有限戰爭，新、舊世紀交替的這十幾年間，相繼又有 1991 年波斯灣戰爭、科索沃戰爭、阿富汗戰爭與 2003 年波斯灣戰爭、以黎之戰等等。

在簽定第一次世界大戰停戰協定前的 11 天，亦即 1918 年 10 月 31 日，《倫敦時報》刊載了一個總結：「一個好的宣傳戰略可能

[3] 另一估計，兩次世界大戰就奪走 1 億人的生命（Ponting,1998：537）。這些數字統計，就好像人類記載的歷史一樣，雖無法完全精確，但可以看到一些大致的情況。

會節省一年的戰爭。這意味著會節省上千萬英鎊，無疑還有上百萬人的生命。」

法國巴黎第八大學資訊傳播學教授馬特拉（A. Mattelart）在他的著述中，對此曾給予這樣的評論（陳衛星譯，2005：56-57）：「不必把這看作是在第一次世界性軍事衝突中設立的官方說服機制的多餘的宣言。這個結論在所有協約國被民眾和軍人所分享，甚至被他們的敵人所承認，雪片般散布在他們陣地後方的傳單使得前線戰壕的士兵開小差。」

如果《倫敦時報》與馬特拉的陳述為真，那我們又如何看待 2003 年的波斯灣戰爭？美國在小布希總統的號令指揮下，與聯軍兵進伊拉克，所持振振有詞的說法，就是伊拉克擁有大規模毀滅性武器。

美國在出兵之前，就擬定有妥善的「震懾（shock and awe）」策略，除了採取千百枚重型炸彈與巡弋飛彈，實施炸得敵人肝膽俱裂的震懾戰術之外，更有一套完備的媒體與公關宣傳策略，目標對象指向美國人、伊拉克軍民及散佈全世界各地的媒體閱聽眾。

然而，美國前國務卿鮑爾（C. Powell）在接受 ABC 新聞節目訪談時說，他於 2003 年向聯合國演說，詳述伊拉克擁有大規模毀滅武器計畫，結果戰後至今顯現該國這些計畫根本不存在。他說「這是我代表美國向全世界簡報」，那次簡報「永遠是我紀錄的一部分」[4]，為此他個人感到「痛苦」，這也是他個人紀錄上永遠的「汙點」（田思怡，2005 年 9 月 10 日）。

---

[4] 鮑爾說，他後來得知，一些情報人員知道他的情報不可靠卻沒有說，使他深受打擊（田思怡，2005 年 9 月 10 日）。

戰爭傳播充滿無限弔詭，一方面似可能「節縮」戰爭的時間及人員物力的損傷，另方面卻更可能是挑起戰爭及師出有名的憑藉。《倫敦時報》的名言賦予通往和平的可貴含意，但所謂的「和平」，是否僅是戰爭的「短暫假期」而已，戰爭一定是人類經常性的行為？「鮑爾的2003年聯合國演說」確是人類發動戰爭的一個「汙點」，但這個「汙點」的代價卻是一場殺戮戰爭，也可能在人類社會不斷的複製重現？

戰爭傳播可能導致和平亦可能導致戰爭，此一弔詭不僅預示了人類戰爭無比寬大的存活空間，同時為戰爭傳播愈趨必要與重要提供佐證。然而，在尚乏較好應對方略之前，要促進和平確是人類可欲而不可求的渴望，對此人們彼此之間又能認知或做些甚麼？這樣的思考一直催促著本研究向前邁進，迄今書稿完成，個人想法仍是——人們不能不對「戰爭傳播」有所認知，此即是本書研究的旨趣所在。

貳、不得已之惡？

或許必須經過探討，我們才能得知史上一些戰爭傳播者之間，是否存在著若干共通的關係，但Carruthers（2000：55）已經告知，一次大戰中媒體宣傳的政府操作方式與效能，為二次大戰提供了原型樣本（prefigure），而二次大戰則青出於藍更勝於藍。

1991年波斯灣戰爭首開有線電視24小時直播戰爭新聞，但除了這項新傳播方式之外，戰後的一份戰爭新聞採訪調查報告指出，人類在這場戰爭中首度集中至少10個高科技革新技術進行戰爭報導（吳福生譯，2001）。

2003 年的第二次波斯灣戰爭則是一場有史以來最大規模的媒體戰與新聞戰，同時是第一次網際網路真正參與報導的戰爭。由於美伊雙方軍事武器科技差距懸殊，媒體所扮演的角色益形重要，在美國總統小布希的攻伊計畫中，媒體是戰勝的武器之一，同樣在伊拉克的算盤裡，又何嘗不是對付美國的一大利器？

自從人類出現，即有傳播行為，亦即有戰爭傳播行為。自一次大戰起，人類展開比較有系統、有組織的戰爭宣傳，戰爭傳播的重要性更是有增無減，且隨著新傳播科技不斷推陳出新。人們不能不正視的一個事實，係自古至今的戰爭與傳播一直伴隨，不離不棄，尤其在傳播科技帶動下，戰爭傳播幾已成為一個國家求生存不可或缺的要件。戰爭傳播具備一定程度的傳染性、相互模仿性，戰爭傳播已成為人類不得已之惡。

就以台海兩岸現況而言，這一「不得已之惡」已經存在幾十年，這一「弔詭」迄今不知通往何方？兩岸雖然已由過去硬性力量的軍事對抗，在蔣經國總統宣示開放赴大陸探親之後，轉為如今人民之間商貿、科技、文化、體育交流的趨勢，但截至目前為止，中共仍不放棄武力犯台，兩岸之間的武力競賽猶炙。「戰爭或和平」的嚴肅課題正考驗其實是同文同種的兩群人，卻也是因所持意識形態不一的各個族群。

一路由過去零和遊戲的競爭、硬性力量的對抗走過來，兩岸稍有進展的狀況是，進入奈伊（J. S. Nye）所指的「軟性權力（soft power）」的對峙時期。當今之世，相對於軍事征伐或武力競賽，提倡合作性的軟性力量正在醞釀發酵，逐漸取代有我無你、互不信任的思維與行徑。台灣與中國大陸能否成為這股新潮流、新方向的開闢者？但吾人難免還要問：「軟性權力」就夠了嗎？

因而，戰爭傳播雖可為戰爭發動者用來引發戰爭，名之為不得已時縮短戰爭的一種作為，但更重要的，身居關鍵少數人的傳播者，其之可能的所作所為應為人們廣泛認知，尤其媒體從業者及作為閱聽眾一員的我們，所應具有的媒體素養當在於認知戰爭傳播的最高道德，亦即它並非一種用來發動戰爭或戰勝對方，而是用來防止戰爭的作為。

筆者在本研究中賦予戰爭傳播一種比較中性的意義，它有如臉朝著兩個相反方向的羅馬門神 Janus，一方通向戰爭，另一方通向和平，身處其中的人們雖係傳播行為下的受眾，卻亦是抉擇戰爭是否發動的主體，既可以決定往那一個方向走，就能跳脫「為勝利而戰」、「為和平而戰」、「為嚇阻而戰」（以上三詞的使用見俞力工，1994：9-11）等始終以戰爭為中心的慣性思考。

幾乎每場戰爭之發動者皆宣稱其有不得已的理由，且都藉傳播宣揚其理由，亦即戰爭傳播即便有助於提早結束戰爭，但也正當化了戰爭的不得不然，而發動戰爭也被美化為不得已之惡，以致一般在討論與戰爭相關的傳播行為時，難免陷入「戰爭－和平」的循環枷鎖。

但是戰爭傳播大有可能幫助我們跳脫「戰爭－和平」的慣性循環，只要它是被用來預防戰爭。面對戰爭此一不得已之惡，在實務上，戰爭傳播既是助長者也可能是減緩者甚至是預防者。止戈為武，不戰而屈人之兵的思考，則使我們可在理論上構思一種跳脫為勝利、和平、嚇阻而戰的思考方式，即以戰爭傳播來預防、治療、緩和造成人類或國際體危害的戰爭。

但若要為戰爭傳播的出路提供「可能的解答」，在 Janus 之外，兩岸人民甚喜的組合動物——「龍」，無疑是一個具有啟示意義的力量。在對戰爭傳播進行必要的分析與了解之餘，提出積極思考的方向，則為本研究的另一項關心與嘗試。

參、歷史研究的方法與態度

一般而言，傳統上在進行傳播研究時多援用社會科學的經驗調查法、心理學與社會心理學的實驗方法。但是本書所要研究的對象正是傳播研究本身，而非某種傳播現象，因此選擇採用質化的歷史方法（historical method）與比較分析（comparative analysis）。基本上，此二種方法的運用，是希望透過「長時期」的縱深，對本研究的主題有較深入的了解與掌握，並從中形成宏觀性思考視野，凝聚出整體性理解與認知。

史學與社會學都在研究人類行為的活動，只是時間上有長短的分別而已，它們的方法與目的應該都是一樣（Allcock,1975：488，轉引自賴澤涵，1982）。如果我們想要研究過去發生的事，可以深度訪談、實驗、社會調查等方法為之，但若想要探尋更久以前的事，就得仰賴歷史的方法，此即歷史學與社會學交會之處。社會學界的前輩，諸如孔德（A. Comte）、斯賓塞（H. Spencer）、涂爾幹（E. Durkheim）、馬克思（K. Marx）與韋伯（M. Weber）等，都是運用歷史資料，來發展他們的立論。

龍冠海（1963）在台灣社會學開拓初期，就有上述的認知與提倡。他曾提到歷史法運用於社會研究有兩種目的：其一為了解過去和現在社會現象的關係，另一則是研求歷史上某種社會事件發生的背景及其因果，以便歸納為原理法則（龍冠海，1963）。

歷史方法依龍冠海的界定，是運用科學的態度和方法，特別是歸納法，去檢討歷史的紀錄，以決定事實的真象，並發現其因果關係。這個方法的應用有幾個基本要點：（一）它的研究材料是前人遺留下來的文獻及其它的證件；（二）它是一種間接的觀察法，因為過去所發生的事情永遠不能由研究者直接的去觀察，只能從現存的文獻中去探索；（三）史料的利用必須採取批評的態度，以鑑別其真偽及其正確性，因為過去的紀錄未必都是可靠的（同前註）。

歷史方法是一種質化研究（qualitative research），而依據 Babbie 的說法，這是非介入性、非干擾性（unobtrusive）或非反應性（nonreactive）研究方法。所謂非干擾性研究方法是指研究者在從事社會科學研究時不影響被研究客體的社會生活過程（林萬億，1994：91；李美華等譯，1998：12 章）。

歷史分析或比較分析允許運用文獻、公共紀錄、證物，或參考別人的結論，來測試一些資料，形成自己的結論。通常這樣的資料來源有：初級資料與次級資料（趙碧華、朱美珍譯，2001）、文字的紀錄與器物（文崇一，1982）、個人資料與公共紀錄（林萬億，1994）。本研究所採初級資料包括政府政策、官方報告、組織內部規則、見證的口頭報告等；另在次級資料方面，引證已有的相關著作，以資形成作者的結論。

在社會學裡，最早使用比較分析的是涂爾幹的自殺比較研究。它檢視自殺的資料，是從不同的國家、不同的地區、不同的歷史時期、不同的年代、不同的宗教團體等蒐集而成，最後以社會因素說明各種團體的不同自殺率，結論指出不同的社會環境會產生不同的壓力。

韋伯在學術研究上的關注點，在於西方資本主義的興起是歷史的偶然或必然，旁及其如何興起與因何興起，他相信基督新教（Protestantism）鼓勵信徒的某些信條，如藉由努力工作、儲蓄以獲得救贖，是西方經濟發展的重要因素，而廣泛蒐集新教教會的訓誡，並分成職務觀念、克制的生活態度、信義誠實原則、有效利用時間與金錢等主題進行研究，另又擴及猶太教、中國宗教及印度宗教，來證明不是所有宗教都具有相同的主題意識。

比較分析常見諸跨國研究，透過對兩個或兩個以上國家的資料蒐集，進行相似性或差異性分析。Koenig（1961）認為比較分析法，可以用來研究現在的團體或過去的團體、文明程度相等或相差的團體、民族，從中發現彼此生活方式的異同，而這些異同點，則可作為人類社會行為重要的探究線索。

蔡文輝（1989：41-43）指出進行比較分析研究要注意：（一）要對被研究的國家、社會或文化有基本性的了解；（二）因為在不同的社會要找到完全相同的概念非常困難，因而研究設計裡的基本命題與假設不能定得太死板，要有彈性與通融的地方；（三）單以一個研究方法，可能會產生誤差，最好能配合其它的研究方法。他也認為，近年來在比較研究上逐漸受人運用的是間接分析法（secondary analysis），這種方法就是前面所曾提到的次級資料，亦即利用他人已蒐集成的資料再作分析。

本研究以歷史方法與比較分析，來研究人類戰爭傳播的歷史，在全文十個章節中，除第一章及最後一章未作結語外，第二章至第九章均就研究進展作出個人研究心得，所秉持的態度主要有3：「求知」、「儘量客觀」及「融入參與」。

「求知」是指一種對知識與智慧的開放態度，而能在前人工作的基礎上累積知識與智慧。歷史的事實與真相，並不一定因為吾人去追尋而呈現，即使窮盡接力式繩繩不斷的努力，恐不易全數獲得，但應賦予各種可能的解釋的機會，這種「機會」借余英時（楊湘鈞，2002 年 7 月 17 日）的話說，就是「無論能不能夠恢復歷史的原狀，都應彰顯出一些被前人所忽略的東西」。

研究歷史就像新聞從業人員進行新聞報導一樣，難免由於不同的領會、觀察的角度或既持的框架，所解讀出的內容可能呈現「各有取捨」、「各說各話」的情形。此時，不容忽視的態度是「儘量客觀」，亦即不作「有意的主觀」，「必先由主觀到客觀，主觀其始，客觀其終」（杜維運，1979）。

此一研究態度，始於研究者相信客觀及中性存在的可能性，學者巴柏（K. Popper）即是據此原則提出「否證論」的觀點，成為科學研究者普遍接受的研究態度。事實上，任何理論永遠都是假設性的，好的科學必須經由否證再否證的辯證過程，才能揚棄錯誤，而所獲致的，亦只是「暫時性解答」（Popper,1976：99）。我們所能做的，就是經由暫時性的解答，以及當此解答被證明有誤時，再提出一新且能夠解答前一錯誤的暫時性解答的過程來學習。

在理性、客觀之外，還須強調的是「要進入歷史之中」的參與態度。杜維運（1979）認為研究歷史不可能完全超然，沒有立場，如寫及自己國家民族的歷史，有一定限度的愛自己國家民族的立場，這是一種參與，是絕對需要的，然後能進一步擴充愛自己民族國家的立場，及於其他國家民族，就漸臻於超然。

肆、本書章節架構

本書研究架構見圖 1-1，第一章至第四章乃本書的研究主體，首重研究問題的提出與理論意涵的釐清，其中第一章如前所言，指陳戰爭傳播的弔詭，質疑戰爭傳播這一「不得已之惡」，另說明研究方法與態度；第二、三、四章主要在梳理戰爭傳播的意涵、範疇，以及戰爭傳播理論經宣傳、說服、溝通等階段的發展狀況。

其次為本書的研究客體，概分歷史研究與比較分析兩大部分。歷史研究部分包括第五與第六章，各對西方、我國的戰爭傳播歷史作長期性回溯。比較分析部分則聚焦於軍隊公共關係、媒體操控及框架競爭，以及戰爭傳播的回應等方面的探討。其中第七章探論美軍及國軍的公共關係（公共事務）；第八章剖析 2003 年波斯灣戰爭美伊兩國的媒體操控與框架競爭現象；第九章則以中國大陸與台灣為例，續論有關全球戰爭傳播的回應。

最後在第十章對戰爭傳播提出展望，探論戰爭傳播的未來。由對中國大陸刻正頗受矚目的「和平崛起」作解讀，繼以說明軟性力量、衝突理論、博奕理論、談判學等學說的侷限性，而以「對話（dialogue）」的內涵與意識作為本書的交代與寄語。

在此必須附加說明的，一般傳播研究涵蓋傳播者、傳播訊息、傳播通路、傳播對象及傳播效果諸環節，但本書限於時間與篇幅，無法面面俱到，照顧周全。雖然在研究主體的部分，儘可能對傳播諸環節做到大致介紹，但在研究客體的 5 個章節，則主要遊走於「傳播者」此一區塊，以致最後一章亦傾向針對「傳播者」而發，不無偏重之憾。

然而，本書的研究初衷，旨在喚起對關係人類和平之戰爭傳播的應有重視，其間「傳播者」之於戰爭傳播，實居於關鍵地位，因而此部分自然成為本書全文鋪陳的核心所在。目前國內傳播研究各領域均呈蓬勃發展之勢，但在戰爭傳播方面的耕耘相對少見，當期於有志者賡續之。

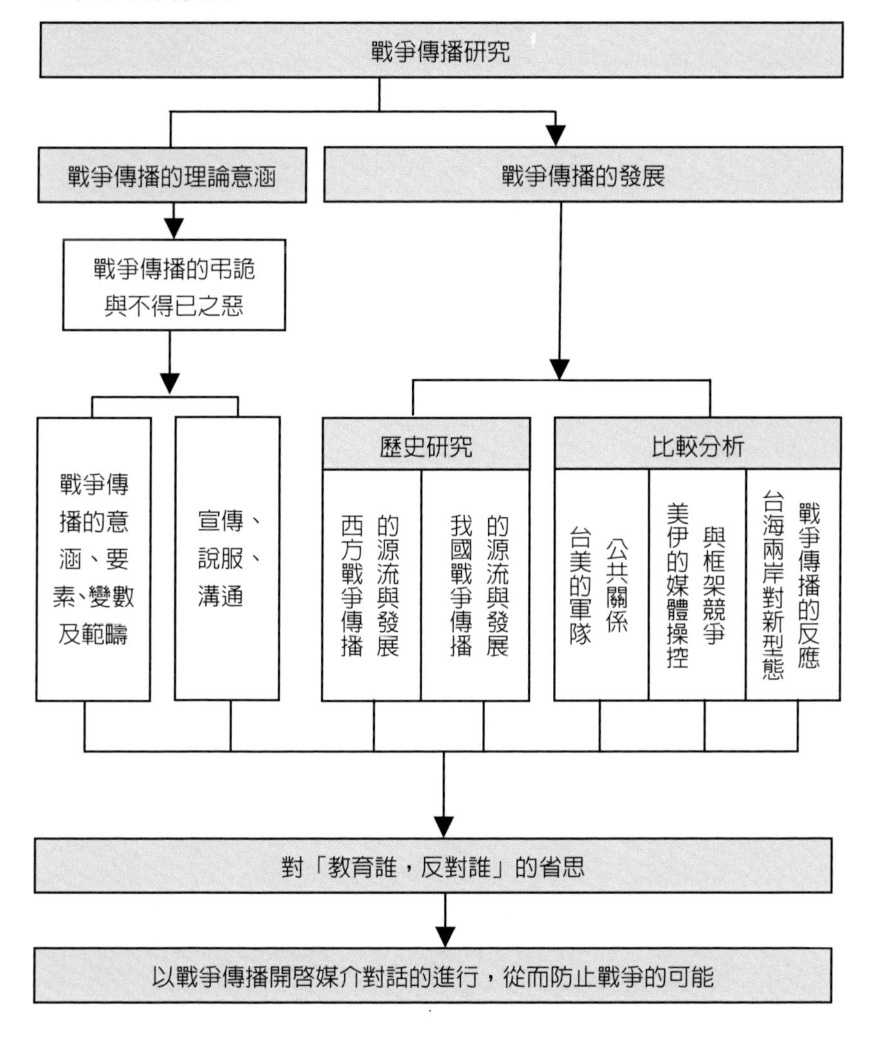

圖 1-1：本書研究架構

第二章　戰爭傳播的意涵、要素及變數

壹、好的宣傳？

1980 年代晚期，美國國內瀰漫著一股「叫戰」風潮，訴求美國政府出兵對抗殖民統治古巴的西班牙，鼓動者即是一些美國的主流媒體。尤其紐約新聞界認為美西戰爭具有一定的經濟效益，報紙輿論的焦點集中在：戰場離美國不致太遠，作戰時間相對會縮短，而且美國有能力打贏戰爭，預計傷亡人數不會高，不會陷於戰爭泥沼中。

為了報業競爭，前後為期兩年的時間裡，煽情的傳播資訊經常以西班牙人如何對古巴叛亂份子施以酷刑的虛假報導欺騙讀者，其中最有名的一例，即是赫斯特曾派遣藝術家雷明頓（F. Remington）到哈瓦那，畫一些戰爭畫面回來。當時雷鳴頓只見到哈瓦那一片平靜，不想作偽，但赫斯特卻要他繼續待著，「你只管畫畫那一部分，戰爭的事，我來負責。」

雷明頓的畫，對赫斯特而言，即是一種「好的宣傳」，然而如第一章中對戰爭傳播弔詭的陳述，一項好的宣傳有助於縮短戰爭，但也因一項「好的宣傳」，人類可能又多一場戰爭，不是嗎？

戰爭是邪惡的，但戰爭的宣傳經常偽裝以合理化甚至神聖化的面貌，因而美西戰爭的宣傳情形，決不是單一獨特的例子。美國華盛頓大學政治傳播學教授班尼特（Bennett,2003）在對 1991 年波斯灣戰爭所作「媒體參戰」的個案分析中，就特別指陳戰爭是一種相對倉促且是各自「一面倒」的事情，媒體新聞必然充斥浮誇略談與戲劇般的報導與畫面，雖然此一戰爭之源，並非全因宣傳而引起。

戰爭危害之甚，以及戰爭傳播之弔詭，均曾困惑著每一個關心此方面問題的人，而且在這方面的立論或著書未曾間斷。尤自 1991 年波斯灣戰爭之後，對戰爭傳播相關的研究、論述與出版品與日增多，百花齊放的結果，卻令人頗有治絲益紛之感，其中一個關鍵之處，與各自對於問題的認知及界定的不一有關，因而在本章的探討中，將對「戰爭傳播」一詞予以界定，並論述戰爭傳播的構成要素與可能的重要變數。

戰爭的進行，可能是「一時的」，可是戰爭傳播的進行，卻是時時刻刻，不曾停止的。可能引發戰爭的傳播確是令人痛恨或畏懼的事，可是它不僅發生於戰爭之間而已，而是存在於我們日常的生活之中，這些是本章所欲交代清楚的任務。

貳、戰爭傳播的意涵

在這一節裡的重要工作，就是要為「戰爭傳播」，釐清其意涵，確定其意義。當然，這不是一件容易的事，因而必須循序漸進為之。在此，首先要切入探討戰爭的意涵、人類戰爭型態演進，用以呈現出隱含在其中的「傳播的影子」。繼則突顯傳播在戰爭中日益增長的份量，說明「第二戰場」的定位，然後爬梳戰爭傳播的意涵。

一、戰爭的意涵

普魯士軍人、被譽為「西方兵聖」的克勞賽維茨（Carl P. G. von Clausewitz）在 19 世紀初期所作《戰爭論》曾留下很有見識，卻也最引世人爭議的一段話（王洽南譯，1991：18）：「戰爭不僅是一種政治的行為，而且也是一種真正的政治工具，一種政治行為的繼續。」

換句話說，在國與國之間，包括總體戰、有限戰爭及內部戰爭等各種戰爭作為，都是屬於政治性質的。假如外交是政治的胡蘿蔔，那麼戰爭就是政治的棍棒。不論以外交或戰爭為手段，這都是政治上的決策與作為。

即使克勞賽維茨的觀點爭議性仍大，但戰爭是一種「政治行為」，是由「國家」參與的，這樣界定對本研究具有一定的助益。我們可以說，自有人類以來即有爭鬥，但當初只是人與人之間的私下暴力相向。唯有國家形成了，人們將使用「暴力」或「武力」的權力統交由國家行使時，「戰爭」的實質才算確立。

克勞賽維茨的思想有一個很大的缺憾，李德哈特（B. H. Liddell-Hart）與富勒（J. F. C. Fuller）給予某種程度的彌補作用。被譽為「20 世紀克勞賽維茨」的李德哈特，闡明戰爭目的就是為了獲得「較好和平（a better peace）」的概念（Liddell-Hart, 1967：366），似比克勞賽維茨進步一些，然而他在和平思想的立論點，卻是站在「戰勝對方」、「本國勝利」與「本國人民」之上的。

與李德哈特齊名的富勒比起前兩位大師，見地更具成熟完整。他在《戰爭指導》序言的第一句話即寓意深遠：「戰爭指導就像醫道一樣，是一種藝術。醫師的目的，乃在預防（prevent）、治療（cure），或緩和（alleviate）人體疾病，因而政治家與軍人的目的，即在於預防、治療或緩和造成國際體（international body）危害的戰爭。」（Fuller, 1961：11）

托佛勒夫婦（Alvin and Heidi Toffler）在十幾年前，提出「第三波（the third wave）理論」，認為戰爭的演進分為 3 個階段：第一波戰爭是農業文明的產品，發展到拿破崙時代已臻巔峰；第二波戰爭是工業文明的產品，進展到第二次世界大戰為極致；第三波戰爭則是科技文明的產品，資訊革命引來了第三次軍事革命的浪潮。而第一次波斯灣戰爭展現了第二波與第三波之間的狀態，但他預測未來戰爭可能才是真正的第三波，也許會在 21 世紀前期出現（黃明堅譯；1885：3-14；傅凌譯，1994：27-32）。

以俄羅斯總參軍事學院科研部主任斯利普琴科將軍為代表的軍事理論家，則提出了人類戰爭型態的 6 代演進論。他們認為，迄今為止，戰爭已經歷了 5 代，現在則正邁向第 6 代，詳參表 2-1。

表 2-1：人類戰爭型態的演進

戰爭基本型態劃分	第 1 代：冷兵器戰爭	第 2 代：火器戰爭	第 3 代：近代火器戰爭	第 4 代：機械化戰爭	第 5 代：核戰爭	第 6 代：資訊化戰爭
起始年代	奴隸、封建社會	17 世紀	19 世紀	20 世紀	20 世紀中葉	20 世紀末
武器系統	刀、矛、劍、弓弩、拋石機	滑膛槍、鐵絲網	機槍、火砲、炸彈	戰車、飛機、無線電	導彈、核試驗	C^4I 系統精確制導、武器電磁化
主要能源	體能	物理能	化學能	熱能	核能	輻射能
戰術	方陣密集隊形、城牆、盔甲、重騎兵	線式隊形、堡壘防禦	散兵隊形、塹壕、野戰工事	閃擊戰、總體戰	核威懾、靈活反應	空地一體、精確打擊
特點	主要依靠大規模集中人力	大規模人力與火力的集中	依靠火力的陣地攻堅	機動火力防護一體	大規模毀滅	控制資訊

資料來源：王凱（2000：4）。

在上述第 1 至 5 代的戰爭中，交戰雙方的接觸與攻防重點，大都限於地面或平面，勝負取決於地面部隊，或擊潰敵軍，或造成對方重大傷亡，或破壞其經濟潛力、政治制度，或進行領土佔領。但在未來的戰爭中，已發生了根本的變化，平面作戰只是輔助性的，空域作戰取而代之。這樣的戰爭型態不需要佔領，使用非核戰略進攻武器可以使敵軍蒙受重大損失，戰爭將從以往打擊系統之間的格鬥，變為資訊系統之間的較量（王凱，2000：3-5）。

關於戰爭的意涵或型態，我們可以「C」這個英文字母來作扼要說明（紐先鍾，1999：180-181）。首先，凡是加入戰爭的人、團體，都必須接受某一個人的調節指揮（command），這個人就是指揮者（commander），這是戰爭的第一個 C 字，通稱為 C^1。隨著戰爭規模逐漸擴大，為促進指揮調度順暢，必須培訓一定數量的幕僚或幹部，透過整體協調來管制（control）部隊，這是戰爭的第二個 C 字，可稱之為 C^2。在 18 世紀之前農業時代所發生的戰爭，幾乎都需要這兩個 C 字。

科技發展與時俱進，直到第二次世界大戰，通訊（communication）已為戰場決勝關鍵，於是必須再加上一個 C^3 字，若再加上個「I」（intelligence，情報），就是習稱的 C^3I。第一次波斯灣戰爭雖是一個小型戰爭，但它是人類戰爭第一次大規模使用電腦，為未來戰爭帶來第四個 C（computer，電腦），於是慣用的 C^3I，從此變成 C^4I。

但從傳播科技在現代的戰爭中所扮演角色愈來愈重要的角度來看，C^4I 所代表的，不僅是戰爭的意涵，著實亦是傳播的意涵。C^3 與 C^4 自不待言，communication 可用為通訊，亦可用為傳播，computer 可作為電子戰、資訊戰等，同時亦是網路作戰等的途徑。而以傳統戰爭的 C^2 來說，可以是軍隊的指揮調度，但任何的指揮調度，絕非「盲人騎瞎馬」。即以中國古代軍隊在平時或戰陣的聯繫為例，所依恃的傳播系統至少有 3 方面：邊境到內地的烽燧系統、前方與後方的郵驛系統及戰場上以旗鼓為主的指揮系統（宮玉振，1997：317）。

從以上的探討，已可理解戰爭並非全是「物質層面」，有很大的部分是屬於「心理層面」的，後者實有賴於聯繫、溝通或傳播來完成。雷山（L. LeShan，劉麗真譯，2000）曾提及「感覺現實」與「虛幻現實」的區分，Metz（2000）亦指出了「實體精準度」與「心理精準度」的問題，都反映了心理層面的重要性。甚且 Metz（2000）還認為孫子開創了戰略本質的心理取向，這個領域則為克勞賽維茨及其信徒所較忽略的。

另，Hart（劉方矩譯，1978）曾極盡心思、搜羅古今往來的文獻，突顯「劍」與「筆」是戰爭歷史中反覆不斷發生的主題。王冬梅（2000：372）更藉毛澤東的話，強調「兩杆子」，她詮釋毛澤東所說的槍杆子與筆杆子，一方面是軍事上的狂轟爛炸，一方面是宣傳上的口誅筆伐，只不過槍是現代化的戰機與導彈，用的筆是現代的高科技傳播手段。

二、「第二戰場」的定位

人類在上個世紀發生了兩次世界大戰，後來雖進入冷戰時期，卻有許多小規模的有限戰爭。尤其新、舊世紀之交的十餘年間，相繼有 1991 年波斯灣戰爭、科索沃戰爭、阿富汗戰爭與 2003 年波斯灣戰爭。

這 4 次戰爭的主要特色乃是同屬高技術局部戰爭，同時更重要的意義之一，在於印證現代戰爭或未來戰爭絕不只有一條戰線，還有另一個必須加以經營的「第二戰場」[1]。

這個「第二戰場」，就是前面所曾提到的「筆杆子」、「虛幻現實」、「心理精準度」、高科技傳播手段，或如 Watson（1978）所稱的「內心戰爭（War on the Mind）」。事實上，這在西方國家的軍隊中，並不是僅止於教育、學術的言談層面而已，而是實際落實於執行的層次上。

在第二次世界大戰期間或之前，宣傳戰、心理作戰就曾被廣泛運用，雖然它們有助於削弱敵人的有形戰力，以及敵軍投降後較容易處理，但並沒有獲得任何定位，僅被認為是附屬於戰爭，而不是具有替代效用的武器，但在冷戰期間，大部分的西方國家都將宣傳視為是陸海空三軍以外的第 4 軍種，而心理作戰則是第 5 軍種（Taylor, 1997）。

很明顯的，陸海空三軍經營的主力戰場在「第一戰場」，而「第 4 軍種」與「第 5 軍種」則主要面對「第二戰場」的開展。但是，「第二戰場」所需兼顧的面向，並不僅如「第一戰場」的前線、作戰區域或敵人而已，它所須涵蓋的面向除前者之外，還有我方民眾、敵方民眾、爭取與國、盟邦、中立國的支持等（詳參下節）。

因此，McNair（1995）指出，有別於武力的交相攻伐，現代戰爭愈來愈需考量傳播的因素，尤其民主國家的政府必須定期改選，而且戰爭比起其他政策更須獲得民意與輿論的支持，軍隊公共關係

---

[1] 拉斯威爾曾提到現代戰爭必須在 3 個戰線展開：軍事戰線、經濟戰線及宣傳戰線。

儼然已成為輿論製造業的重要一環，是構成現代戰爭不可或缺的一部分。

為了動員民眾，爭取輿論的認同，國家元首通常不會閒著。在三軍、「第 4 軍種」與「第 5 軍種」開展同時，國家領導人也經常親上「火線」。經過波斯灣戰爭的媒體報導，人們均甚熟悉美國老布希、小布希總統，如何藉由媒體拉攏民心士氣。可一提再提的，1933 至 1945 年擔任美國總統的羅斯福（F. D. Roosevelt），他在知名的廣播節目「爐邊談話（Fire-side Chats）」中，就是以私人談話的風格，向全國聽眾親切的「直接說話」。

當羅斯福總統以全國廣播網與全國百姓談論戰爭進行狀況，軍方將領則建議聽眾們買一份地圖，俾便尾隨聯軍推進的路線前進，同時也提醒聽眾留意新聞影片及《生活》、《時代》、《週六晚報》等媒體所報導的內容。史泰赫（F. J. Stech）指出，如此一來，不僅點燃採購與印發地圖的熱潮，促使印製地圖的精密度大大提升外，亦提高個人融入戰事進展的參與感（羅協庭等譯，1996：150）。

如今電腦與全球通訊日趨普及，網際網路、電視、數位影音訊號和閱聽眾主體緊密結合，「第二戰場」更加立體真實化，美國軍事記者聯誼會主席歐福雷（E. Offley）曾強調，這使得戰爭可以提供給民眾的，不只是閱聽或檢討的故事，同時也是從主題到電腦圖形模擬的多媒體事件（吳福生譯，2001）。

托佛勒夫婦（傅凌譯，1994）亦指出，各式媒體對於戰爭報導已經逐漸融合成為一個互動參考的體系。所有的人日益依賴電腦、傳真機、衛星與網際網路，結果形成一個整合或融合的媒體系統；在這個體系中所有的觀念、資訊及影像，都毫不設限的從一個媒體轉到另一個媒體，譬如報紙媒體的重點新聞，可以為廣播電視帶來報導題材，新聞雜誌上出現的一些戰場上的照片，會成為電視報導的主題，當然廣播電視即時的新聞報導也是平面媒體編採人員時刻留意的新聞線索，還有像《軍官與魔鬼》這種軍中故事電影，也能產生大量的文字討論。

三、戰爭傳播意涵的釐定

在後現代大師鮑德瑞亞（Baudrillard, 1995）的眼裡，現代戰爭如波斯灣戰爭等，根本不是真實的戰爭，而是「虛擬戰爭（virtual war）」。經由媒體呈現的擬像（simulacra），只是一幕幕的影像，卻比軍事武器更具有強大的嚇阻力，並且轉移了戰爭的本質。他質疑戰爭的本質就是一種「媒體事件」，而不是戰爭。他在書中，以「戰爭未曾發生」作為總結，這並不是指沒有戰爭這種行為發生，而是經由媒體的再現，「發生的並不是戰爭」，而伊拉克的傳統武力，所面對的卻是高科技的智慧及媒體。

後現代學者「否定」了戰爭，卻也譏諷媒體重塑戰爭事件，指斥媒體不能反映事實，事實根本不存在。但是，在一部分學者持著類似以上的批判觀點之外，目前在此方面的學術發展來說，學者在進行研究探討時，經常傾向以下 4 種的主要安排：

首先，是以宣傳、說服為名來著書立說，如拉斯威爾（Lasswell, 1938；張洁、田青譯，2003）的《世界大戰中的宣傳技巧》、Ellul（1965）的《Propaganda》、Jowett＆O'Donnell（1992）的《Propaganda and Persuasion》等。

其次，是傳播包含於戰爭之內，例如 Dennis（1991）等人所編《The Media at War》、Carruthers（2000）的《The Media at War》等。

其三，是傳播與戰爭並列齊觀，例如Cummings（1992）的《War and Television》、Young & Jesser（1997）的《The Media and the Military》、Hallin（1997）的〈The Media and War〉，以及沈偉光（2000）的《傳媒與戰爭》等。

其四，是將傳播與戰爭結合成一個複合名詞使用。例如Hale（1975）的《Radio Power》、Solery（1989）的《Radio Warfare》、Kellner（1992）的《The Persian Gulf TV War》、Badsey（2000）的《The Boer War as a Media War》、童靜蓉（2006）的〈仿真、模擬和電視戰爭〉等。

戰略評論家貝西（Badsey, 2000，轉引自林怡馨譯，2004：223-224）認為：「外交和軍事史學者之所以會採用『媒體戰』這名詞，是基於長久以來他們深信，大眾新聞媒體在針對戰爭進行廣泛了解和報導時，常常產生誤解。」Goman & Mclean（林怡馨譯，2004：223）則指出，「媒體戰（Media War）」這名詞現在已經很普遍，不過這名詞起源時間不算長，直到1991年波斯灣戰爭期間，才成為慣用語，如姜興華（2003：18）、周偉業（2003）、鄭瑜及王傳寶（2003年12月16日）、陳正杰及郭傳信（2003：19）等即採用此一名詞。

佛特那（Fortner, 1993：133）亦是使用類此的複合名詞：「1933年國家社會主義者（即納粹）在德國崛起之後，就立即發起廣播戰（radio war）。納粹政府成立政治宣傳總部（Propagandaministerium）來策劃所有的宣傳活動。」又如Arquilla & Ronfeldt（楊永生譯，2003）提出的網界戰（cyberwar，此為國與國間進行的資訊戰爭）及網路戰（netwar，此以恐怖行動、犯罪及激近的社會主義者等非正規衝突為主）亦是。

中國大陸學者比較直接採用宣傳戰、宣傳心理戰、輿論戰等說法，例如朱金平（2005）的《輿論戰》、盛沛林等編（2005）的《輿論戰：經典案例評析》，又如王玉東（2003：52）在《現代戰爭心戰宣傳研究》中明言：「明天的戰爭從昨天已經開始。『硬戰』（兵戰）尚未接火，『軟戰』（政治、外交、宣傳、心理等戰爭）已打得難解難分」等。

另國內學者胡光夏（2004b）則依傳播科技發展，劃分為第二次世界大戰以前的「平面媒體戰爭」、第二次世界大戰的「廣播戰爭」、越戰的「電視戰爭」、1991 年波斯灣戰爭的「衛星與有線電視戰爭」、2003 年波斯灣戰爭的「電視直播戰爭」與「網際網路戰爭」。

基本上，以上 4 種不同的名詞使用及研究內容與範圍，與本研究並無明顯衝突或差異之處，但與之仍有區別。

以媒體戰等複合名詞的使用而言，此乃屬於戰爭的類型，本研究另採「戰爭傳播」一詞，即認為此係傳播的類型之一。

另基於人類社會有關戰爭傳播的行為，乃是時時刻刻的，因而認為探論戰爭傳播時，必須將和平的概念納入（並參第一、三章）。正如武器為軍人使用一樣，不可忽略人是主體，人具有意識，因而傳播工具之為用，或傳播行為的產生，或可用來作為從事戰爭行為，亦可運用於維護和平的用途。

在戰爭研究的文獻中，常會看到一些作者借用羅馬門神 Janus（臉朝著兩個不同方向的兩面人）來引申見解（劉麗真譯，2000；楊永生譯，2003）。Janus 是羅馬本土最原始守護大門及柵口的神，當羅馬士兵出征時，都要從象徵 Janus 的拱門下穿過[2]。就某種意義

[2] 後來發展成四方雙拱門，歐洲各國的凱旋門形式都是由此而來。

言，亦意味祂是通信、溝通之神，是區隔戰爭或和平的神祇，因為在和平時期，Janus 所鎮守的門是關密的，戰爭時期則開放通行（楊永生譯，2003：24）。如此說來，戰爭或和平僅是一門的開闔而已，而這個門的開或關，常繫之於傳播，若傳播無法有效進行，亦就是此門打開之時。關於這樣的意義，委實在從事戰爭傳播研究的同時，應加以審慎思考，並視為值得努力的方向。

從字義上看，「戰爭傳播」如同「軍事傳播」一樣，是一個複合名詞，是在傳統的傳播學或大眾傳播學門上所謂的傳播，冠上軍事或戰爭一詞。作者曾在《軍事傳播：理論與實務》中，界定「軍事傳播」是「軍隊、軍事單位或軍人所進行的溝通、宣傳及媒介傳播等的理念、工作與實務。」（方鵬程，2005a：6）但鑒於在本節開頭時所引用克勞賽維茨的話，說明戰爭是一種國家的行為，因此，基本上，「戰爭傳播」與「軍事傳播」兩者的範疇，雖有很大幅度的重疊，然前者係屬國家或政府與軍隊的作為，而後者則限於軍隊的作為，後者乃包含於前者之內的。

綜合本節的論述，個人認為戰爭傳播關乎戰爭或和平，可以引導走向戰爭或和平，但戰爭傳播並不限於戰爭時發生，是一種屬於國家或政府與軍隊經常性、計畫性、系統性的傳播行為。它以人們心理層面為戰場，採行包含宣傳、說服及溝通等各種傳播的方法，在國與國之間或與一國之內及國外的受眾相互聯繫，爭取民意支持、輿論認同與行動參與，甚而於戰時獲得盟邦友好，以及打擊敵人民心士氣的目的。同時，戰爭傳播的本質是一種政治行為，其目的不只在使用傳播來尋求戰爭或較好和平，亦在於預防、治療、緩和造成國際體危害的戰爭。

參、戰爭傳播的要素

要對戰爭傳播的要素有所了解，最佳助力是傳播學的開宗祖師、美國耶魯大學教授拉斯威爾（Lasswell, 1948）的「5W 公式」，這也是最常被引用來解釋傳播現象，亦深刻影響後來的傳播效果研究的思考方向（林東泰，1999）。

他所發表的論文〈傳播社會的結構與功用（The Structure and Function of Communication in Society)〉，只用了 11 個英文單字組成，就是傳播學界耳熟能詳的「who says what in which channel to whom with what effect？」這構成了日後傳播研究所沿用的 5 大要素：傳播者、訊息、通路、閱聽眾與效果。本節的探討即依據這 5 大要素。

一、戰爭的傳播者

不論如何區分，人應是戰爭傳播最重要的構成要素。簡言之，這包括主體與客體兩大部分，戰爭傳播者即戰爭傳播的主體，閱聽眾即戰爭傳播的客體。然而任何事物雖有主體與客體的區分，但主體常常也是客體（林文琪譯，2001：53）。

戰爭傳播的主體可分為「宣傳者及其代理人」（展江，1999），或「傳播者、傳播人員及傳播機構」三種組合（方鵬程，2005a）。Jowett＆O'Donnell（1992）認為宣傳的來源，可能是一個機構或組織，而其領導者或代理人就是宣傳者；他們有時隱藏自己的的身分，有時是對外公開的。

「傳播者」是戰爭傳播的主動者、主導者或需求者，他們通常是領導階層，腦中藏有清晰的傳播意像。傳播者不見得熟稔宣傳或傳播技術，但他們都可能是宣傳的操盤者或居於幕後發號司令的人。

「傳播人員」或稱代理人，通常負責戰爭傳播的統合規劃，並協助將領導階層的意念與企圖轉化為行動，李希光、劉康等（1999）稱這些代理人為「宣傳醫生（spin doctor）」。Jowett & O'Donnell（1992：267）指出，「宣傳代理人（propaganda agents）」可能是具有權力或魅力特質的人，而有的是行事低調的官僚資訊傳播者，以持續方式施放訊息，加諸目標閱聽眾，他們亦可能是一連串下達指令的階層組織，以確保訊息的連貫性與同質性。

因應現代傳播的需要與專業分工趨勢，傳播人員的面貌有 4 種類型（Bruce, 1992：127-129）：（一）新聞秘書或發言人，他們是發布新聞的執行者；（二）撰稿人，負責構思撰擬講話的創意、要點與文稿；（三）形象管理人，藉接受媒體訪問或召開記者會輸出美好的印象；（四）公共關係顧問或危機管理人，主要在於影響媒體報導，建立與各界的良好關係。過去這四種功能類型，可能由少數人綜合執行，但今已有專業發展的趨勢。

「傳播機構」是從事戰爭傳播的機構或執行單位，就其特殊屬性而言，大都是組織較為嚴密的科層組織。他們可能與「傳播者」及「傳播人員」同是建制內的政府機關部門，或對外號稱是民間的獨立單位，另外也有可能是接收委託、按照契約行事的外包公司，譬如現代的幾個重要戰爭，其背後都有享譽國際的公關公司的影子（Bennett, 2003）。

同時，在組織管理或公關稽核（public relations audit）的要求下，任何傳播行為的成員均被賦予一種擴大性的廣義詮釋。因此，在那些精通傳播技巧的「傳播人員」之外，所有組織都會要求所有成員，共同擔負起「對外宣傳」的責任，都是對外拓展關係的親善大使。

二、戰爭訊息

戰爭訊息通常是由語言、文字、口號、符號、音樂、色彩、圖案，以及文化及信仰等具象徵性事物所構成的。

以符號來說，就是能刺激人類有機體的信息單位（展江，1999：48-49），包括聲音（語言、音樂、禮砲等）、手勢（軍人行禮、伸拇指誇讚別人等）、體態（立正、交臂、昏昏欲睡、舉手等）、建築（紀念碑、營房等）、服飾（軍裝、西服等）、視覺信號（露布、旌旗、勳章等）。

魏備（G. Wiebe）將傳播訊息分為 3 種：（一）維持性訊息（maintaining message），此著重在維持並加強個人的意見與信念；（二）指導性訊息（directive message）：旨在改變個人的信念、價值觀念、期望與行為；（三）恢復性訊息（restorative message）：主要在吸引個人的注意力，促使接受各種不同的思想與訊息，俾能作自由的選擇（轉引自祝基瀅，1990：40）。

任何戰爭傳播的開啟，均將以上每一種訊息以最精心的設計，透過各種方式、途徑與管道，傳達到閱聽眾的眼、耳、心與腦裡，以激起潛藏在人們心理頭的渴望。以 1095 年 11 月，羅馬教皇烏爾班二世煽動組成十字軍東征為例，即使在那傳播科技尚未發達的時代，就將各種訊息表達的方式，作了十分完整且徹底的運用。

為了掩蓋侵略戰爭的本質，羅馬教皇提出了「奪回主的陵墓」、「解救聖地耶路撒冷」等口號，取得廣大西歐民眾的心理認同，成為西歐國家廣大民眾，特別是信徒們認同的「正義聖戰」。烏爾班二世在慷慨激昂的演說中，煽起宗教狂熱，製造民族仇恨，並以物質利益引誘人們出征，說穆斯林佔領了基督教的聖地，說那裡是「大地的中心」、「遍地流著奶與密」，現場民眾情緒激昂，爭先恐後領取十字徽章（Jowett＆O'Donnell, 1992：44-47；汪涵，2005）。

托佛勒夫婦（傅凌譯，1994）指出，戰爭宣導專家一直反覆使用以扭轉人們心意的有 6 支「扳手」：（一）控訴敵軍暴行；（二）將戰役或戰爭中所關聯的「賭注」加以誇大[3]；（三）將敵方的形象予以惡魔化、非人化；（四）製造對立，「不是同一陣線的，就是敵人。」（五）強調師出有名；（六）「反宣傳（meta-propaganda）」，即從根本否定敵人，懷疑敵軍所說的一切。

展江（1999：88）認為，高明的傳播者還要善於運用人類的親情，可能在他推出的形象中溶入與父母、父執輩與超凡魅力的英雄等相關聯的各種象徵，而能將一則信息的影響力放大許多倍。Ellul（1965：4）分析傳播者在施展宣傳技巧時，主要的立基點是建立在人們已有的知識、意向、渴望、需求、精神機制等等條件的反射作用之上的。宣傳者必須精於了解與善用人們的心理狀況、信念與欲求，才能形成預期的迴響與共鳴。

三、戰爭傳播的通路

人際傳播（interpersonal communication）、組織傳播（organizational communication）與大眾傳播（mass communication）是現代宣傳家必然要兼顧使用的 3 大傳播型態（Nimmo, 1977；祝基瀅，1990）。

---

[3] 例如老布希將 1991 年的第一次波灣戰爭描述成「為一個新而美好的世界秩序而戰」，所下的「賭注」，不只是科威特的獨立，全球石油供應的安全，消除海珊潛在的核武威脅，甚至還包括人類文明本身的命運。

Ellul（1965：79-84）對於垂直式宣傳（horizontal propaganda）與水平式宣傳（vertical propaganda）的分類，在此有助於熟悉以上三種傳播的區別。

垂直式宣傳是由領導者透過媒體來接近群眾的宣傳，例如列寧、希特勒、邱吉爾、戴高樂，以及前面談到的羅斯福均是。他們的意圖、熱情與活力，主要都運用大眾傳播廣為宣達。

水平式宣傳的表現方式有兩種（Ellul, 1965）：政治性宣傳（political propaganda）與社會性宣傳（sociological propaganda）。政治性宣傳主要藉助於人際傳播，如中國毛澤東時代的宣傳方式；社會性宣傳則以形之於無形且有計畫的組織傳播，箇中翹楚乃美國人的宣傳手法，而好萊塢與麥迪遜大道就是美國社會性宣傳的兩大基地。

社會性宣傳是在日常生活中潛移默化式的宣傳。它可以經由音樂、電影、流行文化及廣告、公關等營造社會情境，使宣傳者的意識形態悄悄滲透。這是以漸進的方式，使大眾在不知不覺中改變態度與行為，其目的在創造一種有利的氛圍，為直接的政治與軍事宣傳作基礎工作。

人際傳播是個體之間的口語傳播，通常是面對面、非公開的行為，這種活動發生在個別的人與人之間。大眾傳播的研究發現，政治消息愈重要，人際傳播的功能亦愈重要[4]。

組織傳播在 Littlejohn（1989）的認知裡，是指發生在合作網絡（cooperative network）上的有關活動，人們參與組織傳播在於

---

[4] 如 1945 年羅斯福總統去世，85%的美國人是從其他人獲悉消息，而非直接得知於傳播媒體；1963 年甘迺迪遇刺時，從人際接觸獲得消息者，較從傳播媒體獲得此訊者為多（祝基瀅，1990：105-106）。

求取個別與共同的目標。為促使組織充分發揮功能，對內或對外的協調與控制，乃為必要的手段，而傳播行為則是其中最重要的關鍵，藉使所有成員向既定目標邁進。

Keane（1991）則認為，相關協調與控制的表現方式主要有 5 種：（一）以政治約束的技巧威脅媒體，主要有事前約束與事後審查兩種，特別於國家危機時，即兩者合一；（二）以軍事機密為由，主動性調控新聞發布；（三）進行政治上的說謊，既製造假象，又得讓人們信以為真；（四）以政府提供廣告的做法，使官方訊息合法化，並以抽離廣告資金相要脅；（五）透過社團主義（corporatism）的運作，將國家事務委由民間組織執行。

大眾傳播是關係到公眾與媒體的傳播活動。傳播者運用有效媒介，傳播訊息給目標對象，但新科技的演進，則影響宣傳的型態。如二次大戰時，短波廣播擔任非常重要的地位，如今雖已漸減，但仍是國際傳播或宣傳的重要媒介之一。自衛星傳播發展以來，電視影響力則大幅增加，同時 1990 年代開始的全球資訊網，更開啟傳播科技的無限潛能。

如 Ellul（1965：9）所言，宣傳經常是由許多橫跨不同媒介的訊息所組成。如今傳播科技不斷發展，帶來各自獨特的資訊處理與傳播方式，也為人們的生活或戰爭創造新的意義，不僅克服空間上傳遞訊息的障礙，更開闢時間上一天 24 小時、全年無休的新世界。

這些「不同媒介」已不勝枚舉，包括網際網路、電子郵件、部落格、電訊、電話、各類平面媒體、著作與刊物、電影、廣播、電視、手機、手機電視、傳真機、圖片、繪畫、海報、傳單、徽章、旗幟、紀念碑、錢幣、郵票、書籍、漫畫、詩歌、文學創作、戲劇、音樂、歌曲、舞蹈、儀式、展覽、運動、慶祝活動、獎學金、演說、耳語、謠言等等。

四、戰爭傳播的閱聽眾

布魯墨（Blumer, 1966）曾對公眾（public）與群眾（mass）作了以下的區別。公眾是一群人（一）面臨同一問題；（二）應付問題的方法不同；（三）在討論中形成意見。群眾的特性則是（一）包含各種不同階層、不同行業的份子，彼此並無共同關心的問題；（二）彼此互不認識、不交往；（三）沒有組織；缺乏統一行動（轉引自祝基瀅，1990：36-37）。

以前傳統宣傳的閱聽眾，大多數是指一般大眾（mass audience），約可分為 5 類（展江，1999）：易受感召者、中立者、漠不關心者，以及反對者，甚至具有敵意者。但是現代的宣傳，則依傳播者的預期或潛在效益，而對目標閱聽眾有所分類與選擇，例如特殊小群體、利益團體、非營利團體、各類社團菁英團體、意見領袖與個人，必要時還得創造出道德社群（moral community），作為成功宣傳的基礎（Jowett＆O'Donnell, 1992）。

綜合拉斯威爾、李凱（R. Leckie）、富勒（J. F. C. Fuller）等人的說法[5]，戰爭宣傳的目標群主要有 4 類：（一）激勵我方群眾，

---

[5] 拉斯威爾（張洁、田青譯，2003：161）認為戰爭宣傳有 4 大宣傳目標（objective propaganda）：（一）動員群眾仇恨敵人；（二）維繫與盟友的友好關係；（三）保持與中立國家的友好關係，並儘可能獲得合作關係；（四）打擊敵人士氣。李凱在《論戰爭（Warfare）》（陳希平譯，1973）中指出，戰爭宣傳有三個目的：（一）統一自己人民的意志，（二）是顛覆敵人，（三）是爭取中立者的支援。富勒（Fuller,1961）強調，戰爭宣傳的目的就是想支配群眾的心靈，其目標為（一）在我方國內戰線上激勵群眾的心靈；（二）在中立國家中爭

統一自己人民的意志；（二）維繫與盟友的友好關係；（三）在中立國家中爭取群眾的擁護（四）打擊敵人士氣，在敵方國內戰線上破壞其群眾心理基礎。Jowett & O’Donnell（1992：247）以為，美國及盟軍在對伊拉克的波斯灣戰爭中，則是「動員世界的民意」。

如從軍隊公關的角度看，約有 4 大類閱聽眾（方鵬程，2005a）：（一）內部受眾：包括軍隊現役官兵、文職聘雇人員、退役官兵、後備軍人等；（二）社區民眾：軍隊應是老百姓的「好厝邊」，在日常互動中與社區結合起來形成共同體；（三）一般社會大眾：建立良好的媒體關係，增取受眾的好感與信任；（四）特定受眾：如國內外意見領袖、影響國際視聽的機構、社團、媒體等。

五、戰爭傳播的效果

傳播之所以受到重視，傳播理論能不斷向前開展，很大的動力來自傳播效果的檢討與辯駁。本研究雖置重點於傳播者部分，但戰爭傳播的效果與之關係密切，此在第四章裡可以看出由宣傳分析至說服理論及溝通理論的拓展情形。

拉斯威爾（張洁、田青譯，2003：177）認為：「宣傳是新的社會發動機」。戰爭期間由參戰國施展的宣傳威力，尤令早期的傳播學者認為媒介是萬能的，而且將訊息視為「子彈」，閱聽大眾則是「彈靶」。

另，早於 1940 年代模控學（Cybernetics）發展時所提出回饋（feedback）的概念，至今仍是傳播理論最重視、廣泛運用的主要

取其群眾心靈的擁護；（三）在敵方國內戰線上破壞其群眾心靈。

概念之一。閱聽眾對傳播訊息回應的形式可能有：選擇性的忽略、存疑、分裂成贊成與反對兩方，或者不願接收、根本沒接收到訊息。Roloff＆Miller（1980：16，轉引自 Jowett＆O'Donnell, 1992）對此提示了傳播行為所應注意 3 種可能產生的情形與回應形式：形塑回應、強化回應與改變回應。

形塑回應（response shaping）的傳播者像是老師，閱聽眾像是學生，彼此藉著教導與學習的行為，進行正向強化的成長；強化回應（response reinforcing）則假使眾閱聽已具有對說服主體的正向態度，傳播者主要在喚醒、刺激與加強他們的正向態度，以其出現更強烈的感覺；改變回應（response changing）對傳播者而言，是一種較為困難的情形，它要求閱聽眾改變態度，或由中立到正向或負向，或改變行為，或接受新的行為。

肆、戰爭傳播的變數

對鮑德瑞亞等學者而言，現代戰爭並不是真實的戰爭，而是虛擬的，但對戰爭傳播者來說，卻是經過一番戮力打造「真實（real）」的過程，始能創造出一些後來被人議論的虛擬。

眾所週知，不同的人、社會或文化背景，孕育著每一個截然不同的傳播風貌。每一個雄心萬丈的傳播企圖，最後可能遭致名垂青史或一敗塗地的天差地別命運。一個成功的傳播或可扭轉乾坤，成為和平的福音，或可能一時不慎，墜入罪惡深淵。此中關鍵，所存在的變數（variable）可能很多，無法詳盡。

在此，僅以英文字母縮寫「REAL」，代表以下即將探討的 4 個重要事項：對公眾情緒的了解（realization）、對於民意的評估

（evaluation）、行動規劃（action and planning）及領導階層（leadership）的魅力。

一、對公眾情緒的了解

古今往來的所有傳播者皆共同面對的一個課題是：如何將過去、現在的時間結合，甚至提出未來的理想與願景，以形成源源不斷傳播的內在動力。其中所觸及的部分，涵蓋了這些了解（realization）或探尋的過程：過去種種、已經存在的掙扎、現今價值系統的界定，以及闡明「我們將來要如何」的口語、符號及視覺形象。

然而，這種了解或探尋的過程，並不是科學方法能加以解答的。或許必須援用博蘭尼（Michael Polanyi）所提出、不能明說的「默契的知識」或「默契的知」（tacit knowing），以及支撐前者來自個人文化與教育背景中經由潛移默化而得的「支援意識（subsidiary awareness）」，來強調重大與原創的思想是來自重大與原創問題的提出（Polanyi, 1966）。

「過去」並非被切割離斷的拋棄品，而是人類所獨具經由記憶與經驗傳承下來的「延續物」，而「未來」則是當代社會大眾的出口。將過去與未來和現在擺在一起看待，依照伽達默爾（Hans-Georg Gadamer）的說法，稱之為「境域的融合（fusion of horizons）」，也就是把社會視作是一種「跨時間」的現象（洪漢鼎譯，1993：393-401）。

任何的宣傳、說服或溝通，即如灑落在地的種子，在預期這些種子成長繁衍之前，必先了解這些土壤，亦即分析時代（times）與事件（events）的發展。接下來才可以繼續探究：甚麼樣的論述

（戰爭、和平、人權等等）是整體社會所渴望的？是否有主流的公眾情緒？那些特殊議題可以確認？這些議題擴散程度有多廣？那些問題限制了議題的發展？是否衍生權力鬥爭？那些政黨或團體會涉入？在那些關鍵將瀕臨危險？（Jowett & O'Donnell, 1992：214-215）

二、民意的評估

對於民意的評估（evaluation），最常採用的方法是社會調查（social survey），這是運用口頭或書面的方式，系統且直接地蒐集有關社會現象的經驗性資料，並透過對資料的分析與綜合來認識社會現象，進而作出科學的解釋（喻國明，2001）。

還有一些非正式方法（informal methods），如圖書館研究法（library methods）、電腦線上資料檢索（online databases）、焦點團體訪談（focus groups）、組織文件分析（analysis of organizational materials）、新聞報導的內容分析（content analysis of news coverage）等（Wilcox, Ault, &Agee, 1998：124-130；孫秀蕙，2000b）。另傳統的觀察法可在己方、盟國、中立國或敵境同時運用；電子監聽、諜報人員情資或對戰俘的審訊，則需軍方與情報部門的協同（展江，1999：90）。

大致而言，民意與以下3者有所不同，卻可能以下述3種意見的方式出現（祝基瀅，1990：99）：（一）民意不同於群眾的意見，群眾的意見無組織，亦缺乏持久性；（二）民意不同於團體的意見，比如某校大學學生、工會或軍隊的意見並不一定代表民意；（三）民意亦不見得是民意測驗的結果，後者是「合計的意見（aggregated opinion）」，而非個人信念、價值與期望，經過相互交流影響之後的集體表達。

寧謀（D. Nimmo）認為意見就是活動（Opinions are activities），人民會以行為表達意見，如投票、投書媒體、寫信給政府與民意代表、遵守法律或不遵守法律、示威遊行、陳情抗議，抑或有時不採取行動，也是意見的表達（同前註：86），當不採取行動或不公開發表時，也有可能是大多數意見。

德國傳播學者 Noelle-Neumann 的研究顯現，一般人是否願意公開表達意見，常視個人意見與大眾意見的趨勢相符而定，倘若相符則可能公開發表，反之則隱藏個人意見。因而，原本只是少數人意見，由於公開發表、彼此呼應，形成一種替代多數意見的現象，沉默大眾的意見反而被壓抑下去（翁秀琪等譯，1994）。

在成熟的民主國家，對於民意與輿論的觀察與掌握，早已是政府與軍隊人員日日必修的課題。民眾的意見有時是潛隱的（latent），但當明確顯現出來（manifested）的時候，可以使公司倒閉、政府垮臺、戰爭結束（胡祖慶譯，2002）。傳播學者王石番（1995：14）說：「關心同一問題的人就是公眾（public）是可認得出的。問題必須要有人關心才有存在的意義，也才能發生作用。而愈多人關心的問題，其生命力愈強，衝擊力愈大。」

但從根本上來說，民意就是一種「社會口味」，需要專門技能的「廚師」（即社會管理者）以其專業化的「廚藝」來滿足。民意只提供兩種東西：一是目標偏好，另一是這種目標偏好在現實的社會操作中的滿足程度。在這兩者之間，那位「廚師」的「廚藝」好，那位「廚師」就在民主政治與市場經濟中被看好，反之則被冷落或被淘汰（喻國明，2001）。

三、行動規劃

戰爭傳播通常是一件曠日持久的行動，亦往往會陷入錯綜複雜的兩難境地（展江，1999：85）：以經濟毀滅為代價的戰爭是否值得？更迅速達成目標是否應該以為數更多的人類苦難來換取？為了戰爭勝利應否允許犯罪行為？願意冒甚麼樣的風險，能換取甚麼利益？

為了促使目標能夠實現，進行危機管控，以及應對各種突如其來的狀況，傳播者除建制有嚴整的組織與結構外，還必須擁有一套上下遵行的行動規劃（action and planning）系統及作業程序。所謂「行動規劃」，至少必須具有目標設定、目標對象的界定、媒體策略、評估方法等要件（孫秀蕙，2000b）。

戰爭傳播有其終極目標（ends 或 goals），或為息戈止兵，或為達成征服，因目標的差異，所欲採取的手段自有不同。而終極目標必須濟以特定的細部目標（或稱短程目標）（objectives）與手段（means）來達成，前者指示了大方向，其範圍幅度通常比較長遠、寬廣，而後者通常須予量化，比較容易達到，以收實效。

Jowett＆O'Donnell（1992：216）以此為喻：「若要禁絕核能發電廠的生態破壞，其細部目標則在喚取社區及其關鍵人士的支持。」由此可知在追求細部目標時，重點工作之一是界定目標對象，而其方式不外這兩種（孫秀蕙，2000b）：一是依照人口學變項（demographic variables），另一是心理變項（psychographic variables）。

如前所言，戰爭傳播的通路分為人際傳播、組織傳播及大眾傳播三種型態，而基層人際組織、政府輿論系統、民意機構及傳播媒體等即是實踐的管道，其職能旨在防禦或排斥對立意見的同時，仍讓自己的意見取得「唯我獨尊」的地位（劉建明，2002：251）。在策略運用上，必須結合預定目標、目標對象等條件，或選擇適合的媒體，或舉辦活動，或進行面對面溝通。

在行動付諸實施之後，其效果評估應是針對各個細部目標訂定的標準來決定其成敗，評估方法大致有科學調查法（scientific impact）、主觀性評估法及媒體內容分析 3 種（孫秀蕙，2000b）。

四、領導階層的魅力

Lasswell（張洁、田青譯，2003：26-28）研究第一次世界大戰，歸結宣傳組織的型式，有美國的統一模式、英國的不統一模式及德國的共同記者招待會等三種，而 Jowett＆O'Donnell（1992：216）認為成功的宣傳活動源於一個堅強有力、核心化的決策權威系統，以生產貫穿整體組織結構的一致性訊息。

若是如此，領導階層（leadership）必須是強大且是統一指令的訊息來源，並藉著一個完備的科層組織，分工且井然有序的行事。這個組織外顯的領導者未必就是真正的領導者，但外顯的領導者卻是真誠擁護並信奉真正領導者的意識形態。

領導者通常都會有他特定的風格，以及激勵、引領或塑造組織成員的獨特方式。領導者風格可能包括了意識形態的迷思、超凡魅力的特質，以及與信眾溶為一體等元素而形成。展江（1999：87）即謂：「沒有凱撒，就很難想像高盧戰爭，沒有列寧和毛澤東，就很難想像共產黨革命，沒有拿破崙和希特勒，就很難想像拿破崙帝國和第三帝國，這些領袖本人亦是卓越的宣傳家。」

伍、結語

從以上的分析，可知戰爭行為的發生，並非全是「物質層面」，有很大的部分是屬於「心理層面」的，而且戰爭絕不可單作「戰勝對方」或僅是單線的「征服」思考，戰爭與和平乃不能分割的連繫體，而尤須強調的，屬於「心理層面」及「和平層面」的追求，實有賴於聯繫、溝通或傳播行為來完成。

誠如克勞賽維茨所言，戰爭不僅是一種政治的行為，而且是一種真正的政治工具，一種政治行為的繼續。戰爭很少在一夕之間、毫無預警的狀態下爆發開來，而是祭之以各種手段之後，最後才有戰爭行為的產生。所謂各種手段，應包括所有國家與政府的職能，但在這些職能施展的同時，各項傳播行為或戰爭傳播行為即無時無刻不在進行。

戰爭傳播的概念、構成要件是極其複雜的，本章除嘗試予以定義外，並剖析戰爭傳播的構成要素有 5：戰爭的傳播者、戰爭訊息、戰爭傳播的通路、戰爭傳播的受眾、戰爭傳播的效果，並提出戰爭傳播的 4 大關鍵變數：對公眾情緒的了解、對於民意的評估、行動規劃及領導階層的魅力。

戰爭的進行或和平的追求，可以「微觀」在「第一戰場」的兵力投入、軍隊交戰與決戰勝負，然而戰爭傳播的進行，則須「宏觀」到我方民眾、敵方民眾、爭取與國、盟邦、中立國的支持等「第二戰場」的開拓與經營。一個國家如不能擁有「戰爭傳播的要素」，以及掌握「戰爭傳播的變數」，戰爭無以勝之，和平無以致之，即使「第一戰場」之獲勝，亦是一時之勝；即使和平獲致，亦是一時之和平。

本書採「戰爭傳播」一詞，即認為此係傳播的類型之一，並且探論戰爭傳播時必須重視心理層面，亦應將和平的概念納入。傳播工具之為用，或可用來作為從事戰爭行為，亦可運用於維護和平的用途，不宜忽略人是主體，具有意識，可以主導扭轉之。又，戰爭傳播的價值，非本研究能力所及，所能擅斷，但本研究在第一章引述《倫敦時報》刊載的總結：「一個好的宣傳戰略可能會節省一年的戰爭。」或許有其值得人們思考的價值，亦可視為「戰爭傳播」有所立足的利基。

第三章　戰爭傳播的範疇分析

壹、前言

就好像人因有「壞人」，才能區分出「好人」一樣，戰爭的存在或威脅，正所以襯托出和平的奢侈與可貴，並以警示世人。

克勞賽維茨（Carl P. G. von Clausewitz）雖說（王洽南譯，1991：1）：「戰爭就是為屈服敵人，而貫徹我們意志的暴力行為。」但法國大文豪伏爾泰的話：「母親養育一個孩子需要十多年，但毀滅他卻只需一顆子彈。」更令人們動容（引自張巨岩，2004：1）

是故，本章探論戰爭傳播的範疇，所持的預設立場，是在戰爭與和平的兩極光譜的認知上，以戰爭傳播來避免或縮短戰爭，而在這兩極之間，存在著有一些不同的情形或層面，例如國際傳播、國際政治傳播或國際政治宣傳等，正是戰爭傳播研究不容忽略的空間。若此，多少意謂拋棄一般關於戰爭經常使用「戰前、戰中、戰後」的分析方法，而所另參考的是 Davison 的「戰爭－和平連續體（war-peace continuum）」的概念，以及 Frederick 將全球性的和平與戰爭傳播區分為五種強度的分析，以作為本章分析的基本架構。

在 Davison（張錦華譯，1979）的「戰爭－和平連續體」相對概念中，他認為「和平」的意義很難界定，而且全然穩定的國際狀況並不多見，因而「和平」是一個方向[1]，而不是一個情況

---

[1] 中國大陸的《辭海》，對於和平的解釋只有 5 個字：「與戰爭相對」（引自李巨廉，1999：321）。

（condition）；因為人類衝突必然存在，只要能從傾向戰爭一方，推進到偏向穩定一方，就是和平與和平研究的努力目標。

Frederick（1993）的五種強度分析，其中強度最低的第一層級是和平的關係，這是國際間相互比較理想的互動情形，如規律性的新聞交流、衛星通訊、跨越國境的資訊交流等等正常的交往流通。往上一個層級是對抗性的關係，這已經逾越了和平的狀況，此時外交上的往來與新聞資訊，已顯現騷動或所謂的「輿論戰爭」。再升高一個層級就是低強度的衝突，亦即開始比軍事衝突輕微的政治戰、經濟戰、心理戰及外交戰了。而中強度的衝突是在低強度衝突的情況之上，到達武裝或革命的程度。最強烈的衝突就是開戰，以傳統性武器或核子武器進行作戰。

又，本章在進行探討時，亦參考展江（1999：54）關於戰略性宣傳與戰術性宣傳的分類。他將宣傳規模因影響的範圍大小分為兩種：（一）戰略性宣傳：著眼於戰爭全局的宣傳，此含有濃厚的政治與意識形態色彩。（二）戰術性宣傳：即為達到作戰目的，在作戰區域所發展的宣傳（類似的術語有戰地宣傳、前線宣傳與火線宣傳；另有「鞏固性宣傳」，即在新佔領地區或國家發展的宣傳，旨在安定人心、維護交通線及鞏固軍事行動成果）。

為了方便本章的鋪陳，Frederick 所劃分戰爭與和平時期傳播的 5 個層級，則併成以下即將探討的 3 節，亦即第二節的和平時期的傳播，重點置於國際傳播；第三節對抗性關係的傳播，重點置於國際政治傳播，以及第四節軍事衝突的傳播，重點置於國際政治宣傳。誠如 Frederick 所言，層級之間有時會相互重疊，因此，不論國際傳播、國際政治傳播或國際政治宣傳，絕不只出現在某一個時期而已，而是在那一個時期比較著重。

又，戰略性宣傳常是許多國家常態性的行為，不只出現在對抗性關係及衝突時期，譬如和平時期為結交友好即是，但在本章置於第三節中與戰術性宣傳、技術面宣傳一併探討。

貳、和平關係的傳播

Frederick（1993）所列舉和平時期的傳播，包括新聞流通、衛星傳播、跨國性的資訊流通、國際廣播及國際性組織傳播等。這是承平時期內的正常資訊往來，尤其際此全球化積極邁進的時代，這樣的資訊流通幾乎無時無刻不在進行。這些傳播的狀態，在學術研究上通常稱為「國際傳播」。

國際傳播看似再平常不過的互動，但其中亦潛藏諸多國際爭端的因子。以二次大戰之後來說，除了「東西對抗」或南北半球經濟發展的失衡之外，更迫切的問題之一，就是國際新聞與資訊平衡流通的問題。其中的種種，可能是有待人們去克服的，卻也有可能是對抗或衝突的源頭。

一、國際傳播的交流

依據 Mowlana（1986：2）的分類，國際間的訊息傳播主要有8 項：（一）報章雜誌、書籍、科技學報及新聞通訊社的交流；（二）廣播、電視、衛星直播電視的交流；（三）電影、唱片、錄音帶、錄影帶、廣告及民意調查等的交流；（四）跨境數據流通、電腦訊息的交流；（五）郵件、電話、電報、電訊等的交流；（六）旅遊、移民、宗教及各種人際接觸；（七）會議、體育競賽等教育文化的交流；（八）政治、軍事及相關組織的外交與政治的交流。

中國大陸學者關世杰（1995）又將上述國際傳播的交流，分為大眾傳播、人際傳播及組織傳播等 3 大項：第一至五項為國際間的大眾傳播，第六、七項為國際間的人際傳播，第八項為國際間的組織傳播。

如以國際間大眾傳播的效益來說，張桂珍（2000）認為，（一）國際傳播促進國際間的了解與合作；（二）國際傳播是各國了解世界的信息通道，為各國發展充當開路先鋒；（三）國際傳播是外交決策的主要信息源；（四）國際傳播是實施國家戰略的工具。趙雪波（2000，2003）則指出大眾傳播對國際關係主要的影響有：（一）設置國際關係的重心；（二）加快國際關係的節奏；（三）增加國際關係的透明度；（四）擴大國際關係的參與者；（五）引導國際關係走向；（六）影響國際關係傳統運作程序。

另，Grosseerg,Wartella & Whitney 的看法是：「傳播技術可以導致兩種拉力：增加世界整合或增加世界分歧性」（楊意菁、陳芸芸譯，2001：407）。美國傳播學者佛特那（Fortner, 1993：46）更直接明言，傳播有時被視為是國際間病痛的解藥，好像傳播愈發達密切，國際間將可增進相互了解，戰爭也將因而減少，但實際上並非如此，國際傳播的確增加了，卻未因此增進國家間的了解，資訊流通也並非真正為了要互相了解，「反而是出自於政治或經濟的動機，在尋求權力與控制。」

通常在正常的「交流」外，國際傳播上的媒體資訊或技術，時常隱含著極大的「滲透」問題。經由電報與海底電纜的國際傳播，通常受到各國的檢查，任何外國資訊或可藉由邊界把關、入關審查等方式，達到防止的目的。但至 20 世紀初期，廣播宣傳成為一種直達他國人民，而無法阻擋的最佳宣傳方式，如今媒體科技不斷向前邁進，網際網路的無國界傳輸，任何國外的資訊思想幾已無法可擋。

早在網路普遍發展之前，電晶體收音機、錄音帶的複製、傳真機、影印機及電腦印表機，亦都曾使國家檢查機制失能，官方權威遭受挑戰（並參第五章第二節）。反之，跨越國境而入的外來思想、新理念被人民私下分享傳送，異議團體、反抗運動被組織起來，此即蘇聯等共產政權瓦解的關鍵因素之一。

二、資訊控制的爭奪

胡光夏（2005b）將國際傳播的發展歷程劃分為：通訊社的電報時期（從工業社會的中期至 1927 年荷蘭首次對外廣播為止）、國際廣播時期（從 1920 年代起迄今）、國際電視（從 1980 年美國有線電視新聞網的成立迄今）、網際網路時期（從 1993 年網路的商業化開始迄今）等。

其實，國際傳播還可追溯至人類早期的帝國統治時代，以近代西方的情形而言，起初與海外貿易有著絕大的關係[2]，繼以 19 世紀以來順應一連串殖民地爭奪戰爭益形發展（張桂珍，2000），以及

---

[2] 當工商業勃興之初，就是民族國家紛紛形成之時，商人拓展海外貿易，戰爭風險乃必然的考量因素。如果一地有戰爭發生，那絕不可能一意孤行的前往，歐洲早期的報紙，就顯現傳播媒介告知戰訊的功能。
張桂珍（2000）指出，這種商業投資與戰爭的關係，在 19 世紀的倫敦股票交易所表現得淋漓盡致。當傳出英軍在滑鐵盧戰爭中失利的消息時，股票行情立即急速下跌，而當獲勝消息傳來後，股票價格又迅速暴漲。克里米亞戰爭期間的倫敦股票交易所，又再出現相似的一幕，而且在以後各個歷史時期，都能看到戰爭消息與商業利益之間這種決定性的關係。

資本主義的形成，資本主義國家「充分利用資訊來控制市場結構與變化」（彭芸，1991：218）。

由是可知，近代的國際傳播牽涉著西方列強的勢力消長，此亦即上一單元所謂國際間組織傳播的問題。從 19 世紀現代國際傳播發展開始，國際資訊即由西方強權的通訊社所瓜分，直到今日的資訊控制及文化宰制，從未中斷。

那時英國路透社（Reuters）、法國哈瓦斯社（French Agency Havas）及德國渥爾夫社（Wolff agency）有過一段為了瓜分世界市場而組織「聯盟（Cartel）」的歷史，而將世界隨各國殖民勢力伸張而劃分成若干勢力範圍，其他較小的歐洲通訊社則合拱「三大」，當時中國也是被瓜分的國家之一（並參第六章第二節）。

當初歐洲各國兀自開拓殖民地，無暇染指大西洋彼岸的美國，美國也因為美聯社（AP）加入「聯盟」，扮演二等角色，倖免被瓜分。「聯盟」終於 1930 年瓦解，一部分原因是來自美國的挑戰。此後美國將其信仰的「資訊自由（freedom of information）」，寫進聯合國的各種憲章、宣言與決議案中，開始她的支配地位（李金銓，1987；Fortner, 1993）。

Dominick（1999）指出，在國際傳播上的主要問題，顯現在文化與政治兩個層面上。有關政治層面的問題，即是國際政治傳播的問題，這個部分將在下一節探討。而文化層面的問題，則是來自於美國與歐洲的電視與電影等（尤其美國支配著全球電影、電視、音樂等資訊或資料的銷售流通），對世界上其他國家造成不平衡的流通（unbalanced flow），此即被許多國家所指稱的文化或資訊上的帝國主義（imperialism）。

文化帝國主義的擴散，普遍反映在開發中國家的憂慮有：許多國家擔心他們本國文化與傳統，會被美國價值觀所控制的全球性文化所取代，另一則是開發中或落後國家覺察現存全世界的媒體及其內容，為西方已開發國家所控制，有關開發中國家的新聞少之又少，就算有，也是一些負面的報導。

許勒（Schiller, 1969）探討美國軍事與工業兩大勢力結合的結構時指出，美國傳播勢力最後終能凌駕全球，就是軍事與工業結合的結果。美國五角大廈是統籌訂定全國廣播政策、分配頻率頻道的機構，各大傳播企業則成為軍事與外交的利器。許勒後來的研究（Schiller, 1976）更認為，廣播、電視、衛星等傳播科技並非中立的，凡是開發中及第三世界國家所作科技產品與內容的引入與使用，都含有政治與思想「毒素」的入侵，傳播科技本身就是資本主義意識形態的具體表現。

三、地球都市 vs.地球村

緊接著，還可以麥克魯漢的「地球村」論述，對比於佛特那的「地球都市」論述，來突出上述問題的嚴肅性。

早在 1964 年，加拿大學者麥克魯漢（McLuhan, 1964）探討傳播科技與媒體技術的擴張，視傳播科技為「人的延伸」，為「地球村（global village）」的概念奠下頗具遠見的基礎。1967 年，麥克魯漢與菲爾（McLuhan & Fiore, 1967）共同提出地球村此一名詞，用來代表他們的傳播理論。

麥克魯漢的影響，經常可以在強調媒體尤其是廣播與電視文化潛力的論點中被引用。例如，英國學者 Tomlinson（1999）就以解領域化（deterritorialization），來說明媒體與通訊科技的運用，如何使人們從當地關係抽離出來，進而為自己的生活展開更寬廣的世界。

但佛特那（Fortner, 1993：chap.2）認為，即使傳播科技日進千里，現代人以電視及各式媒體將世界縮小，麥克魯漢的想法仍是遙遙無期，至今人們實際上只創造出「地球都市（global metropolis）」，而非「地球村」。

電子傳播雖然可以傳播事件與新聞訊息，增進彼此了解，但因為它是跨距離的，無法複製（或呈現）社區或村落生活那一種休戚與共、相互依存的緊密關係。不僅如此，「地球城市」到處充斥「富（haves）」與「貧（have-nots）」，對於各種傳播在接收（reception）與使用（initiation）上均極不公平。而且，傳播系統多半是菁英或官僚式的集中控制，在國際上通常也是由一些特定的國家企圖經由資訊、技術或產品的輸出，達到控制他國的目的。

參、對抗性關係的傳播

Frederick（1993）所指對抗性關係，比較著重於國際間語言上的互動、協商與衝突，尤其是激起輿論的憤怒與交鋒，他指出具攻擊性的語言可以使人受苦，讓侵略合法化，為抹煞人性做法辯護，並促使軍國主義合法化。

在這個範疇中，有些只是國與國或國際之間的語言衝突、對峙，如 Davison、Hachten 所分析的國際政治傳播，或許可經由協商等方式而化解，但有些則可能是宣傳者著眼於戰爭全局的戰略性宣傳，這是必須加以區別的。

一、國際政治傳播與公共外交

Dominick（1999）指出，在國際媒體體系（International media system）的研究方面，主要即著重於跨國界的媒體現象，有些媒體純粹只為本國及其鄰近地區服務，而有些媒體的存在，則是為了其他國家而設計。

Hachten（1996：104）給予「國際政治傳播（International Political Communication）」一個比較寬廣的解釋，那是經由報紙、廣播、電視、電影、文化交流等國際傳播等方式，以達到預期的政治效果。按照他的界定，它包含了公共外交、海外資訊節目、文化交流，乃致於宣傳活動與政治作戰等這類的名詞。不難看出這樣的定義，其中有一部分的內涵，是與上一節重疊的。

若以官方與私人、具政治意圖和不具政治意圖加以區分，國際政治傳播可分 4 種類型（Davison, 1965；Hachten, 1996）：有政治意圖的官方傳播、無政治意圖的官方傳播、有政治意圖的私人傳播及無政治意圖的私人傳播。

有政治意圖的官方傳播，如美國的《美國之音（Voice of America）》與《莫斯科電台（Radio Moscow）》等，此即公共外交（public diplomacy）。無政治意圖的官方傳播，如美國《美軍廣播與電視網[3]（U.S.Armed Forces Radio and Television Network）》。私人有政治意圖的傳播，如 Crossroads Africa 等一些和平組織致力於反戰、凍結核子武器。私人無政治意圖的傳播，如教會或一些國際

---

[3] 美軍廣播與電視網在其高峰期，曾有 200 個電台與 300 個電視台，係為海外美軍及眷屬服務。但除了上述的聽眾外，更吸引許多非美國年輕人收聽，他們聽美國音樂，學習美式英語。

醫療救濟組織，還有發行電視節目、電影、錄音帶及錄影帶的媒體企業等。

不過 Hachten（1996：105）認為這四種區分，界線常常是模糊不清的，很難明確地加以歸類。以西方各國的國際媒體來說，主要銷售全球的產品是新聞與娛樂，各自為商業目的而服務，但同時也傳播大量含有政治意圖的官方資訊；新聞、娛樂與宣傳之間，通常並非互相排斥的。

公共外交最早起於二次大戰中宣傳戰的交互使用，一般是指媒體傳播被廣泛運用於外交手段上（Frederick, 1993）。其最重要的目的，在於塑造一個國家的形象，或影響一個國家的輿論、意識形態或人民的生活方式。

佛特那（Fortner, 1993）強調公共外交經常與傳統外交方式互補合作，主要運作的方法有兩種，一是透過國際廣播電視，特別是國與國之間的思想或意識形態若差異甚大時，企圖影響他國的人民。另一是媒體公關的「假事件（pseudo-events）」，亦即製造一些事件來吸引媒體大幅報導，這些「事件」包括記者招待會、具鮮明主題的活動，或外交、經濟的高峰會議等。

二、對抗性的語藝傳播

前面說過，著眼於戰爭全局的宣傳就是戰略性宣傳，經過上一節的探述可知，這在和平時期並非沒有出現，而是不明顯，但在對抗性時期可能就會大量而明顯出現，亦即 Frederick（1993）所謂「輿論的激憤與開戰」。

Frederick（1993）直指戰爭用語幾乎擁有共同的特徵，經常是以迷惑、委婉與掩飾的言詞，使原先見不得人的話語，搖身一變而為漂亮的修飾辭[4]。像這類掩飾的言詞，亦常蘊含雙面意義（於己方、敵方各具不同解讀），來包藏戰爭的真實面目。Hachten（1996：103）亦強調，在短波無線電廣播中，一個被人信以為真的「真理」或新聞，可能是另一個人的「宣傳」，如同一個人的「音樂」，可能是另一個人的「噪音」。

早在武裝力量尚未啟動之前，通常語藝傳播就率先登上起跑線，為戰爭開闢合理化論述，或尋求同盟或中立國家的支持；更迫切的，動人言辭乃必備的條件，方能與媒體取得一致的共同戰線立場，激起軍人的戰鬥意志及人民接受動員的意願。戰爭的語藝傳播係隨著對立與衝突程度而有所變化，起初可能是一些迷惑性的用語、動人的言辭，以致將敵方妖魔化，甚至非人化的攻擊紛紛出籠。

例如，在希特勒攻打奧地利之前，就不斷利用聯想（associative merger）手法，直呼維也納（Vienna）為巴比倫（Babylon），將維也納意象化為基督教聖經所記載的充滿貧窮、娼妓、亂倫、謀殺及道德淪喪的城市，美化德國出兵入侵係為替天行道、除奸拔惡的義舉（葉德蘭，2003）。

在併吞捷克之前，納粹的新聞媒體同樣大肆製造戰爭輿論，報紙與電台連篇累牘、日以繼夜的報導「捷克野獸擊倒懷孕的日耳曼女人」、「捷克蠻人使赤手空拳的日耳曼人受到血浴」（張桂珍，2000）。但雷山（L. LeShan）指出（劉麗真譯，2000：56）：「惡魔」只存在於「虛幻現實」裡，在大多數人生活的「感覺現實」中，惡魔並不經常出現。

4　林靜伶（2000：334）在研究台灣競選廣告中的戰爭譬喻時，亦有類似 Frederick 的看法。

二次大戰時英對日的宣傳堪稱「非人化」的代表之作。Goman &McLean 指出（林怡馨譯，2004：125），二次大戰英國對德國或對日本的宣傳，是截然不同的方式。英對德的宣傳是訴諸真相的宣傳典型，至少德國人被視為人類，而邪惡與否的分別在於好的德國人或納粹。但對日本的宣傳中，則強調我方與「他者」的不同，將日本人「非人化」。日本人常被描繪成「野蠻人」、「暴牙猴子」、「殘暴的人猿」，或是「社會敗類」、「次等野獸」等，大量充斥在卡通、電影、雜誌、報紙、海報與廣播的宣傳中。

葉德蘭（2003）曾整理多位學者的研究（Cherwitz, 1978；Holloway, 1994；Parray-Giles, 1994；Medhurst, 1997a, 1997b；Graebner, 2001），歸納冷戰論述的修辭手法包括以下 8 種：（一）絕對名詞（absolute terminology）：如上帝、民生、進步、真理；（二）兩極對立（stark polarization）：如誠實 vs.謊言，民主 vs.共產；（三）恐懼訴求（fear appeals）：如秘密警察、勞改營、處決；（四）死亡意象（death image）：如在死亡邊緣掙扎、失去美國立國精神；（五）敵人之暴行（savagery of the enemy）：如共產專政、蠻橫挑釁；（六）美國之正義（righteousness of America）：如合作、公平原則，以人類福祉、和平願景為重；（七）自由之脆弱（fragility of freedom）：如人類自由或自由政府（free government）即將不保，我們所篤信之生活方式會被摧毀；（八）基督教用語（Christianity association）：如信心、犧牲、毒蛇、十字軍聖戰（crusade）。

兩次波斯灣戰爭的戰爭宣傳，都使戰爭語藝傳播發揮得淋漓盡致。在海珊（S. Hussein）的口中，美國與伊朗都是「大撒旦」，布希更是「白宮的魔鬼」；反之，在布希口中，海珊則是「希特勒」；

巴格達的無線電廣播中，美國飛行員不是「鼠輩」，就是「嗜血的畜生」（傅凌譯，1994）。

2003 年美國在準備對伊拉克發動戰爭的前夕，也是極力妖魔化海珊。美國及西方一些親美的媒體，將海珊說是「戰爭狂人」、「瘋狗」、「怪物」、「大壞蛋」。以色列媒體說海珊是一個「心裡有缺陷的人」，急需心理治療。布希政府一口咬定海珊藏匿大規模殺傷性武器，美國國會還舉辦有關海珊暴行的聽證會，透過衛星向世界實況轉播，來製造戰前的國際性輿論（朱金平，2005）。

三、傳媒的橋樑作用

戰爭如何會被激起，各有不一說法，佛洛依德將戰爭歸因於人類基本天性的理由，進一步發展建立「心理」理論；李朋（Le Bon）將戰爭導因於人類群居功能的理由，發揚光大為「社會群體」的概念；而列寧與盧森堡（Rosa Luxemburg）則主張「經濟」因素，才是導致戰爭的根本理由（劉麗真譯，2000：18）。

匈牙利小說家、新聞記者與評論家凱斯特勒（A. Koestler）在《兩面人（Janus）》中，將人形容為就像羅馬門神 Janus（臉朝著兩個不同方向的兩面人），巧妙的將戰爭的「心理」及「社會群體」理論與原因結合在一起。他以為人皆具有兩種基本驅力：一是尋求獨立，不受干擾，另一是希望成為群體中的一份子。大多數人會在這兩種驅力間游來移去，人捲入戰爭是為了獲得群體的認同，爭取群體對自己忠誠度的信賴，因而一個群體往往可以利用一個外在的共同敵人，來鞏固該群體的力量（同前註：19、41）。

Carruthers 則持著偏向媒體作用的因素。他認為戰爭並不是瞬間暴力的自然爆發，而是始於人們的思想中（Wars begin in the minds of men），如此則需要軍事與心理上雙重的動員，而媒體就起了使思想提前備戰的作用，同時擔負起傳遞敵人形象的任務。他這樣說：

> 「由於始於人們思想中這項原因，戰爭並不是什麼人類天性，而是一種（反）社會行為的學習方式所致。經由一再表示戰爭是一種必要的、適當的衝突解決方式、避免毀滅的自衛行為，媒體普遍提供了戰爭犯行的儀式。」（Carruthers, 2000：24）

朱金平（2005）指出，戰前輿論戰是一場戰爭的開頭與序幕，敵對雙方重在編造開戰理由，進行戰爭動員，揭露敵人企圖，掩飾進攻的時間、地點與方式等方面進行較量。戰前輿論戰的重點則有：（一）宣揚開戰理由；（二）謀求壯己陣營；（三）進行武力威嚇；（四）揭露敵人陰謀；（五）發展戰爭動員；（六）激發軍人鬥志；（七）掩飾戰爭企圖。

李希光、劉康等（1999）認為媒體要創造輿論，必須與政界、學界等聯手塑造，其具體的做法就是用美麗的語言，將非常複雜的問題簡單化、抽象化、模糊化或妖魔化，才能製造一邊倒的輿論。

曾任美軍臨床心理醫師的心理學者雷山（L. LeShan）指出，只要戰爭一起，整個世界就被嚴格區分為「好與壞」兩個陣營，敵對雙方的人都得由「感覺現實」轉換到「虛幻現實」，這中間一切非黑即白，完全沒有灰色地帶，沒有所謂的「局外人」，只有贊成或反對兩種人，即使不能適應的人，也必須學習去認知敵人的人民是壞人。由於敵對的立場不同，以致於同樣的行動就會出現雙方完全不一樣的說法，譬如說同樣是轟炸城市，但轟炸鹿特丹就和轟炸漢堡的解釋完全不同（劉麗真譯，2000）。

他曾提出一種對照「平時」、「戰時」看待事實的方法。我們習慣稱戰爭時期為「非常時期」，從以下整理自他著作的論點（參閱表 3-1），或有助於了解「非常想法」之所以能夠成立，戰爭語藝傳播之所以存在的理由，以及傳播媒體在戰爭中所起的橋樑作用。

表 3-1：「平時」與「戰時」看待事實的區別

平時	戰時
• 好與壞有很多不同的層面。擁有其他意見的團體都是合法的。這些意見有好有壞，有愚有智，或可滿足或不可滿足。	• 好與壞被敵對雙方簡化了。沒有所謂無辜的局外人；只有贊成或反對兩種人。大環境中所有的事都被區分為黑、白兩類。對事情的看法，不是對，就是錯。
• 現在和其他時代非常相似。有些東西多一點，有些東西少一些，不過這些差異都是有限的。	• 現在和其他時代有所不同。任何人贏得此時，即能稱霸永遠。此刻正是好與壞、善與惡的決戰關頭。
• 像上帝或人類演變這種自然的力量，都與人類抗爭沒有太大關係。	• 「命運顯示說」、「歷史站在我們這一邊」的說法，顯示宇宙的無窮力量都是向著我們的。
• 當現階段結束時，所有的事都會變得和過去一樣。	• 當戰爭結束，所有的事都會起大變化。如果我們贏了，事情會變得更好；如果我們輸了，情況會一塌糊塗。我們今日的作為影響日後甚鉅。輸贏會改變過去的意義及未來的發展。
• 當問題解決之後，他的相對重要性即	• 極需解決的主要問題只有一個，至於

逐日遞減。生活複雜多變，事情的焦點通常不只一個。	其他問題全都是次要的。生活極其單純，所有事情都只有一個焦點。
• 所有人的行為動機都非常接近。	• 他們的行為是為了追求權力。而我們則是為了自衛、慈善及強烈的道德感。
• 問題因不同層面的因素而起，諸如政治、經濟或個人，所以必須由這些層面尋求解決之道。	• 真正的問題因部分敵人的意志而起，所以除非打破他的意志或令其沒有執行意志的能力，問題才得以解決。
• 問題要解決，造成問題的原因也要關切。	• 我們只在乎結果，不關心起因。
• 交涉是可行的，和不同意見的人也可以溝通。	• 既然敵人不懷好意，因此沒有必要溝通意見，只有靠武力才能解決問題。
• 基本上，人都是一樣的，人與人之間的差異有限。	• 「我們」和「他們」截然不同，以致於同樣的事由我們來作就是「好事」，由他們執行就是「壞事」。我們和他們是否屬於同一族類，值得懷疑。

資料來源：劉麗真譯，2000：52-55。

肆、軍事衝突的傳播

在上一節中，採用了 Hachten 的定義，說明國際政治傳播是一個國家為達到預期政治效果的傳播行為。本節所要探述的國際政治宣傳，不只在於政治效果，尤在於軍事或其它層面的效果。

又，對於「敵人」概念的形塑，在第二節中並非那麼清楚，而第三節的「敵人」概念已然成形，本節的「敵人」概念，則隨衝突強度逐次增高，到了非「征服」無法化解的地步。

Frederick（1993）將軍事衝突的傳播細分為低度衝突的傳播、中度衝突的傳播、高度衝突的傳播 3 種強度。在本節中則綜合成戰略性宣傳、戰術性宣傳及技術面宣傳，來探論軍事衝突時期的傳播。

一、戰略性宣傳

戰略性宣傳甚具代表性的看法，即如 Lasswell（張洁、田青譯，2003）分析一次大戰所說的 4 大宣傳目標（objective propaganda）：（一）動員群眾仇恨敵人；（二）維繫與盟友的友好關係；（三）保持與中立國家的友好關係，並儘可能獲得合作關係；（四）打擊敵人士氣。

Lasswell 亦將戰爭目標，與戰爭罪行、惡魔崇拜及勝利幻想等並列為最重要的宣傳內容，並視每一個戰爭主體如何去認知、劃定或從事宣傳活動。

例如，在第一次世界大戰時，美國與其協約國（Allies）盟友因戰爭目標的不同，宣傳活動亦有頗大差異。在對戰爭罪行的宣傳中，協約國成員指控整個日耳曼民族是戰爭元兇，而美國則只譴責德國軍方領導人；在關於惡魔崇拜的宣傳中，協約國成員指向絞死德皇（Hang the Kaiser），美國則排除德皇及皇帝制度在外；在維持對勝利幻想的宣傳中，協約國成員以徹底戰勝德國作為實現目標，美國打算贏得的，則是溫和的和平。

又如，在戰爭罪行宣傳活動中，可能敵方有罪的對象是：一個政黨、一個個體、一個階級、一個民族、一個地區、一名菁英、一種制度、一場社會運動、一種意識形態、一種政治體系，或是以上各要素的任何組合。

托佛勒夫婦（傅凌譯，1994：220）指出，巧妙性的戰略層次宣傳，可以導致結盟與解盟。一次大戰時，德、英都想拉攏美國，但英國靈巧運用每一個象徵性事件，將德國抹黑成反美形象[5]，得使美國政府作出決定時，廣獲民眾的支持。

在戰略性宣傳中，法國學者 Ellul 對於總體性宣傳（total propaganda）、社會性宣傳（sociological propaganda）的闡釋，有其獨到之處。他認為國際政治宣傳應包含心理作為、心理作戰、再教育或洗腦，以及廣告、公共關係、人際傳播等，而且宣傳要從人們的日常生活做起，要能攻佔每一個人，引導他們接受一些觀念態度，使他們進入一種特定的心理狀態（Ellul, 1965：11）。

一項戰略性宣傳活動，經常是由許多橫跨不同媒介的訊息所組成，這些訊息在各種媒介中，各具不同層面的傳達效果。Ellul（1965：9）指出，「宣傳必須是整體的。宣傳者必須要利用所有可用的技術手段：報紙、廣播、電視、電影、海報、會議、以及逐戶的拜訪等。」他強調每一種媒體技術手段都有它獨特的穿透力，但亦各有其侷限，不能獨自完成，所以要充分與其它媒體相互補充，作到天羅地網的整合效用。除此之外，宣傳者還必須運用所有的工具，包括新聞檢查、法律文本、建議立法、國際會議等等（同前註：9-12）。

---

5 一次大戰時，德國 U 型艇發射魚雷擊沉美國「露西塔娜」號，美國民情大怒，但真正的民憤，是一年後由英國人引導出來的。英國發現有個德國藝術家為慶祝擊沉該船，而鑄了一個銅牌，立即大加翻造了幾十萬個，附在反德宣導資料一起寄給美國人。美國隨後作出加入協約國作戰的決定，此雖不能全歸因於英國宣導品，但不能否認英國戰略性宣傳對美國政府政策決定的幫助（傅凌譯，1994：220-221）。

二、戰術性宣傳

國際政治宣傳通常區分為 3 種類型：白色宣傳（white propaganda）、黑色宣傳（black propaganda）與灰色宣傳（gray propaganda）（Jowett＆O'Donnell, 1992；Fortner, 1993；方鵬程，2005c；胡光夏，2005b）。

白色宣傳是指宣傳的消息來源可以明白辨識，而且訊息幾近正確，企圖在閱聽眾心目中建立可信度。白色宣傳出現在戰時或對抗性時期，譬如戰時、冷戰時期的莫斯科電台與美國之音及英國廣播公司（BBC），都是顯例。

黑色宣傳的消息來源是偽造的，而且訊息是大量的謊言、虛假與詐欺，以誇大不實的方式「道盡對手的壞處」。例如設在他國境內的地下秘密電台（clandestine radio），通常是由異議份子所主持，其所播送的內容則被稱為黑色政治宣傳。二次大戰時，同盟國與軸心國雙方都積極發展地下電台，分別設在英國與德國領域內，或在佔領區內，撤換所佔領的電台節目，加強發射訊號（Fortner, 1993）。

Ellul（1965：16）指出，白色宣傳公開宣傳訊息的來源、手段與目標的存在，卻常交互運用來掩蓋黑色宣傳，稀釋閱聽眾對公開宣傳的抵抗，轉移社會大眾的視線，另方面卻亦可以此為憑藉，將輿論向相反的方向引導，甚至利用公開宣傳的逆反心理而實施一場宣傳。

灰色宣傳介於白色與黑色宣傳之間，消息來源不一定能正確辨識，而訊息也是不確定的。Soley＆Nichols（1987：11）指出，灰色政治宣傳的目的很清楚，但傳送的位置卻極為隱密，或是傳播的來源與目的非常清楚，而由異議組織所主持。

假資訊（disinformation）是指傳播者運用秘密、滲透的或控制外國媒體的手段，向目標的個人、團體或國家，散佈、傳遞誤導的、不完整或錯誤的資訊（Shultz & Godson, 1984：41-42）。這個字源自俄文 dezinformatsia，是一個由蘇維埃國家安全局（KGB）中獨立出來專門從事黑色宣傳的部門（Jowett & O'Donnell, 1992：13）。據稱在莫斯科曾有大約 1 萬 5 千多人在從事這項工作（Hachten, 1993：115）。

假資訊（disinformation）、骯髒技倆（dirty tricks）和共謀的新聞記者（co-opting journalists）等字眼，常被用來描繪與黑色宣傳相同的宣傳手法。其實，不只 KGB，美國中央情報局（CIA）一樣，均曾「深入」外國的各種媒體，從事非法行為。包括控制外國的報紙、偽造文書、黑函、利用謠言與暗示、改變事實、說謊，以及收買一國的學術、財經界人士，以及具影響力的媒體從業人員，作為影響政策的內應（Hachten, 1993）。

宣傳常採用的策略有 7 種：命名法 （name calling）、裝飾法（glittering generality）、移轉法（transfer）、見證法（testimonial）、平易法（plain folks）、堆卡法（card stacking）和流行法（band wagon）（Lee & Lee, 1972；翁秀琪，2000；彭懷恩，2004；方鵬程，2005c）。

命名法是對敵對的個人或團體，以賦予名稱、貼標籤[6]、扣帽子的方式，突顯被醜化對象的特徵。裝飾法是以響亮的名稱、好

---

[6] 「貼標籤」不一定全用於敵我雙方的敵對立場，有時媒體也用以揶揄政治人物。如在不同的時間裡，尼克森總統曾被叫作「奸詐老迪（Tricky Dick）」、「舊尼克森（the old Nizon）」、「新尼克森（the new Nixon）」；女權運動者一度被人稱為「燒掉胸罩的女人（bra burners）」，後來改稱「女權解放者（libber）」（Strentz，1989）。

的字眼（virtue word），對贊同的人事物擁護、歌頌。移轉法是引導閱聽大眾透過聯想得到認同（admiration by assocation），將某種受人尊敬推崇的對象，移轉銜接到所要宣傳的事物上；宣傳者也可將某個嫌惡的對象移轉到所欲醜化的對象上，以刺激產生嫌惡之感。見證法是引用受閱聽眾尊敬或嫌惡的人，來談論某一事件或產品的好或壞。平易法是為了拉近與閱聽眾的關係，特別強調宣傳者與平民百姓是相同的。堆卡法則是透過選擇和運用的連串事實舉證，或不斷引用誤導資訊，以使宣傳對象持續向極好或極壞的情形累積。流行法是宣傳者刻意營造主流氛圍或創造流行趨勢，試圖使個人加入群體（大多數），一起「跳上花車」，以免陷入孤立。

三、技術面宣傳

托佛勒夫婦的「第三波（the third wave）理論」認為如果第一波文明帶來「地主階級」，第二波文明帶來「無產階級」，則第三波文明造就了「知識階級」。他們這麼說：「隨著第三波戰爭型態逐漸成形，一種新的知識戰士也已經出現。知識戰士不見得一定要著戰服，指的是那些深信知識可以打贏戰爭，或是遏止戰爭的知識份子。」（傅凌譯，1994：184）

如今已為人熟悉的資訊戰（Information Warfare, IW）一詞，最早由 1976 年美國的馬歇爾（A. Marshall）所領導的軍事研究小組所創，但真正將此名詞進行軍事作戰研討概念，則是在 1991 年的波灣戰爭之後。

美國國防大學教授李比奇（Libicki, 1996：87-89）將資訊戰[7]分為 7 種：指管戰（command and control warfare）、情報資訊戰（intelligence-based warfare）、電子戰（electric warfare）、心理戰（psychological warfare）、駭客戰（hacker warfare）、經濟資訊戰（economic information warfare）、網域戰（cyber-warfare）。

新傳播科技一方面不斷推陳出新，另方面亦與傳統媒體結合運用，使技術面宣傳展現前所未見的寬廣空間。例如元首媒體直播中心、全息投影、部落格之功能電視台、廣播喊話一體化、廣播電台蓋台插播、移動廣播技術、虛擬實境（製作幻像以提高士氣或擾敵士氣），以及傳單、廣播、電子郵件和手機訊息智能化等等。

雖是如此，最傳統技術面的宣傳單，仍是使用最頻繁的對敵宣傳方法。美國心戰專家對科威特的伊拉克軍隊共灑放 2 千 9 百萬份以 33 種不同語言寫成的宣傳單，指點他們如何投降，承諾會以人道方式對待戰俘，鼓勵他們扔下武器，以及警告他們即將爆發的戰爭有多可怕（傅凌譯，1994：221）。據估算，迄今用於心戰宣傳的文字品，累計幅面可以將地球覆蓋兩層，傳單所佔的比例高居 78%，二次大戰期間各參戰國使用的傳單多達 80 多億張（王玉東，2002：242）。

---

7 資訊戰是指影響與破壞敵人的資訊與資訊系統，保護發揮己方資訊與資訊系統的效能，藉以奪取資訊優勢，保持國家安全戰略和軍隊所採取的行動。資訊戰與另一名詞 Information War 有所區別，前者包含與資訊相關前有利於作戰運用的方式，而後者則以資訊攻擊所發起，將戰場引發的軍事衝突轉移到網路空間來進行，所以後者是前者的一部分（周湘華、揭仲，2001：211-212）。

伍、結語

本章別採 Davison「戰爭－和平連續體」的概念及 Frederick5 種強度分析為架構，而將戰爭傳播的範疇概分為 3：即和平時期的傳播，重點置於國際傳播；對抗性關係的傳播，重點置於國際政治傳播，以及軍事衝突的傳播，重點置於國際政治宣傳。

本章所持的預設立場，是在戰爭與和平的兩極光譜的認知上，以戰爭傳播來避免或縮短戰爭，但在這兩極之間，存在著國際傳播、國際政治傳播或國際政治宣傳等不同的情形或層面，此是探研戰爭傳播研究不可忽略的空間。其道理除了藉以辨識戰爭傳播者對於戰爭發起的必要性外，更重要的是促進認知在這「連續體」的過程中，媒體傳播對民心與輿論的影響，均是足以扭轉戰爭或和平的關鍵。

從本章釐清的論點來看，在和平關係的交流傳播階段，國際傳播上的媒體資訊或技術，即隱含著極大的「滲透」問題，在資訊的控制與爭奪上亦呈現大國爭雄的局面，而現代國際傳播發展從 19 世紀起，國際資訊即由西方強權所瓜分，直到今日的一些強權國家，企圖經由資訊、技術或產品的輸出，達到控制他國的目的，從未間歇。

其次在對抗性關係的傳播階段，國際間語言上的互動、協商與衝突，尤其是激起輿論的憤怒與交鋒已然出現，其表現形式包含公共外交、海外資訊節目、文化交流、宣傳活動與政治作戰等。通常在軍事武力未動之前，語藝傳播就率先登場，透過各式傳媒對內及向國際訴求，形成輿論的激憤與開戰，為發起戰爭開啟合理化論述。

當步入軍事衝突傳播時的國際政治宣傳，對於「敵人」概念的形塑業已成形，臻於非征服不可的地步，其目的不只在於政治效果，尤在於軍事或其它層面的效果。又，此一階段的戰爭傳播可分為戰略性、戰術性及技術面 3 種層面，各有其征服的戰場與標的。

唯不可不察的，戰爭發動者或戰爭傳播者會經由巧妙包裝，訴諸於國內外的目標對象與閱聽眾，其途徑之一的媒體往往擔負了使思想提前備戰的作用。不論大小規模的備戰，都是一種龐大或複雜的社會工程，不只是軍事武力的整備，同時亦是群眾心理上的動員，通常都是軍隊未動，宣傳先行的。從表 3-1 可知「平時」、「戰時」看待事實的區別，此則是奔向和平或戰爭關鍵分野。

第四章　戰爭傳播的理論發展概觀

壹、前言

傳播學術上的研究，一直是開放其它學科參與的。早期傳播研究的奠基者，不是政治學家、心理學家，就是社會學家，他們來自各自的專業領域，開闢傳播研究的陣容，豐富滋長傳播研究的生命。例如，1920 年代探討如何運用媒介作為宣傳、說服的工具，1930 年代開啟的實證傳播研究，以及 1940 年代興起的社會心理學特別關注傳播效果的提升等等。

人類在上個世紀，經歷了兩次世界大戰及無數大小戰爭戰役，無論為對內提高戰鬥士氣、激勵愛國心，以及對外進行國際宣傳或對敵作戰，大眾傳播媒體曾經受到政府與軍隊的廣泛運用，被視為是一種「社會動力」(陳雪雲，1982)。一方面由於媒體被用作克敵制勝的作戰利器，另方面亦因傳播科技的快速發展，均直接刺激大眾傳播理論研究的興起與發展。同時，為了要釐清傳播媒介的角色，協助民眾適應現代傳播生活的挑戰，許多社會科學方面的學者開始踏入並開創傳播研究的學術領域。

但必須有所認知的，他們所用的研究方法與建構的理論，幾乎均以西方工業社會為藍圖。我們亦都知道，沒有一種理論是完美無瑕的，即使當前看似比較完整，亦只是一時的（張巨青、吳寅華，1994：63-67），而其中評估的原則，Littlejohn（程之行譯，1993：40-42）認為主要在於概念涵蓋範圍的大小、適用性、啟發性、證驗性等。

從上一章的探論可知，幾乎自現代化大眾傳播發展伊始，每當戰爭降臨時，媒體就經常被運用來說明敵人是野蠻、不道德的，媒體的內容與報導亦常訴諸恐懼手法，來形容敵人的殘酷可怕，但在事中及事後，學術領域的研究與理論上的建構則會加以檢視。唯現代傳播學術研究因戰爭傳播而起，但其後在理論上的充實發展，則顯然並非關照戰爭傳播所需。因而，本章探論戰爭傳播理論時，也有所取捨，無法周全。

本章擬先從媒介被視為是「社會動力」的角度，亦即有關傳播效果在理論上的研究分析著手，進而綜整有關戰爭傳播理論的發展，概分為宣傳分析、說服理論及溝通理論 3 大類。

這並不全然是指此 3 類理論與戰爭傳播之間，有著絕對因果關係的發展，而只能說是存在著直接而密切的關係。例如，宣傳分析本來即因應戰爭傳播而誕生，說服理論可視為宣傳分析的修正理論，而溝通理論則正是當前一些國家的軍隊公關（如美軍，詳參第七章）的參考理論。

貳、有關傳播效果在理論上的解釋

無論為一窺傳播理論的堂奧，或為了解有關戰爭傳播的理論，從傳播領域裡眾多理論中的傳播效果理論著手，是一個很好的切面（張錦華，1990）。之所以做這樣的選擇，原因無它，主要仍在於早期一些大眾傳播理論，乃是因世界大戰有關宣傳的研究而來。

例如有關態度變遷（attitude change）的研究，以及大眾傳播效果的問題，這大眾傳播理論中的兩個相當重要的根源，都是植基於宣傳研究而有所開展的（Severin & Tankard, 2001：103；翁秀琪，

2000：47）。在這個切面中，羅瑞與狄佛洛（Lowery＆De Fleur）及麥魁爾（McQuail）的綜合性探討，又提供了頗具價值的線索。

一、媒體效果理論的歷史發展

羅瑞與狄佛洛在《傳播研究里程碑（Milestones in Mass Communication Research）》中，首先肯定研究傳播效果對發展有關傳播媒介在現代社會的價值與角色的重要性（王嵩音譯，1993：39），並回顧將近70年傳播研究的歷程，列舉出13項重大里程碑[1]，將媒體效果理論分為一致的萬能效果論、選擇性效果理論與間接效果理論3個時期（有關的理論特徵及主要概念，參閱表4-1）。

國內傳播學者張錦華（1990，2001）對傳播效果研究亦區分為3個階段：第二次世界大戰前後的刺激－反應模式，1950及1960年代的有限效果模式，以及1970年代以來的中度效果模式。

英國傳播學者麥魁爾則將媒體效果的研究與理論，分為媒體萬能論、強大媒體的驗證理論（亦即媒介影響力並非如上一階段理論所言那麼吃重）、強大媒體的再發現及協商性的媒體影響力等4個階段（陳芸芸、劉慧雯譯，2003）。

其實，以上「3個時期」與「4個階段」的劃分，並無多大不同。麥魁爾的第4個階段－協商性的媒體影響力，即是羅瑞與狄佛洛的間接效果理論的意義理論。

---

[1] 此13項研究里程碑，均依循北美功能理論的傳統，是以美國的社會和媒介為主，而且是實證與量化的科學研究。

表 4-1：Lowery＆De Fleur 歸納媒體效果理論發展的三個時期

特徵與概念／分期		理論特徵	主要概念
一致的萬能效果論		• 大衆社會份子間缺乏社會聯繫。 • 媒介訊息會由不同人，以相同方式接收、理解，並產生同樣的情緒反應。	• 大衆社會的份子對媒介訊息產生一致性的理解。 • 這種訊息刺激會深入影響個人的情緒。 • 每個人對這些刺激會產生相同的反應，亦即在思想及行為上的改變。 • 傳播媒介的效果是強大的、直接和一致的，因為社會份子不受共同的禮俗控制。
選擇性效果理論	選擇性效果理論	• 閱聽人是主動而非被動的接收資訊。 • 人們在需要、態度、價值及人格上各有差異，由於這些差異，每個人皆對外在刺激，產生不同的反應，所受到的影響也不一致。 • 人性天賦之說受到懷疑，而後天環境中的學習漸受重視，因而研究傳播效果時，	• 大衆社會份子是選擇性的接收與理解傳播媒介訊息。 • 選擇性的產生是由於不同的認知形態。 • 不同的認知形態則是源於個人在社會學習中，所養成獨特的信念、態度、價值觀、需要與滿足經驗。 • 選擇性的認知影響到選擇性的理解、記憶與反應。 • 因此，媒介效果是不一致、間接及有限的；媒介的影響受限於個別差異。

	團體範疇說	著重在閱聽人是如何選擇性的接觸、注意與理解傳播媒介的訊息。	• 大衆社會份子是選擇性的接收與理解傳播媒介訊息。 • 選擇性的產生是由於每個人在社會結構中的地位不同。 • 社會結構包含了許多不同的團體範疇。例如年齡、性別、收入、教育、職業等。 • 相同範疇的人羣，對於傳播訊息會作出相同的反應。 • 因此，媒介效果是不一致、間接及有限的；媒介的影響受限於社會範疇的差異。
	社會關係說		• 大衆社會份子是選擇性的接收與理解傳播媒介訊息。 • 選擇性的產生，是由於個人受到與之建立社會關係的人的影響。 • 家人、朋友等都會影響到個人接觸傳播媒介的行為。 • 個人對媒介信息的注意及反應程度，反映了他在社會網絡中的連繫情況。 • 因此，媒介效果是不一致、間接及有限的；媒介的影響受限於個人的社會互動關係。

<table>
<tr>
<td rowspan="2">間接效果理論</td>
<td>模仿理論</td>
<td>• 源於心理學的學習理論，可研究長期與短期效果。
• 模仿與否，端賴適用行為情況出現的多寡而定。</td>
<td>• 個人從媒體內容中的人物看到某種行為。
• 他評估行為的實用性，並決定是否應予效法。
• 他在實際狀況下如法炮製。
• 結果顯示十分有效果，因此得到報酬。
• 重覆仿效後，凡遇到類似狀況，他都習慣性的採取學習到的行為，直到不再得到報酬為止。</td>
</tr>
<tr>
<td>意義理論</td>
<td>• 源於人類學理論。
• 視語言為影響人類的主要因素。
• 人們以共同的語言，經過不斷的溝通，來學習所有事物的相關意義。</td>
<td>• 個人看到媒介所描述的一個情境。
• 那個情境被賦予標準化的語言符號。
• 媒介有效地結合了符號與意義。
• 如此，媒介可以建立新的意義，以新的意義取代舊的意義，或在舊的意義加入新的含義，或促成該意義的俗成化。
• 既然語言（以其標準化的共同意義）是形成認知、理解以及行動決策的重要因素，媒介因此會產生長期、間接，但是強大的效果。</td>
</tr>
</table>

資料來源：整理自王嵩音譯，1993：39-45。

二、強大媒體再發現的 3 個關鍵

無論左派或右派，早期的研究學者幾乎確信媒體能運作出強大的宣傳或勸服影響，認為媒體就像子彈一樣，能穿透被動的受播者。

當時一致萬能效果論的共識情形甚為可觀，存在一些基本的客觀因素（包括社會的、戰爭的因素），Curran 等人（唐維敏譯，1994：9-10）做了以下整理：（一）透過新傳播科技製造出大量的傳播訊息，生產出前所未有的閱聽大眾；（二）都市化及工業化促使社會變遷加遽，社會出現不穩定、失根、疏離與容易被操弄的現象；（三）人類生活型態漸趨都市化，喪失原有鄉村生活穩固的傳統價值，使得人們脫離既有的社會體系網絡後，只能無助地投向大眾傳播媒體；還有（四）大眾媒體在第一次世界大戰期間，發揮宣傳洗腦的效果，掀起歐洲法西斯主義的一陣狂風。

其後自 1940 年代起，對媒體影響力重作探索，諸如實驗法、社會調查法等實證研究方式引進傳播領域，證明大眾社會份子並非是被動、缺乏社會聯繫的個體，而確能對媒體傳播內容做選擇性的暴露、理解與記憶，於是誕生了「媒介有限效果論」的學術正統。

作為此一正統綜合結論者的柯萊波（J. Klapper），在 1960 年著書中，將傳播的有限效果做了詳細系統性的分析與解釋，改變了過去對媒體萬能論的看法（林東泰，1999；彭芸，1986）。他推論大眾媒體並非是直接導致閱聽眾效果的充分或必要條件，傳播過程實有賴一連串的中介關係，才可以發揮功能（Klapper , 1960：8）。

但柯萊波的有限效果認定，並未就此塵埃落定，主要此時正是無線電視新媒介時代的來臨，開啟社會大眾前所未有的閱聽行為與生活互動。隨後促成強大媒體再發現的理論出線，箇中關鍵有 3。

其一是凱茲（E. Katz）、拉查斯菲（P. Lazarsfeld）等實證研究學者，雖然強烈反對一致萬能效果論，但卻認為在某些狀況下（如媒體消息來源可信度高、值得信賴時等），媒體確實具有強大力量（唐維敏譯，1994：11）。

其二是德國傳播學者 Noelle-Neumann 建構的「沉默螺旋理論」，將民意研究與大眾傳播效果研究再度結合一起（沉默螺旋理論與議題設定理論、涵化理論、瑞典的文化指標研究，同為研究媒介效果的復興理論，詳參翁秀琪等譯，1994；翁秀琪，2000：195-214）。

另一則是馬克思主義與新馬克思主義批判傳統開始在大眾傳播研究中展露頭角，對媒介有限效果論施以攻擊；此一研究傳統純以理論出發，自與上述實證研究傳統截然不同，但所持大眾媒體乃維繫階級宰制的立場，反而為媒體既有力量帶來加溫效應。

例如間接效果理論中的意義理論，興起於 1970 年代。這個被稱之為「社會建構學派（social constructivist）」的媒介觀，認為媒介透過意義的建構，產生最具影響力的效果。麥魁爾（陳芸芸、劉慧雯譯，2003：556-557）指出此一學派為媒介效果研究，帶來關於媒介文本（尤其是新聞）、閱聽人與媒介組織的新研究取向。而在這意義建構過程中，是以協商的形式為基礎，並且假定最終的建構是由許多參與者在複雜的社會事件（例如環保、和平、女性和少數族群運動等）中，以不同的行為及認知所組成。

三、媒體效果的類型學

經由以上回溯，必須指出，大眾媒介效果研究之所以經歷如此轉折變化，根本在於所謂「效果」究竟是短期或長期的差別。早期的萬能論著重短期直接的效果研究，被不斷質疑後而有有限效果的修正，然而有限效果論仍脫離不了短期效果的困擾，這也使得研究者體認到媒介效果必須以「長期」的時間，才可能有比較完整的關照。

當然，這裡面還包括研究方法或理論適用的問題。起先心理學家加入傳播研究的陣容，最常用的是實驗法，但實驗法卻是比較不適用於研究傳播媒介長期與間接的效果。其後便有新的理論來彌補缺憾，例如源於心理學的社會學習理論，還有源於社會學及人類學的象徵互動理論、語言與行為關係的理論（De Fleur & Ball-Rokeach,1989；王嵩音譯，1993）。

為了要描繪傳播理論與研究發展的概貌，麥魁爾運用高定（Golding,1981）區分不同新聞與新聞效果的概念，這包括彼此相關的兩個面向：蓄意的與無心的、短期的與長期的，提出了「媒介效果類型學」。

高定認為，蓄意的短期效果可視為一種「偏差（bias）」，無心的短期效果可視為「無意的偏見（unwitting bias）」，蓄意的長期效果是指媒體的「政策（policy）」，而無心的長期效果則是「意識形態（ideology）」（轉引自陳芸芸、劉慧雯譯，2003：561）。運用這樣的思考方式，有助於我們明瞭許多文獻中記載媒介效果的研究，所應處在的位置（參閱圖 4-1），而在這幅概念地圖中所標示的細目，有些將在以下幾節呈現。

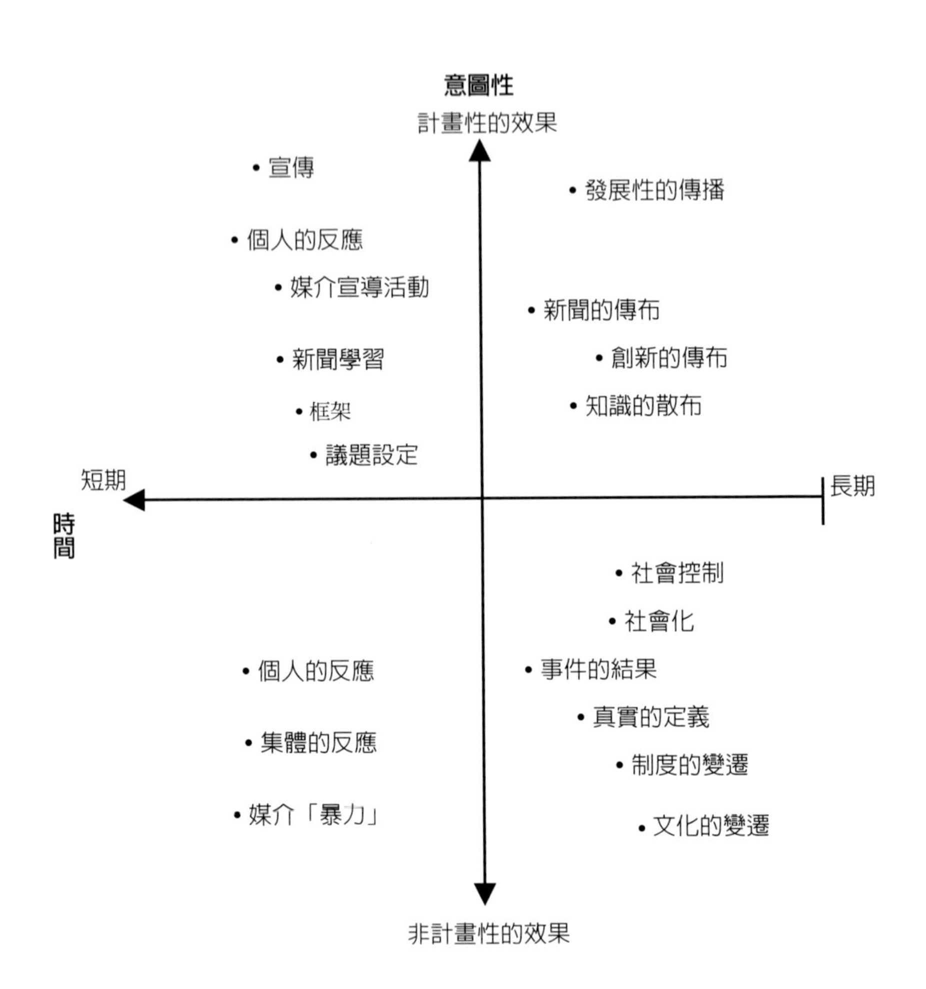

圖 4-1：媒介效果的類型學（陳芸芸、劉慧雯譯，2003：562）

參、戰爭傳播理論的發展之一：宣傳分析

19 世紀末跨越 20 世紀初，乃至 1930 年代，計有 40 年的時間，這是傳播理論的開拓時期，也就是媒體一致萬能效果論的當道時期。那時歐洲、美國企業的廣告主、世界大戰的宣傳者，以及俄國新共產政權等對於媒體的使用，無不認為宣傳無所不能，媒體等於是民意，或媒體就可以決定民意。但是這些現象的得出，並非根據正式的社會科學研究，而只是對報紙、電影與廣播衝擊日常生活與公共事務等層面的觀察。

另在早期的宣傳研究上，一樣缺乏研究或經驗歸納的根據。由於戰爭期間展現的宣傳威力，早期的傳播學者亦認為傳播媒介的力量幾乎是萬能的，而且將傳播者訊息視為「子彈」，閱聽大眾則是「彈靶」。那時對大眾社會特徵的認知是一盤散沙，社會成員間缺乏聯繫關係，而認為大眾傳播的力量很大，威力無邊。

雖然在這樣的思考架構下，當時並未曾有那位學者將相關理念做系統陳述，而是後來回顧時賦予了一些名稱，例如施蘭姆等（Schramm＆Roberts, 1971）稱之為「子彈理論（bullet theory）」，貝樓（Berlo, 1960）稱為「皮下注射理論（hypodermic-needle theory）」，狄佛洛等（De Fleur＆Ball-Rokeach, 1989）稱為「刺激反應理論（stimulus-response theory）」或「輸送帶理論（transmission belt theory）」，Lowery＆De Fleur（王嵩音譯，1993）稱為「魔彈理論（magic bullet theory）」。

狄佛洛等（De Fleur＆Ball-Rokeach, 1989）認為，魔彈理論的假設基礎，雖是在達爾文思想影響下，屬於比較簡單直接的「刺激

－反應」理論，但還包含一些潛在的設想，譬如人性本質基本一致、可以被操控的生物本能、當時的社會組織，以及那些受到大眾傳播訊息刺激而作出反應的群眾心理結構等等。他們認為理解這些未曾明言的設想，有其非常的必要性，因為傳播理論的推陳出新，都是奠基於他們身上而才修正發展出來的。

談起戰爭宣傳，不會令人忘記的學者是素被稱為傳播學四大開山祖師爺之一的耶魯大學政治學家拉斯威爾（Harold D. Lasswell）。他的博士論文《第一次世界大戰的宣傳技術（Propaganda Technique in the World War Ⅰ）》，明確指出宣傳為打擊敵人行動的 3 大工具之一[2]（張洁、田青譯，2003：22）。

在拉斯威爾的認知中，宣傳並不是透過改變客觀環境中或有機體的其它條件，而是透過直接操縱「社會暗示」[3]，譬如「故事、謠言、報導、圖片以及社會傳播的傳播形式」，來控制公眾輿論和態度。而且他認為宣傳可以將上百萬人融合成具有「共同仇恨、意志與希望的集合體」（同前註：177），同時宣傳是對現代世界的理性認可：「現實所有口若懸河的人們——作家、記者、編輯、傳道士、演說家、教師、政客，都被拖入宣傳服務中放大權威的聲音。這一切都是以正派得體和情報陷阱的形式進行的，因為這是一個理性的時代，要求生肉經過靈活嫻熟的廚師加以烹飪與裝飾。」（同前註）。

---

[2] 這 3 大工具包括：軍事壓力（陸、海、空軍的強制力）、經濟壓力（在獲取物質資源、市場、勞資權力上的衝突）及宣傳（對暗示的直接運用）。

[3] 這種「社會暗示」的作用，以美國早期的「萬能報業」為例，是很好的說明。如果當時報紙未曾將有關奴隸解放，以及源自林肯「人生而平等」言論的憲法修正案等相關意見具體化，且歷時長達 10 至 15 年之久，可能林肯的名言不會流傳下來，美國內戰或許也不致發生（滕淑芬譯，1992：30）。

「宣傳（propaganda）」此一名詞來自於拉丁文的 propagare，原意指園丁將植物嫩枝植入土壤內，以冀長成新植物、開始新生命的工作。這樣具正面意義的用字，最初見於與宗教信仰有關的主題上，係由羅馬天主教於 1622 年所創，用之於傳道，亦即派遣傳教士前往世界各地，宣揚教義並導引非教徒加入信仰（周恃天譯，1967；Jowett＆O'Donnell, 1992）。

但到了 19 世紀末以後，大眾傳媒提供給宣傳者一個全新又迅速的傳播途徑，被交戰國政府用來鼓舞愛國心與民族主義的情緒，至此一般人對於宣傳的看法大為改變，大都認為已沾惹不良的意味，常常與「邪惡」或「說謊」劃上等號，遂逐漸被「說服」、「傳播」、「資訊」、「教育」或「心理戰術」等較不帶有價值判斷的字眼所取代（林怡馨譯，2004；王玉東，2002；翁秀琪，2000）。

在戰爭宣傳或戰爭傳播的研究中，「心理戰」[4]一直是它的難兄難弟。主要因為心理戰與宣傳戰、媒體關係、思想戰、政治戰、政治傳播，甚至文化戰、外交戰等名詞之間不易界定有關（許如亨，2000）。

心理戰可包括平時與戰時的一切（公開與秘密）活動，其範圍可由戰場上的戰術變化，到戰爭的最高戰略層面。以美國而言，美軍對心理戰的興趣，一直比較集中在戰時的戰術運用上。有時戰場心理戰有別於「團結心理戰（consolidation psyop）」，後者適用以確

---

[4] 心理戰（psychological warfare）這個字詞是美國人所使用的，英國人則是使用政治戰（political warfare）（Jowett＆O'Donnell,1992：156）。美軍對心理戰的界定，與其他國家的軍隊頗有差異，美軍心戰作為係以各種形式來表現，而這「各種形式」的心戰活動，在其他國家則有不同的命名，例如宣傳戰、心理戰或政治戰等（許如亨，2000）。

保戰鬥地區民眾的忠心與合作，以及藉軍事武力所實施的市民行動（civic action）。另一項有關的功能是部隊資訊或稱部隊教育，其與公共外交相關的公眾事務很相似，是以資對抗敵人的心理作戰（國防部史政編譯局譯，1993）。

但不論心理戰或宣傳戰，凡是資訊傳播的運用，通常被稱為「言語武器（word weapons）」、「紙彈（paper bullets）」和「意志的彈藥（munitions of the mind）」。Taylor（1997）將在戰爭期間所運用的資訊戰和心理戰稱之為「意志競賽（mind games）」（胡光夏，2005b）。

肆、戰爭傳播理論的發展之二：說服理論

宣傳與說服時常不易分清，依據 Jowett & O'Donnell（1992：21-26, 122）的說法，宣傳常是閱聽人在不知的情況下被操控與利用，說服則是自發性的改變（voluntary change），閱聽人會同時收到包括反說服（counterpersuasion）等爭議性的論點，說服者與被說服者雙方都將意識到，經由說服的改變是互利的。尤其在二次大戰之後，相關研究者大都不再以「宣傳」為名，而另著手各種說服方式的建構，主要研究的層面除了一部分與軍事及戰爭相關外，大抵往國際事務、政治、新聞報導趨勢及關係到公眾利益的媒體報導等主題發展。

關於說服理論，主要有兩條不同研究方法的路線，一是哥倫比亞大學社會學家凱茲、拉查斯菲及其學生的研究，他們應用的是以社會調查方法為主，發現了「兩級傳播」過程中「意見領袖」的存在，此外還包括由此而延伸的創新傳佈研究、新聞擴散（news diffusion）等；另一條路線是耶魯大學實驗心理學家賀弗蘭（C. Hovland）所主持的「態度變遷」研究計畫，影響所及包括廣告心理學、晚近對說服的心理過程理論上的一些修正。

一、兩級傳播與意見領袖的研究

這是源自於哥倫比亞大學凱茲與拉查斯菲等學者，引用 20 世紀初 C. H. Cooley 業已提出的「初級團體（primary group）」概念，運用隨機抽樣調查，進行美國 1940 年總統大選的研究（以俄亥俄州的艾利郡為個案）。其進一步形成的研究成果則見諸於《人民的選擇（The People's Choice），1944》。該研究發現人際溝通在資訊傳播過程中扮演重要角色，而揭櫫兩級傳播（two-step flow of communication）理論。

拉查斯菲等學者的研究設計，起初是基於「刺激導致反應（S→R）」的認知與行為理論而運作的，但 1940 年的研究結果顯示該理論並不適用，轉而有系統探討「親身影響（personal influence）」的非正式接觸（Katz＆Lazarsfeld, 1955）。他們發現民眾觀念傳播的過程，通常經由印刷品、廣播先流向意見領袖（opinion leaders），再由意見領袖以口語傳播，流向人群中比較不直接接觸媒體資訊的人，而且後者親身接觸的力量要比大眾傳播媒體的影響力大得多（Katz＆ Lazarsfeld, 1955；林東泰，1999）。

二、守門人理論

德國流亡的心理學家李溫（K. Lewin）曾協助戰時研究，試圖說服美國人在肉類短缺時期，改變選購食物與飲食的習慣，而從中發現購買者之間會相互討論，使得跟隨團體作出決定的策略，比起專家演說所發揮的改變功效還大（Jowett＆O'Donnell, 1992：132）。李溫將這個研究概念化為「守門人（gatekeeper）」的觀念，不僅適用於「食物決策圈」或團體內訊息傳遞的人際互動，更刺激媒體守門人研究的興起。

三、創新傳佈理論與新事物的傳播

以往的研究較少對不同的閱聽大眾，及其不同的特質、需求作區分，當兩級傳播提出的同時，美國愛荷華州的鄉村社會學家進行了新品種農作物傳佈過程研究後，於 1962 年由羅吉斯（Everett M. Rogers）綜合 405 篇研究成果，發表了《創新傳佈（Diffusion of Innovation）》，彌補了這方面的缺憾。創新傳佈理論曾遭致很多批評，但在新事物、新產品、新觀念知識推展過程中，以及公關、廣告與行銷上被廣泛運用。

羅吉斯（Rogers, 1983：10-37）認為，新事物在傳散過程中有 4 項重要元素：一是某項新事物（包括新發明或新知識、新觀念）；二是透過管道傳佈（大眾傳播與人際傳播）；三是經過一段時間（over time）；四是在目標對象及其所屬的社會體系（一個團體、組織或次級體系）內的運作。

四、預防接種理論

預防接種理論來自於有關戰俘的研究，其理論基礎是醫學類推（medical analogy）。自賀弗蘭以來，以科學方法從事態度變遷研究蔚為風潮，可是另有一些學者致力於使人們態度不變的研究，那是因應美軍的知識需求，尤其是針對韓戰被俘美軍的變節，如何促使被敵方俘虜的士兵不致於輕易受人洗腦（brainwashing）。在這方面，馬奎爾（W. McGuire）與芭芭吉瑞吉斯（D. Papageorgis）延續過去 A. Lumsdaine &I. Janis 的「抵抗反宣傳」研究（Severin & Tankard, 2001：163-164），提出了預防接種理論（inoculation theory）。

此項理論認為，大部分人通常在受到威脅攻擊時就會輕易的動搖，就好像醫學上所說缺乏免疫能力一樣。但關於促進人的抵抗能力，究竟是經由滋補醫療（supportive treatment），譬如良好的飲食、運動、休息等，抑或藉由預防接種（inoculation），也就是有計畫暴露於少量細菌中來刺激產生抗體，可能人言人殊，但在醫學界裡，認為後者比較有效。他們兩人進行許多實驗，印證人們暴露於對其基本信念的攻擊，以及對這些攻擊的反擊時，確能產生普遍的免疫效果，有助於抵抗外界強加的反面論述（同前註：165-166）。

五、耶魯研究

賀弗蘭在二次大戰前，已是聞名的實驗心理學者，他在 1942 年參與美國陸軍部，從事戰爭宣傳及提高美軍士氣的研究，他的研究對象都是部隊官兵，經過一連串實驗，再運用於實際戰場上，也就是後來大家熟知的心理作戰。戰後賀弗蘭返回耶魯大學，成立「傳播與態度變遷研究計畫」，由於參與研究的不只他一人，所以出版的書大都是合著。他為傳播研究豎立了另一種典範，與拉查斯菲等哥大社會學家相互輝映，一般即以「耶魯研究」稱之。

當時美國政府由好萊塢製作了「戰爭序曲」、「納粹的衝擊」、「分裂與衝擊」、「英國之戰」等系列影片，總名為「我們為何而戰」。參謀總長馬歇爾將軍認為美國新兵來至各個不同地區、各有不同文化背景，要號召為美國而戰，必須對敵人有所仇恨，對同盟國家有所了解，因此對此一系列影片有相當期望。可是當賀弗蘭等學者對新兵看過影片之前與之後所做研究，發現新兵看過影片後得到許多的知識，但對於戰爭、敵人、同盟的態度整合極少，並不符合設計與製作系列影片的初衷（彭芸，1986：40-41）。

賀弗蘭等人的態度變遷研究，是心理學者首次以傳播研究為職志，意義至為重大，所致力的研究問題有以下 8 個：(一) 傳播者的「可信度（credibility）」：對閱聽眾態度改變有什麼影響？（二）訊息結構：表達爭論性的問題時，應以片面理由或正反兩面意見並陳，較能說服人？（三）論據呈現順序：問題提出來的順序，應將重點置於前面或後面，較有說服力？（四）訴求策略：提問題時，用恐懼、獎賞、感性、理智或權威的訴求方式，何者較具說服力？（五）結論如何表達：以明示或以含蓄較佳？（六）說服傳播的中介變項：傳播者與被說服者之間的同質性與異質性問題？（七）被說服者的人格取向：被說服者的個人性格（聽從性）會不會影響傳播的勸服效果？(八)傳播管道：以大眾傳播媒體或人際傳播管道，何者較具說服效果？（李金銓 1993：155-163；林東泰，1999：106-123；翁秀琪，2000：95-100）

六、議題設定理論

媒體的角色只是訊息的「輸送帶」，抑或藉著有意識的操縱，來突顯（spotlight）某些話題？一般而言，新聞媒體應是告知重於說服，但實際上，媒體常以某些議題加強報導，某些議題不顯著報導，或某些議題不予報導，來讓閱聽人感覺某些議題是重要的。

早於 1920 年代，李普曼（Lippmann, 1929）在《民意》中，就指出媒體不斷的傳播訊息，人們也透過媒體來了解外在世界，到頭來的結果是，媒體將「外在世界」形塑成人們「腦海中的圖畫」。

「議題設定」這樣的先見之明，經過媒體萬能論、媒體有限論的諸多曲折之後，得到 1972 年麥堪斯和蕭（M. McCombs＆D. L. Shaw）發表了〈大眾傳播的議題設定功能（The Agenda-Setting Function of Mass Media)〉，才樹立其名稱及基本理論（翁秀琪，2000：139）。

議題設定主要研究「外在世界」、「媒體」及人們「腦海中的圖畫」三者之間的關聯，而發現媒體並不是將世界真實呈現給人們，而是透過其「守門人」的功能，以選擇性的方式，將部份外在世界的事件報導出來，也因此大眾傳播媒介可以為人們塑造世界（彭芸，1986）。

議題設定理論研究的重點，不在於資訊的傳遞或接收，而是「議題（issues）」，歸結一句話：報紙多半不能告訴人們想什麼（what to think），但卻告訴讀者該想些什麼（what to think about）。

七、預示效果與框架理論

「預式（priming）」效果是議題設定的近親，但它模糊了 what to think 與 what to think about 的界限。議題設定告訴我們某些議題是重要的，而預式效果暗示我們，要以某政治領導人或某組織在某議題的表現來評估之（楊意菁、陳芸芸譯，2001：354-355）。

如果比較框架理論與議題建構，可說議題是當下所設定的事件優先順序，而框架則代表了多樣社會或心理狀態下的不變意向（disposition）；框架理論會影響閱聽人如何（how）思考議題，而議題建構理論則會影響閱聽人去思考什麼（what）（陳玉箴譯，2005：265-267）。

伍、戰爭傳播理論的發展之三：溝通理論

「傳播（communicate）」與「共通的（common）」，這兩個字有歷史上的相關。communicate 源於拉丁文動詞 communicare，意指「分享（to share）」，另我們所謂「建立共同性（to make common）」，則與拉丁字 communist 有關（林文琪譯，2001：3）。從上述字義的了解，當人們進行傳播行為時，最主要的目的是要分享共同性，是要增加共同性。

但是，從溝通的實際經驗上來說，凡我每個人都曾經歷過，共同性並不容易追求，如果偶而達到了，也只是一時的，並不是凝固的實體。正因為共同性是變動不居、前進的、動態的狀態，因而溝通必然是一種不斷改變、一直進行、互動的過程，而其中不易的道理，顯現了傳播與溝通的精義：減少歧異性、建立共同性。

一、拉斯威爾的線性傳播模式

1940 年時，拉斯威爾曾用了以下 11 個英文單字：「who says what in which channel to whom with what effect？」寫成美國傳播研究中傳頌千古的「5W 公式」。但此模式並未提到第 6 個 W－「為什麼（why）」，無法帶領後來者了解操控傳播的傳播者，為何會以某些選擇（或不選擇），以達成某些功能？

二、魏納的模控學

與拉斯威爾同時的麻省理工學院（MIT）傳播與控制學學者魏納（N. Wiener）曾出版《模控學（Cybernetics）》，首次提出回饋（feedback）的概念，指出傳播不應只是單向的訊息傳輸，必須注

意藉由回饋的功能，來探知是否有效與回應的態度，這是至今傳播理論上仍被廣泛運用的主要概念之一（Severin & Tankard, 2001：49）。

三、傳播的數學理論

另一個常和拉斯威爾模式相提並論的是項能（C. Shannon）與偉佛（W. Weaver）所創建的「傳播的數學理論（Mathematical Theory of Communication）」，模式中列出了 5 項功能及一項反功能因素——雜音（noise）。

他們兩人所從事的是電訊研究工作，因而是從電訊傳遞方式來訂定傳播模式，特別在傳播過程中考量訊息容易受到雜音的干擾，認為在同一個通道、同一個時間內有許多訊號出現時，就可能會發生干擾的現象。

項能與偉佛最重大的貢獻是熵（entroypy）與重複（redundancy）的概念。簡單來說，就是在傳播通道中噪音越多時，就越需要重複，以減少訊息上的熵現象（譬如無線麥克風在吵雜的通道傳送訊息時，需要一再重複所欲傳達訊息的重點，促使接聽者正確收到訊息）。重複不是指再三重述同一句話，而且藉由重複來克服通道上的噪音，如此必然使一定時間內傳遞訊息的量相對減少，但這是克服噪音的方法（Shannon & Weaver, 1949：98）。

四、循環模式

如果拉斯威爾、項能與偉佛的模式被視為是線性的，那奧斯古（C. E. Osgood）與施蘭姆（W. Schramm）的模式則是循環模式（circular model）。源自於奧斯古的概念，而由施蘭姆所修正提出的循環模式，將參與傳播過程的雙方視為對等關係的兩個主體，均賦予並執行包括製碼（encoding）、譯碼（decoding）與解釋（interpreting）的功能（McQuail & Windahl,1981：14-15）。

五、共同取向模式

另由傳播學者麥克勞（J. McLeod）與柴菲（S. Chaffee）所提出的「共同取向模式（co-orientation model）」，著重於意見領袖、公眾與媒介之間的雙向、互動性關係。它強調任何研究中，同時需要包括資訊來源、資訊傳播者與資訊接收者這些要素，而且注重傳播情境的成長（dynamics）。

共同取向模式的假設是建立在媒介、精英與公眾對某項事件或議題的態度是一致的，如果社會成員的意見或態度發生歧異時，可能導致某些社會成員以影響議題或操控媒介等方式，而左右公眾對事件或議題的認知，以冀求恢復原先的和諧狀態（同前註：23-24）。

六、宣導活動與公共關係

現代媒體已經深植人們生活的社會體系中，每日都發生數不清的傳播活動，麥魁爾、溫達爾（McQuail & Windahl, 1981；Windahl et al., 1992）指出，包括其中比較引人注意的有媒體宣導運動（media campaign）、公共關係（public relations）、社會行銷（social marketing）等 3 種型態，都可歸屬於「計畫性傳播（planned communication）」。通常它們的發起人不是個人，而是團體或組織，譬如政黨、政府（及軍隊）、教會、慈善團體、壓力團體、企業公司等。

羅吉斯、史托利（Rogers & Storey, 1987：821）指出宣導活動的 4 個特徵：（一）其目的在產生特定的效果或結果；（二）宣導對象是為數眾多的個體；（三）通常在一段特定的時間內進行；（四）經由一套具有組織的傳播活動來達成。

另，公共關係（public relations）理論的研究，逐漸邁向多元面向的發展。例如，Toth（1992）認為公關研究的典範有 3 大途徑，分別是從系統觀點（system perspective）、批判觀點（critical perspective）及語藝觀點（rhetorical perspective）切入。國內公關學者黃懿慧（1999）亦曾提出「西方公關研究三典範」，包括 70 至 80 年代初期主導美國公關學術研究發展的「系統論（或管理）」學派（以馬里蘭大學的 J. Grunig 夫婦為主）、80 年代末期興起的「語藝／批判」學派（以 E. Toth 及 R. Heath 為主），以及 90 年代廣受重視的「整合行銷傳播學派」（以西北大學及科羅拉多州大學傳播學院教授為主）。

Grunig & Hunt（1984：21-24, 1992）的公共關係的 4 個模式，描述公關策略的歷史演進與運作方式，堪稱系統論的代表作。Grunig & Hunt 是以溝通的目的與溝通的方向兩個構面，用來區分組織與閱聽大眾之間的溝通方式。溝通的方向分為單向的或雙向的，單向溝通只是單方面發出訊息，不顧閱聽大眾的回饋反映；雙向溝通則是閱聽大眾的反應受到組織的重視。溝通的目的分為不對等的與對等的，不對等溝通只是以說服為目的，組織本身不做任何變革，卻只想改變閱聽大眾，雙方的利益是不平衡的；對等溝通則會因外在環境變化，以閱聽大眾的壓力與反應而做內部的調整，也會顧及受訊一方的利益。

公共關係 4 模式的建構，大都採自美國經驗，其標舉的雙向對等模式亦頗具理想性色彩，要確實奉行並不容易，唯所揭櫫的原則與目標，卻能提供一個全新的視野與觀點。其後，Grunig（2001）

又曾撰文檢討，承認此模式高估了「雙向對等」的理想性，並建議退而接受「混合模式（mixed motive model）」，強調任何有效組織溝通行為，無須排斥或輕視其它不對稱的公關模式（臧國仁，2001）。

國內學者臧國仁（2001）同時指出，過去公關主流典範以「組織之有效溝通行為」為主要定義，限制了公共關係學理的發展，容易陷入傳統傳播研究的「效果論」覆轍，而主張「公共傳播」與「社會溝通」皆可作為公關概念未來發展的主要內涵，而將其定義為協助同意社區成員建立共識、降低衝突，進而增進相互了解，並傳遞共有文化，創建新秩序與經驗的共同溝通活動。

孫秀蕙（2000a）亦認為，Grunig 模式所強調的對等性溝通是必要卻非充分條件，更重要的是如何結合網路特質進行有效溝通，則是新世紀的公關課題。她認為網路傳播具有互動、即時、匿名性與跨越國界等基本特質，已改變傳統的公關策略運作模式，促成一種全然不同的溝通面貌，如改寫了新聞截稿的時間、從資訊中衍生更多的資訊，而且閱聽人的面貌在網路時代也是多樣化的，由網路強調對話與資訊生產的去中心化，權力關係呈現微妙的反轉。

公共關係是不斷拓展邊界的過程，是長期經營並和各方面建立善意的工作，其實在每個活動與過程中，都須極其細緻的思考、計畫、溝通、回饋與評估，與目標對象建立共同的了解與利益，不斷的界定公關目標、目標對象，了解不同目標對象的心理需求，環環相扣，週而復始，始能日進有功。

陸、「歷史情境」的媒體效果

由以上的探討，可知媒體效果理論的大致變化，以及有關戰爭傳播理論的發展情形；另方面值得注意的，媒體效果亦會隨時代環境而變遷，亦即媒體的力量（或潛在效果）可能因為歷史情境而產生不同變化，這一向是頗受重視的研究課題。

首先，「歷史情境」所指的，即是社會承受犯罪擴散、戰爭、經濟不振或若干道德恐慌（moral panic）而引起的擾攘不安（陳芸芸、劉慧雯譯，2003：557）。相對於承平時期，這些境況都是人們生活在比較（或非常）「不安或不確定感」的時刻。

「道德恐慌」此一概念，所強調的是在社會反應力及社會控制力之間，以及在大眾傳播媒體及某種異常形式活動之間的交互影響。學者柯恩（S.Cohen）借用這個概念來分析大眾傳播媒體能夠影響社會關注的能力，而這樣的過程可能是「有一種狀況、一件偶發事件、一個人或一個團體，漸漸被說成是對社會價值與社會利益具有威脅性的」。社會成員在這過程當中，並「道德地意識到（morally sensitised）」他們所接受的價值或生活方式，被異常團體或其活動挑釁、威脅到，因而道德恐慌就在這樣的過程中產生了（楊祖珺譯，2000：241-242）。

對於文化主義學者賀爾等人（Hall et al., 1978）而言，道德恐慌是資本主義國家為化解國家危機的一種手段。當社會大眾在內部衝突時，國家為避免對政府執政威信受到直接挑戰，往往藉以界定「內部敵人」，轉移民眾注意焦點，激起有關法律與秩序方面的辯論。而在法律與秩序危機的意義作用上，大眾媒體擔任製造大眾認同的功能，媒體與政府機構及其成員相掛勾，複製了政府的定義，完成再現危機的任務。

另根據密勒（Miller，1985；轉引自楊意菁等譯，2002：195-196）的研究，道德恐慌與大眾歇斯底里症、集體幻想（delusions）有以下 3 個相關特徵：（一）由某種「行動者（agent）」所施加的錯誤信念；（二）都有高漲的情緒，尤其是恐懼；（三）在人口中，有很大的比例在進行動員[5]。

這種道德恐慌的過程，可能經過以下的演變（同前註：194）：一個小團體或部門作出一樁偏差行為→媒體以「有趣」來報導此一行為（問題被界定出來）→媒體尋找類似的新聞將事件予以誇張化（受譴責目標被鎖定）→原偏差團體變成惡魔，另社會大眾對原偏差團體感到恐懼的行為受到鼓勵→原偏差團體進一步被邊緣化，更多的偏差行為發生，媒體的興趣提升→道德恐慌產生，媒體與社會大眾促使有關當局增加社會控制→以更嚴厲手段鎮壓偏差者，新的法律也可能被引進。

媒體在這樣的過程裡，委實擔任關鍵力量。當問題被界定之初，所界定的定義可能來自一些專家、專業者、值得信賴的見證者（accredited witnesses）或道德仲裁者。如果媒體一而再擴大報導，佐以其它相關事件（但接下來通常缺乏上述第三者佐證的監督處

---

[5] 在 1938 年萬聖節前夕，美國哥倫比亞廣播公司（CBS）播出由柯屈（H. Koch）撰寫的劇本《世界之戰（War of the Worlds）》改編的廣播據《火星人入侵記（The Invasion from Mars）》，說火星人已經佔領新澤西州普林斯頓附近地區。該劇導演威爾斯（H. G. Wells）所運用的是恐怖逼真的新聞報導手法，立即引起美國東海岸部分地區聽眾信以為真，造成至少 100 萬人的恐懼與不安，成千上萬的人在黑夜中展開大逃亡。

事發之後，普林斯頓廣播研究中心隨即以個別訪問法、調查法進行研究，研究結果發現固然有許多人受到節目影響，嚇得來不及求證，大部分人經冷靜查證，或知道其為廣播劇虛構故事，根本不予採信（彭芸，1986；王嵩音譯，1993；翁秀琪，2000）。

理），無形中又再增強民眾的反應，如此原偏差團體或事件，就變成「冰山」的一「角」、「洪水」的第一「波」、「戰爭」中的第一「砲」，引致呈螺旋狀發展出來的社會關注，型塑下一個階段的緊張度與嚴重性（楊祖珺譯，2000：242）。

造成此一互動的理由，麥魁爾認為可能有以下幾點（陳芸芸、劉慧雯譯，2003：557-558）：（一）人們通常只靠著媒體來認識比較重大的歷史事件，而且會將訊息和媒體相互連結；（二）在變遷與不確定的年代，人們似乎更加依賴媒體，作為資訊與指引的來源；（三）對於超出個人直接經驗之外的事物，媒體似乎顯現更大的影響力；（四）在局勢緊繃與晦暗難明的情況下，政府、企業、各界菁英與利益團體通常也會企圖運用媒體來影響與控制意見。

在「不安或不確定感」的歷史情境時刻，通常不能排除傳播者、媒體會以某些實際方式，產生更多影響力的可能性，而且民眾也會回應大眾媒介必須要負起某些責任。如此說來，媒體效果的確會隨時代環境而變遷，而有所差異。

柒、結語

當我們進入傳播研究的歷史，不難發現主要係因戰爭宣傳的需要，進而促使早期大眾傳播研究萌芽而不斷成長茁壯，這是傳播理論發展的重要因素之一。說得確切些，是戰爭傳播首先帶動傳播研究的發展。正因為在這樣的基礎上持續開拓，傳播理論持續推陳出新。

本章先從媒介被視為是「社會動力」的角度，亦即有關傳播效果在理論上的研究分析著手，進而綜整有關戰爭傳播理論的發展，概分為宣傳分析、說服理論及溝通理論 3 大類。

大眾媒介效果研究經歷一致的萬能效果論、選擇性效果理論與間接效果理論等轉折變化，根本在於所謂「效果」究竟是短期或長期的差別。早期的萬能論著重短期直接的效果研究，而後有有限效果的修正，然而有限效果論仍有短期效果的困擾，以致研究者體認到媒介效果須以「長期」的時間，才可能有比較完整的關照。

宣傳分析本來即因應戰爭傳播而誕生，這是傳播理論的開拓時期，也是媒體一致萬能效果論的當道時期，習將傳播者訊息視為「子彈」，閱聽大眾則是「彈靶」；宣傳透過媒體等媒介被交戰國政府用來鼓舞民心士氣，而沾惹不良的意味，遂逐漸被說服、教育或心理作戰等較不帶有價值判斷的字眼所取代。

說服理論興起於二次大戰之後的美國，主要有重社會調查的哥倫比亞大學與重實驗的耶魯大學兩條系統，可視為宣傳分析的修正理論。代表理論有二級傳播與意見領袖的研究、守門人理論、創新傳佈理論與新事物的傳播、預防接種理論、態度變遷研究、議題設定理論、預示效果與框架理論等。

溝通理論著重傳播行為分享共同性與增進共同性，代表理論有拉斯威爾的線性傳播模式、模控學、傳播的數學理論、循環模式、共同取向模式、宣導活動與公共關係等，後者的公共關係則是當前一些國家的軍隊公關的主要參考理論。

本章最後輔以「歷史情境」的相關解釋，強調媒體效果亦隨時代環境而變遷，不僅某種程度裨益確認媒體傳播的重要性，同時有助於吾人區分承平時期與「非常時期」的傳播效應。但更重要的意義，仍在於彰顯媒體至今仍未為人們所正確使用，而且從過去的經驗檢討或理論上建構等，似乎尚乏足以令人折服的典範，凡此均顯現有待努力充實的迫切性。

第五章　西方戰爭傳播的歷史演進

壹、前言

英國國際政治學者 Carruthers(2000)在所著《The Media at War》中回顧了上個世紀的戰爭傳播行為，此一著作的最後一句話特別指陳，大眾傳媒並沒有反應世界的本來面目，反而塑造了另一個世界，而在這一個經過塑造的世界，戰爭成為人性發展不可避免的產物，也是迄今解決衝突的合適方法。

雖然那只是一個關於世紀歷程的研究，卻足以顯現人類任何或未來的行為？現代傳播科技尚未蓬勃發展之前，何曾不是這樣？以後的長遠未來亦復如此？戰爭傳播的一切事物，都是人經過媒介重新建構出來的，以致任何時代的人們，對於戰爭傳播始終擁有無限寬廣的空間？這不正是孕育野心家與每一個戰爭的最佳沃壤嗎？

同時，吾人可見的情形是，戰爭對人類生活、科技進展的影響實在重大，而且現代傳播學術的開創，與戰爭宣傳確實密切相關。在拉斯威爾的《世界大戰中的宣傳技巧》率先開啟之後，戰爭傳播研究呈現水漲船高之勢，只是在不斷增多的研究中，大都以每個(或性質相近)戰爭為單元或以時間做劃分，探述媒體在戰爭裡究竟作了什麼，發揮了那些功能，雖也有深入批判與省思的著作，但較少出現一窺全貌之作。

又如，加拿大學者 Innis(曹定人譯，1993)曾以「帝國」的視野，記述了早期人類傳播發展的珍貴史料，闡明傳播在政府組織、行政，以及帝國與西方文明上，佔有極其關鍵的地位，可惜的是，他在戰爭傳播方面甚少著墨。

類似上述的缺憾，亦出現在有關新聞傳播史的研究著作裡。戰爭傳播不致於為學者所忽略，只是在新聞傳播史裡僅能擁有「邊緣」處境。一般有關新聞傳播史的研究著述，不致全然忽視戰爭傳播方面的分析，卻多僅止於「順便」一提某戰爭有某些傳播行為而已。

在探論西方戰爭傳播的歷史演進上，至今並無眾所遵從的方法，在戰爭歷史的傳播發展上，亦乏規整的蹤跡可循。為了縱貫歷史的演變，本章擬從「人」、「傳播科技」及「媒體在戰爭的角色」三層面分別切入，以期明瞭西方戰爭傳播大略的歷史過程。

在不同的時期，因傳播科技的發展，以及媒體參與戰爭的作為，無疑可幫助我們掌握戰爭傳播的歷史。但在大時代劇烈變遷或重要戰爭中，戰爭傳播是「人」在作為的，說得明確些，是和「克力斯瑪（charisma）」有關，這是不能遺漏的。

貳、以「克力斯瑪」為線索的追溯

20 世紀初，德國社會學者韋伯（Max Weber）曾提出了理念類型（ideal type）的概念作為研究分析的工具（吳庚，1993；蔡文輝，1989），其中一例甚為著名的研究，是將權威因合法性分成為 3 種類型[1]：（一）傳統權威（traditional authority）、（二）英雄式權威

---

[1] 傳統權威係指因傳統的遺留而得到的權威。英雄式權威係指某個個人權威得自一種非常的特質，或是天賦特權，如亞歷山大、凱撒、拿破崙等，可能出現於任何社會與任何時代。理性合法權威係指一種經過法定的過程而

（charismatic authority）、（三）理性合法權威（rational-legal authority）。

韋伯頗費思量的以 charisma 來形容歷史上具有超凡魅力的英雄人物，藉以鑑往知來，提醒人們注意 charisma 是有別於傳統的或理性合法體制的政治領袖。就在韋伯去世不久，德國出現掀起世界大戰的希特勒（A. Hitler），他的一句純種雅利安人（Aryan）使命感的呼喚，將戰爭宣傳發揮得淋漓盡致。

在韋伯的理論裡，charisma 是偶發的，並非社會的常態，人們終要回歸到傳統的或理性合法權威。英雄式權威對僵固社會體可能是一劑活水，卻也可能因此導致戰火四起，生靈塗炭。

一、法老王開啓的圖像傳播

大約西元前 3000 年，兩河流域開始進入歷史時代，蘇美人（Sumerian）最早發明文字，但是他們及巴比倫（Babylon）帝國、亞述（Assur）帝國並未開創屬於自己的宣傳風格，直到埃及的法老王以獅身人面像（Sphinx）與金字塔等壯麗的公共建築宣示王朝的正統性，這可說是經由具體的圖像，展現統治巨大權力的創舉（Taylor,1990：23）。

到了西元前 800 年左右，出現了城邦政治的希臘文化，大量發展突顯「國家權力」的巨型神殿、雕塑及各種建築物等象徵符號，由於城邦間彼此相互競爭的宣傳，造就了人類首次大規模且系統性

得到的權威，如近代的西方社會。韋伯借用此 3 種權威來解釋西方社會發展的過程，是由傳統權威的社會轉向理性權威社會的過程，也要說明曾經出現的一些英雄性權威祇是變遷過程中的過渡而已。

的圖像（iconography）文明（Jowett＆O’Donnell, 1992）。若此的圖像傳播，所代表的另一種意涵，正是城邦間數不清的大小戰爭。

西元前 334 年，這是英雄狂飆的時代，亞歷山大大帝開始東征，直到他在西元前 323 年去世，所帶領的遠征軍每戰皆捷，未嘗敗績。這位歷史上的偉大人物，踵步其後者如漢尼拔、凱撒、拿破崙等歷代名將，無不對他表達最高的崇敬，同時也某種程度師承他在戰爭宣傳上的高明技巧。

亞歷山大的輝煌成就，不僅在於戰無不勝，攻無不克。他是致力武器、戰陣與戰術創新，並與軍事心理學結合的先驅之一，而且也是通曉傳播機能的優秀宣傳家。他將自己神格化，取代希臘神話中宙斯之子海利克斯的地位，成為「天帝之子」。他的肖像刻印在錢幣、陶器、裝飾品、建築物等帝國隨處可見的地方。

希臘文明的承繼者是羅馬帝國，最具代表性的凱撒（J. Caesar），大量運用希臘城邦對於雕塑、建築、詩文、音樂、戲劇的傳播技術與策略，以及錢幣廣泛的發行流通，形成象徵聚合的「共同符號體系（corporate symbolism）」（Taylor, 1990；Jowett & O’Donnell, 1992），貫穿於征戰而來的土地及其子民，徹底擴散羅馬的力量及權力。Frederick（1993）指出，凱撒運用一種最原始的方法，也就是利用錢幣，來樹立至高無上的帝王形象，那時最有名的一句歡呼口號「Veni,vidi,vici」，到今天依然聽得到。

凱撒無疑在符號意義的解讀上高人一等，兼具了解閱聽眾心理需求的天賦能力。隨著他的帝國的勢力擴張，精心編織的「壯觀場景（spectacle）」被他反覆運用。當他戰勝凱旋時，大規模慶祝的行列隊伍隨處可見，有時在一地就出現四組，誇耀不同的戰利與成果。他完全了然於胸，要將征服過的所屬臣民納入羅馬人的生活方式，必需使用精密的權力象徵（Jowett &O'Donnell, 1992）。

二、都鐸王朝的形象宣傳

中國的造紙術早於西元 751 年西傳，北宋畢昇在西元 1038 年創造活字版，約過了半個世紀多，才有十字軍東征。根據英國歷史學家柏克（P. Burke）的研究，人類口耳相傳的知識傳播，要到 1500 年，才藉由印刷品顯現強大的傳播力量（賈士蘅譯，2003：48-49），然而令人驚訝的，都鐸王朝立即做了最佳的運用。

都鐸王朝的形象塑造知識，是否與埃及的法老王、亞歷山大及凱撒有關，雖不得而知，但據 Bruce（1992）的看法，這個王朝的宣傳手法，明顯是歷史上的重大發明，也是一項影響後世深遠的起頭，那就是：「一個單純的問題、一種清晰的策略、一些熟悉新技術的專家，以及無情地摧毀反對勢力」（Bruce, 1992：11）。他並認為，今日的形象包裝或許複雜些，但大致是以上手法的交互應用。

「都鐸王朝」係由亨利．都鐸（H. Tudor）所建立，他於 1485 年 8 月 22 日的戰役，徹底挫敗英格蘭國王理察三世。然而，他登上王位的行動，未能獲得王室的認可和民眾的擁護，都鐸國王於是著手於許多有效的方案，以使自己的地位合法化。

首先，他娶了約克家族的伊莉莎白為妻（理察三世的姪女），促使蘭卡斯特和約克這兩個原本似同水火的黨派合併。接著，他將這兩個家族的標幟物——紅薔薇和白薔薇加以結合，繪製成印在人們腦裡的都鐸薔薇，標示在任何可供辨識的建築物、衣飾和文件上。

「都鐸王朝」最成功的一項壯舉，乃是亨利．都鐸的兒子，亦即亨利八世自封為英國國教的領袖，宣示他的權能不是來自教宗，而是上帝的授與。亨利八世有兩位大臣專為他從事形象包裝——克倫威爾（T. Cromwell）和荷爾貝（H. Holbein）。克倫威爾建議訂立一系列的法律，用來提昇國王的權力，並削弱教會的權威。後者繪製亨利八世氣勢凌人的肖像，冷酷的藍眼珠及緊抿的嘴角，傲視群倫，包括那位與他不合的羅馬主教。

這幅具有侵略性、自大自負、代表絕對權力的畫像，隨後運用新的木質刻印技術散發給廣大的民眾，也拓印在當時的貨幣和聖經上。克倫威爾建議亨利八世發行英語版的聖經，封面上畫著亨利八世正在分發糧食給感恩的臣民，上帝則在一旁觀看（Bruce, 1992）。

後人看到這樣的故事，並非視為一宗檔案，而是可資仿效的典範。都鐸王朝的成就動力可能在於「無情地摧毀反對勢力」，更在於「一個單純的問題、一種明確的策略」，甚至於「一些熟悉新技術的專家」。其實，它是裁縫師、石匠、畫家、詩人、歷史及法律學者等眾人智慧的結晶。而克倫威爾即是其中的佼佼者，他靈巧的運用媒體宣傳的技術，藉由新穎的科技來從事大眾媒體的運作。

三、現代傳媒的運作能手

拿破崙這位 charisma 存在時間並不長，可是對戰爭傳播的影響卻長長久久。他集古帝王宣傳術與現代媒介傳播技巧於一身，而且還被認是「第一個認識傳播與帝國興亡的密切關係，並將武力與傳播揉合起來的帝國元首」（展江，1999：21）。他擅於宣揚戰績，同時掌握媒體力量；除了將報紙當作政治工具與軍事武器，並對轄內報紙採行嚴格的檢查制度，只准刊載符合宣傳的新聞。

拿破崙可能是最懂得傳播戰役光榮的軍事領袖，英雄式的油畫、裝飾肖像佈滿了巴黎的凡爾賽宮，一幅幅手擎大旗、率領將士前進攻擊的輝煌場景象徵著征服戰績。他是現代宣傳家的第一人，深刻了解必須使人們相信，為君主與國家犧牲生命遠比個人利益來得重要，否則他無法在最惡劣的時刻，召集到數量眾多的平民軍隊（陳希平譯，1973：92-93；Jowett &O'Donnell, 1992：72-74）。

他也是人類有史以來，第一個帶記者共赴戰場的軍事領袖，也因為這樣的作為，才有日後軍事記者的職稱（丁榮生，2001 年 10 月 30 日）。當 1797 年征戰義大利時，拿破崙帶著記者出征，並於 7 月 21 日出版《義大利軍事郵傳報》，繼改為《義大利軍隊觀察法國報》；在隔年初征埃及時，除了記者之外，還帶著版印工、美編人員，在開羅發行《埃及郵傳報》，每次戰報出版，他都是第一個閱讀的人。他在每一項行動中，充分運用媒體作為輔助工具，將宣傳工作發揮到極致（李瞻，1986；方鵬程，2005b：23；國防部總政治作戰部譯，1998：17-18）。

拿破崙之後，普魯士崛起，將原本各小公國實施的政治言論檢查制度，擴大為對媒體的直接操縱。這種操縱的脈絡起自俾斯麥，延續到 20 世紀希特勒的左右手戈培爾（曹定人譯，1993：223）。

鐵血首相俾斯麥為造就現代國家，無所不用其極，普法戰爭就是他一手巧妙安排出來的，導火線則是一封經他篡改的埃姆斯電報（Ems telegram）。他利用報紙煽動了人民的反法情緒，力促報業應為建設偉大的德意志帝國而犧牲，運用控制的手段與法規，迫使媒體就範（李瞻，1986）。日本學者佐藤卓己指陳，德國在統一戰爭中，「幾乎所有報紙都成了動員大眾的媒介」（諸葛蔚東譯，2004：70）。

1933 年納粹在德國掌權後，立即成立政治宣傳總部，策劃所有的宣傳活動。希特勒手下有兩員文宣大將，一是安曼（M. Amann）

建立新聞出版控制機制，統合 100 餘家納粹黨報，總銷量超過 4 百萬份。另一是戈培爾（J. P. Goebbels），負責希特勒一切的形象包裝，透過無線電廣播、喇叭等傳聲工具掌控群眾，剝奪了 8 千萬人獨立思考的能力（Bruce, 1992）。

希特勒的納粹宣傳是繼凱撒、拿破崙的後起之秀，如 Thomson（1977：111，轉引自 Jowett &O'Donnell, 1992：185）所言：「希特勒分享了凱撒與拿破崙的資產，更為獨特不同的，他大量採用新的宣傳方法，同時投注了他的全部心力。」

他的自傳《我的奮鬥》，除在第 6 章〈戰爭宣傳〉與第 11 章〈宣傳與組織〉，特別提出宣傳的方法與重要性之外，全書處處都是宣傳的教材，而且開宗明義直道，宣傳是他從事政治之初，感到極大興趣的志業。希特勒與戈培爾相信政治宣傳，乃在直接挑起民眾的情感，根本不必訴諸事實。戈培爾這段話，很能襯托希特勒的想法：「政治宣傳就是在精神戰場上打仗，就是要無中生有，誇大其詞，趕盡殺絕。我們的宣傳只由我們民族、我們的國家，以及我們的血來決定。」（Hale, 1975：2）

在二次世界大戰時期，幾乎參戰的各國領袖都是擅長媒體運用的能手。在這個人類有史以來的最大規模的慘烈戰爭裡，包括中國戰區的 蔣中正委員長及蔣夫人（另參下章）、英國首相邱吉爾、美國總統羅斯福等人的廣播演說，均膾炙人口，傳頌一時。對於抗日、抗德及抵禦外侮，不僅採取各種形式鼓舞民心士氣，而且廣播媒體的發展，適時運用於情報、宣傳與心戰，更是瓦解敵方戰鬥意志的一大利器。

以法國的戴高樂為例，他並不是率領千軍萬馬，終而克敵制勝的將領，而是在德國佔領法國之後前往倫敦，以廣播號召法國人民團結起來共同抗擊德軍，因而他也獲得「麥克風將軍」的封號（Solery, 1989）。

參、以傳播科技進展作區分的探討

在各類傳播媒介出現之前，人類的溝通傳播或軍事傳播的行為，早就透過非語文的溝通系統進行，包括聽覺、視覺或觸覺、嗅覺，亦即聲音、圖像、表情、手勢或動作與信號，來傳達符號與意義。譬如，西元前 13 世紀的「基甸的火炬」[2]、「約書亞的聲音戰」[3]等都是經常被引用的例子。

一般探述人類傳播的發展歷程時，都將非語文的溝通傳播考量在內，例如伊契爾・卜（卜大中譯，1992）將自有人類以來的傳播行為，分為口語、文字、印刷與電子傳播等 4 個階段。施蘭姆（游梓翔、吳韻儀譯，1994）則區分出 4 個重要時期的傳播發展：文字誕生、印刷機發明、攝影與電報科技開發及電晶體的發明。

如果依據傳播科技的發展，來看西方戰爭傳播的歷史，楊民青（2003 年 9 月）分為印刷媒介階段、廣播媒介階段、電視媒介階

---

[2] 基甸（Gideon）是以色列的英雄，他在西元前 1245 年，曾以 300 勇士夜襲敵營，擊敗 3 萬大軍。根據舊約聖經記載，基甸要每位勇士左手拿火把，右手拿號角，吹奏吶喊，聲響震天。睡夢中驚醒的敵軍，彼此誤殺，倉皇退卻，又遭追擊，以致潰不成軍（Jowett & O'Donnell,1992；戴郁軌譯，1990：27-28）。

[3] 音響武器最早使用者可追溯到舊約聖經有關約書亞（Joshua）的記載，他帶領 7 名牧師及若干士兵包圍耶利哥（Jericho）城，接連 7 天繞著城牆，以公羊角大聲吹喇叭。前 6 天都是繞城一週，第 7 天則繞城 7 次，而且在第 7 次時號角聲結合百姓齊聲吶喊，堅固的石頭城牆應聲倒地（楊連仲、謝豐安譯，2001：153；戴郁軌譯，1990：28）。

段、網路媒介階段；胡光夏（2004b）歸納為：第二次世界大戰以前的「平面媒體戰爭」、第二次世界大戰的「廣播戰爭」、越戰的「電視戰爭」、1993 年波斯灣戰爭的「衛星與有線電視戰爭」、2003 年波斯灣戰爭的「電視直播戰爭」與「網際網路戰爭」。

此處參採後兩位學者的分類方法，分為平面媒體戰爭、廣播戰爭、電視戰爭、衛星與有線電視戰爭，以及電視直播戰爭與網際網路戰爭等 5 個階段。在這些不同發展階段中，亦留意其它各種媒體的運用。

一、平面媒體戰爭階段

西元前 1 世紀，羅馬帝國執政官下令創辦《每日紀聞（Acta Diurna）》，這個抄寫在公共場所張貼的「板報」（即在塗有石膏的木板上刻寫新聞訊息，參閱劉昶，1990），可說是西方公認的第一份報紙。其公告的內容中，戰爭新聞佔有重要地位，此舉使得戰爭新聞傳播具有一定的公開性與持續性。《每日紀聞》無法確定是否每日發布，但前後存續 400 多年，羅馬人還仿效波斯人，建立信差服務的公共郵路，使經過謄寫的《每日紀聞》發行至帝國各行省。從這個意義來說，西方報紙自誕生之日起，就與戰爭有著不解之緣（展江，1999：6、21）。

歐洲是現代報紙的發源地，而德國則是歐洲報紙的先驅。1502 年出版的《東方新聞（Neue Zeitung von Orient）》，第一次使用 Zeitung 一詞（意指「新聞」、「報紙」，其後廣泛運用於報名），它曾記述德國對土耳其人的一場勝仗（Lake, 1984：19；展江，1999）。1656 年，由德國出版商里茲赫創辦的《新到新聞》，是德國也是世界第一家日報（張昆，2003：27）；雖然澳洲媒介歷史學者 Goman

&McLean（林怡馨譯，2004：6）認為 1660 年創刊的《萊比錫新聞（Leipziger Zeitung）》，才是歐洲的第一份日報。

俄國最早的印刷報紙是以報導軍事為主的《新聞報（Viedomosti）》。該報全稱是《莫斯科國家及周圍其他國家可資學習和存閱之軍事及其他事務新聞報導》，是根據沙皇彼得一世 1702 年 12 月 6 日的命令出版的。那時正是帝俄發動對瑞典戰爭之時，報上大部分刊登的是彼得一世及其親信僚臣的軍事、戰爭及推行歐化等訊息（李明水，1985：64；顧國樸，1988：5；方鵬程，2005b：23）。

1777 年元旦，《法國新聞》創刊於巴黎，是為法國第一家日報，其創辦人布里索，是後來大革命時期的著名領袖之一。法國大革命期間，法國新創辦了 1350 種報刊，影響較大者有馬拉的《人民之友報》與布里索的《法蘭西愛國者報》等（張昆，2003：27-28）。

美國在獨立革命戰爭爆發之前，殖民地的報紙已大量成長。這些報紙大多數具有強烈的黨派意識，包括殖民地立場、支持英國皇室，或抱持中立態度，被稱之為政治報業（political press）。在南北戰爭期間，由於電報傳送常會中斷，編輯遂將具有內容特徵的標題，放在全篇報導的前面，俾使讀者從標題知道新聞大概內容，標題運用更進一步促使倒金字塔的新聞寫作方式產生（Dominick, 1999）。

由上可知，早在報紙成為大眾媒介之前，軍事型態的報紙就已經存在，但那時發行少，也與社會大眾較無多大關聯。比較具有意義的探討，必須擺在 19 世紀大眾報紙的發行，值得注意的，大眾報紙地位的確立，又和戰爭新聞密切相關。

中西均同，早期報紙型態的出版品，並沒有廣大的發行量。得到 19 世紀因工業化、都市化，所帶來交通運輸便捷、人口流動及教育普及等社會經濟情勢形成之後，才蘊育現代報紙擴展的條件。

帶動早期報紙發展至少有三個因素：紙張的製造、新科技及社會大眾的需求。但因歐洲使用簡單的字母，使得紙張與印刷術西傳後，在歐洲發展的速度要比原發明地的中國快速（Frederick, 1993）。

新傳播科技在 19 世紀有了很大的突破發展，直接裨益新聞採集的便利。這些發展主要有 1844 年摩斯（S. Morse）發明電報、1850 年代第一條大西洋海底電纜線架設成功、1870 年代貝爾（A. G. Bell）發明電話，以及 1890 年代馬可尼（G. Marconi）完成無線電報與無線廣播的實驗，為未來廣播電訊網路奠基。

當然，社會大眾的需求更是重大關鍵。Goman & McLean 指出（林怡馨譯，2004：18），從 1865 年到 1914 年第一次世界大戰爆發期間，可說是戰地特派記者的黃金時代。那時報紙因已建立普遍發行，電報等科技也已發明使用，而且沒有內容審核制度，社會也展現了成熟條件——已有大批讀者十分喜歡閱讀關於海外戰爭英勇事蹟的報導。

第一次世界大戰時，戰爭已經演變成總體戰（total war），身陷戰爭的國家賦予媒體空前重要的任務，當作最具說服力的戰爭武器（Williams, 1972：24）。政府藉由新聞操控，以維護戰地士氣，並影響中立者的看法，其中英國的表現最為出色。

為了救亡圖存，英國在 1914 年成立戰爭宣傳部（War Propaganda Bureau），當時普遍認為只要影響中立國的態度就能影響戰爭的結果，以致英國在美國極力宣傳，並激發美國人打破原本的孤立主義。

1917年美國宣戰後，一週內便成立公共資訊委員會（Committee on Public Information，簡稱 CPI），其任務就是「向美國人民兜售戰爭」，隨之還建立檢查制度，包括偵查間諜法案（Espionage Act）、敵國貿易法案（Trading with the Enemy Act）、煽動言論法案（Sedition Act），這些都是足以妨礙美國憲法所保障的媒體言論自由。

第一次世界大戰的媒體戰中，殘暴新聞報導或稱之為「憎惡宣傳（hate Propaganda）」（Jowett＆ O'Donnell, 1992）被交戰國廣泛運用來憎恨敵人。主要圍繞在（一）大屠殺，即大規模殺害敵人；（二）毀壞，如將敵人眼珠挖出，以及（三）以飢餓及嚴刑烤打虐待敵軍、平民等三個可疑暴行的主題，不曾間斷的刊載在報紙及一本本的書刊或小冊子上。

狄彿洛等（Defleur＆Ball-Rokeach, 1989：161-162）指出，從第一次大戰開始，各國政府在武力衝突的同時，為使人民相信敵人慘無人道，精心設計的宣傳訊息充斥於新聞報導、電影、唱片、演講、書刊、佈道、佈告、海報廣告、標語傳單與街談巷議、無線電廣播等。就交戰的各方而言，戰爭勝敗得失攸關國家興亡，公民必須仇敵愛國，卻不能指望人人自動自發的去做，於是所能動用的大眾傳播媒介，就成為說服與宣傳的主要工具。

二、廣播戰爭階段

1906年，美國匹茲堡大學教授，同時也是西屋公司工程師費瑟登（R. A. Fessenden），利用真空管，將語言、歌唱、音樂等訊息，成功的透過無線電傳遞出去。這是人類第一次將有意義且真實的聲音，透過無線電傳送到特定的接收設備。此一重大發展，為廣播新聞傳播奠定重要的基礎。歷史上第一家定期對外播出的廣播電台，為 1920 年成立於美國匹茲堡隸屬於西屋集團的 KDKA 電台。

廣播媒介起於 20 世紀初，從此訊息得以穿透一切藩籬，無須憑藉有形物質就能遠距傳送。在發展之初，廣播就被交戰國運用為情報傳遞、心戰武器及鼓舞民心士氣或勸降的工具。

最為人熟知的廣播運用，首次出現於 1915 年。當時德國每日提供戰事最新消息，受到亟需即時性新聞的各國報紙大量採用。其次是 1917 年的俄國，列寧所領導的無產階級革命成功，成立蘇維埃政權，也是透過廣播對世界發聲（Jowett & O'Donnell, 1992：101-102；Hale, 1975：16-17）。

最初使用短波作遠距離廣播的，是西方的殖民帝國，廣播對象是殖民地。荷蘭領先於 1927 年向殖民地廣播。法國次之，於 1931 年以法文及當地語言向殖民地廣播。英國廣播公司的「帝國服務（Imperial Service）」於 1932 年以英語播出。義大利於 1935 年向南美洲的義國人民廣播（Martin, 1970：180）。

無論和平或戰爭時期，以無線電廣播作為攻擊武器，來對付其他國家的，首由蘇聯開始。在建立紅色政權後，列寧與托洛斯基為鼓吹共產主義，積極利用電台廣播，向鄰近國家宣揚革命思想（Martin, 1970：181）。在 1926 年的一場糾紛中，蘇聯率先以無線電來「攻擊」羅馬尼亞人（Bumpus & Skelt, 1985：10）。

麥克魯漢（McLuhan & Fiore,1968：132-134）曾標誌第一次世界大戰是為鐵路戰，第二次世界大戰則是廣播戰。佛特那（Fortner,1993）也以「廣播戰爭（radio war）」，來形容二次大戰期間各國的政治宣傳。大規模的廣播戰爭爆發於 1930 年代中期：納粹德國播出最多種外語廣播節目，共 26 種（在大戰爆發後不久，立即擴大到 39 種不同的外語）。次為義大利，播出 23 種語言，法國播有 21 種語言，蘇聯播出有 13 種，而英國廣播公司則播出 10 種外國語（Bumpus & Skelt, 1985：31）。

除了上述以直接的方法穿越國境，將宣傳資訊送進敵國，交戰國彼此之間，還實施資訊控制，主要的方法有以下四種（Fortner, 1993）：技術干擾（jamming）、接收干擾（interference with information reception）、鬼音（ghost voicing）及電碼破解（code breaking）。

「技術干擾」是控制資訊的最基本技巧，就是要阻斷或干擾敵人所要傳播進來的訊號。「接收干擾」在於禁止民眾接收敵方訊息，並鼓勵收聽我方訊息，通常的做法有立法規定（收聽敵國廣播屬違法行為）、沒收民用收音機（尤其是佔領區的收音機）、切斷電纜以阻止電報流通等。「鬼音」是暗中將敵方演說內容或新聞報導，加上喧囂聲、謾罵語，或是將一些廣播訊號移植在敵人的訊號之上，變換成錯誤的訊息[4]。另在作戰期間，都會實施監測敵軍的傳播通訊，包括廣播監聽[5]、無線電監聽與密碼破解，如英國的 M15 與美國的 FCC 等均是。

---

[4] 英國與德國均善此道，但英國更勝一籌，特別是將一些訊號加在希特勒的演說之中。

[5] 二次大戰期間，各國都成立監聽與分析敵方廣播的部門，來收集、解讀敵國的各種資訊，包括食物供給、交通狀況、轟炸後的損失程度、死傷率、人民情緒，以及船隻、潛水艇、軍隊調動與運補情形。監聽的範圍包括軍事通訊電台、非軍事的國際與國內電台等報導與戰事有關的訊息。

三、無線電視戰爭階段

戰爭新聞經由報紙與通訊社報導，自前線拍發到刊載，需時數日、數週，甚至數月。越南的第一次媒體戰爭進行時，是由電視記者在戰地拍攝，送回美國剪接後再播放。

電視新聞的採訪科技在韓戰時已經運用，也就是說，韓戰應是首次透過電視報導的戰爭，但因為當時電視對戰爭報導及所扮演的角色並不顯著，以致大都認為越戰才是真正的電視戰爭（Tayor,1990：2）。

越戰通常被認為是史上第一次的「電視戰爭」（Mercer, Mungham & Williams, 1987；Hallin, 1997）。從軍事衝突現場採訪到新聞畫面傳回電視台，往往必須一日至數日時間，但和二次大戰時比較，可說軍事新聞報導幾與事件本身同步（McNair, 1995）。

從 1961 至 1968 年間，美國媒體尤其是電視，原是認同美國應以軍事手段介入越南事務，然而 1968 年之後的電視新聞報導，不再只是慘烈的戰爭畫面，也出現美國應否繼續參戰的爭論（Cummings, 1992：84）。Hallin（1989）強調，媒體對越戰的報導分析，雖然是空前的嚴重分歧，有些甚且極盡挑剔揶揄之能事，可是新聞界從未根本否定美國出兵的正當性。

眾所週知，1968 年的轉捩點，主要是由著名 CBS 主播、公認的「新聞先生（Mr. News）」克朗凱（W.Cronkite）所造成的。他在該年 2 月 27 日的新聞節目中，坦言越戰已陷僵局，美國不可能取勝，唯一的出路是談判（Donovan & Scherer, 1992：102）。從此輿情反戰轉激，詹森總統說，「假如我已失去克朗凱，那我已失去美國大眾。」（Halberstam, 1979：514）因而決定不再競選連任。

越戰不僅是美國對外作戰的重大挫折，同時也是美軍與媒體關係演進的一個分水嶺。在幾乎沒有任何形式的新聞檢查情況下，越戰可說是一場「電視戰爭（Television War）」。相較於韓戰期間，當時的電視新聞還不是媒體報導的主流，但 10 餘年後的越戰，有好幾年的時間，美國觀眾在自己家裡，透過電視可以收看到有關越戰消息（Carruthers, 2000：108）。當一個個美國士兵流血犧牲的畫面，毫無阻攔的闖入美國人的客廳時，就已註定這是一場「打不贏的戰爭」。

另外必須一提的，此階段以美國為主的西方音樂與新聞節目，開始且一直不斷的向東方與世界主要地區滲入，雖然無濟於越戰，卻某種程度促使蘇聯等共產政權的消逝。Hachten（1996）指出早在冷戰時期，英國廣播公司世界新聞網、美國之音、自由歐洲電台、美國有線電視新聞網（CNN）、哥倫比亞廣播公司的丹拉瑟（Dan Rather on CBS）等，都普遍被共黨國家的人民聽取、收視。儘管共黨致力消除西方搖滾音樂與錄影帶，東德人依然觀賞由西柏林所放送的西方電視節目，甚至藍波（Rambo）還變成蘇聯境內錄影帶迷心目中的人民英雄。

四、衛星與有線電視戰爭階段

由於即時實況轉播的科技革新，24 小時全球新聞服務的來臨，1991 年波斯灣戰爭是首次經由衛星傳播，將戰爭正在進行的現場畫面，立即傳送回媒體，播放給全世界，開啟了戰爭傳播的歷史新頁。

雖然大多數記者在戰場上被限點採訪（詳參下節），但 CNN 記者阿內特（P. Arnett）從巴格達（Baghdad）傳送在伊拉克的採訪報導，而其他的 CNN 記者則分別從華盛頓和沙烏地阿拉伯，傳送美軍和聯軍的相關新聞（Altschull, 1995）。

以前受限於採訪的後勤支援與有限的傳送能力，使得記者在採訪之後的稿件與錄影帶傳送，必須依賴軍隊，但到了 1991 年，記者只須帶著輕型攝影機、手提電腦、衛星電話與衛星上行與下行傳送設備，就可毫無阻礙的完成立即採訪與傳輸的任務（Dennis, 1991；Carruthers, 2000：132；吳福生譯，2001）。

這場為期 42 天戰爭的電視報導密集程度，幾乎可說是天天全天候播放。CNN 以密集、持續且同步的電視實況報導，讓這一次波斯灣戰爭成為大規模的媒體總動員。美英、伊拉克及其他國家領袖且藉著 CNN 傳送訊息給對方，取代了傳統由外交人員與外國官員溝通的途徑（林怡馨譯，2004：234）。

這場戰爭的另一個特殊景象，是作戰士兵與電視觀眾的「電視對話」。電視觀眾因為收視電視，變成了戰爭參與者，而參與波斯灣戰爭的士兵也由於收看電視，而看到了正在收看戰爭畫面的家鄉父老，他們經由聲音與手勢產生互動。這種情形還可以 1994 年 1 月為例，阿拉法特經由 CNN 對巴勒斯坦的示威群眾發表演說，而這些示威者也透過 CNN 與阿拉法特對話，在這場電視對話中，彼此都透過電視看到自己在電視上的身影（羅協廷等譯，1996）。

五、電視直播戰爭與網際網路戰爭階段

其實，在 1999 年科索沃戰爭中，業已開啟網際網路的戰爭傳播。南斯拉夫聯邦即使多方面處於劣勢，但官方與民間機構透過網路直接報導，對外發布新聞，打破了以美國為首的北約的國際輿論

封鎖（王冬梅，2000；李黎明，2001；孫敏華、許如亨，2002；鄧翔鳴譯，2003）。

2003 年美國針對伊拉克的波斯灣戰爭，則被認為是首次完全由電視現場（Live）直播的戰爭，也是第一次網際網路真正參與報導的戰爭，特別是戰爭布落格（blog）的興起與利用容量較大的寬頻網路來傳遞大量影片（胡光夏，2004b），重新定義對軍事衝突事件報導的方式。

在距上一次波斯灣戰爭的 12 年前，獨領風騷的 CNN 並沒有如今的設備，能作全程的直播。而今除 CNN 之外，還有英國的 BBC，美國政府又核准 FOX、MSNBC 進入戰場，阿拉伯媒體方面則有著名的半島電視台。以衛星與數位技術為主的傳播科技，可以將戰場上的音視頻訊號經過數位壓縮後，由衛星發回電視台，而有些記者無法到達的地方，電視台就利用衛星地圖在電視畫面上解說。

曾經參與此次戰爭報導的中央社記者陳正杰、郭傳信（2003：21）強調，美伊戰爭並非一場美式足球賽的直播，但以相同的傳播方式，讓關心這場戰爭的人們，透過媒體在同一時間看到戰場上驚心動魄的場景。

在戰爭中，網際網路以最快的速度、最簡單的語言及標題似的報導，將各種最新訊息加以整理分類，以文字、圖像、音頻與視頻等多種方式，傳播給網路使用者。網際網路是一個非常有效的交流場所，在電子郵件互傳、BBS、部落格上，可以獲得許多傳統媒體所沒有的內容。

手機簡訊也為官方與民間廣泛使用，美國政府在戰前曾以一波波手機簡訊，發給伊拉克民眾、軍人與各級將領，說服他們放棄抵抗，動搖他們的信心，以達到使對方不戰而降的目的。

根據美國一項調查顯示（Rainie, Fox & Fallows, 2003，轉引自胡光夏，2004b），美國有 77%的網路用戶上網，都與這場戰爭有關聯，在 1.16 億的網路用戶中，有 55%是透過電子郵件和他人交換戰爭的看法或了解戰爭的最新動態，而有 17%的網際用戶聲稱網際網路是他們瞭解戰爭動態的主要途徑之一。

胡全良、賈建林（2004：180-181）指出，網際網路已經與平面及電子媒體建立共生關係：早上看報刊，白天上網站，晚上看電視；胡光夏（2004b）則認為網際網路將戰爭報導帶進了民眾上班的工作地點。

肆、以媒體在戰爭傳播中扮演角色的分析

吳恕（1992）曾分析政府與新聞界之間存在的 4 種關係：盟友、友好、對立、敵人。美國史丹佛大學教授 Rivers（1970；1982）強力主張媒體是政府的天生敵對者，而且媒體有自己的力量基礎，足與政府的關係相對立。祝基瀅（1986）認為媒介是公共政策決策過程中積極的參與者，主要有 4 種參與方式：作為社會大眾的代表、作為政策的批判者、作為政策的主張者、作為政策的設計者。

當然，要進行這方面的探討，免不了會觸及傳播制度的相關問題。一般而言，傳播媒介與社會互為影響，在特定的社會裡，會產生特定的傳播制度。塞伯特（F.S. Siebert）、彼得森（T.Peterson）

與宣偉伯（W.Schramm）在 1956 年曾對全世界媒體，歸納出 4 種運作模式：威權主義、自由主義、共產主義及社會責任論（Siebert , Peterson & Schramm, 1956）。

在 4 運作模式之後，有了一些修正理論（參閱 Merrill & Lowenstein, 1971；McQuail, 1983；Altschull, 1995；Hachten, 1996；彭家發；1994；彭懷恩，1997），如 Merrill & Lowenstein（1971：175）認為媒體可能常受控於政治系統（如威權主義），也可能是處於自由的、開放的、無限制的政治系統中（如自由主義）。而媒體與政府的關係，比較像是一種光譜的漸層系統，而非二分法的絕對兩極化。無論記者、媒體工作者或媒體組織，在每一個政治體系裡，都會遭遇或體驗不同等級的自主性或限制。

上述諸學者研究的目的、對象與範圍，或與本章論述宗旨不盡相同，但仍具一定的參考價值。以下整理出來的 8 種情形，所關注的焦點主要是媒體在與戰爭相關事件中所扮演的角色，以及其與政府或軍隊的關係。

一、媒體是戰爭中的缺席者

媒體在戰爭中缺席的例子甚少，1812 年的紐奧良戰役甚具代表性，卻也是傳播史比較不為注意的一頁。那年，美國與英國曾打了一場「不須打」的戰爭[6]，起因是英國國會決議，所有美國對歐貿易均須透過英國各港實行。

---

[6] 此一戰役弄得美國軍力耗損，民怨四起，英國駐加拿大軍隊進犯首都華盛頓，焚毀總統辦公室與許多國會山莊的公共建築，總統麥迪遜（J.Madison）還蒙塵出逃。49 年後，類似首都淪陷的故事在中國重演，英軍攻陷北京，焚毀圓明園。

但隨後英國國會立即撤銷該決議，美國無法及時獲知，而片面宣戰。該役之所以「不須打而打」，是因為當時的訊息傳送緩慢所致（Frederick, 1993）。19 世紀的報紙業已發達，但當時在英美之間的訊息，必須數週才能傳達，如果當時已有電話纜線、衛星電視或網際網路，這場戰爭必將打不起來，或很快結束。然而，媒體因科技之限制，未曾發生任何功能，導致戰爭長達 2 年與成千上萬人的傷亡。

二、媒體作為戰爭的批評者

克里米亞戰爭是一個重要的殷鑑，從此每逢戰事，政府即會採取各種不同或程度不一的方法，干預或妨止媒體的採訪（曹定人譯，1993：218；林怡馨譯，2004：18）。

在 1853 至 1856 年間的克里米亞戰爭，最特殊之處，在於電報首次運用於戰爭傳播，也因為遠距離電訊傳播，以及媒體加以運用所產生的巨大影響力，導致英國的艾柏丁政府下台（Knightley, 1975：5；劉方矩譯，1978；Young & Jesser, 1997：23）。

當時英國《泰晤士報》曾派遣記者羅素（W. H. Russell）進入英、法、土耳其等同盟國與俄國爭奪中近東統治權的克里米亞戰爭採訪。他極力報導補給品短缺、疾病肆虐及英軍盲目躁進等情形。該報總編輯狄蘭（J.T. Delane）亦曾親臨戰場，了解戰爭實況，並撰寫社論呼應，於是引發民意強烈的關注，最後導致艾柏丁政府下台。

另，1964 年的「東京灣事件」，曾激起美國人民的義憤，美國國會甚至授與詹森總統近乎無限權力發動越戰，但美國記者史東（I.F.Stone）卻揭發政府機構欺矇民眾與國會，並指出美國媒體對此一事件的報導，皆來自美軍餵食，唯史東所運用的媒體是個人媒體——《I.F.Stone's Weekly》。

三、媒體在戰爭中介入軍事決策

引人質疑的，1898 年爆發的美西戰爭中，新聞報紙是否直接影響了美國的參戰？各方看法不一，保守觀點卻認為這是「早期媒體介入軍事決策的例子」（林怡馨譯，2004：19）。

當時的媒體所有人，如普立茲、赫斯特，都企圖透過報紙鼓吹愛國主義及擁戰情緒，影響公眾輿論（Frederick, 1993；游梓翔、吳韻儀譯，1994：255）。他們掀起排外情仇，出版明顯捏造不利西班牙的暴力故事。當時紐約報紙的報導，對美國其他地方性報紙具有非常廣泛的影響，凡遇上戰爭、災害、謀殺及緋聞事件等，赫斯特都採取誇張手法，就是靠著煽情主義（sensationalism）讓他的媒體步入成長高峰（Dominick, 1999）。Goman & Mclean 指出：「戰爭新聞漸漸引起關注，美西戰爭為第一次世界大戰的新聞報導奠下良好基礎。」（林怡馨譯，2004：20）

四、媒體是革命的工具

過去幾百年，世界經歷了至少 7 次大規模的革命運動：英、美、法、中、俄、越南、古巴，「革命危機的成熟，離不開革命思想的傳播，在近代和現代社會中，新聞媒介的大規模參與，是革命必不可少的條件之一。」（展江，1999：27）

以美國獨立革命戰爭而言，美國第一份報紙創辦於 1690 年，到革命前夕已有 42 家，那時全美只有 300 萬人，卻有 4 萬個家庭訂閱革命報刊。佩因（T. Paine）著《常識（Common Sense）》，宣揚革命理念，宣示要脫離英國獨立，在美國人心頭燃起熊熊革命之火，該書印行 50 萬冊，幾乎每戶一冊（Jowett＆O' Donnell, 1992；程之行，1996；展江，1999）。

在列寧的革命概念中，媒體是用來推翻政府或解脫外國控制的一種顛覆工具。早期的《真理報（Pravda）》就是在俄國境外發行，且大量秘密流傳（Hachten,1996）。晚近在柯梅尼取代巴勒維的伊朗革命中，錄音機扮演了重要角色，被賦予首度錄音機革命[7]（the first cassette revolution）的印記（同前註）。

蘇聯一直到共黨政權瓦解前，影印機仍被國家管制使用，可是蘇聯的異議份子正好利用為最佳的傳播工具，而且這種民眾陌生、具有「異國風情」的傳播行為，反而容易吸引傳閱，是侵蝕共產制度的推手之一（Jowett＆ O'Donnell, 1992：157）。

五、媒體被政府用作戰爭宣傳的工具

波耳戰爭是 19、20 世紀交替之際（1899 年至 1902 年）、英荷之間在南非一場殖民地爭奪的戰爭。年輕的邱吉爾曾任當時的戰地記者[8]，而英國報紙對波耳戰爭進行詳細完整的報導，提供民眾輿

---

7 那時在不受伊朗秘密警察監視的回教清真寺裡，曾經播放了好幾千卷柯梅尼宣揚革命的演講錄音帶，這些小型可攜帶式的傳播器具，靈活接觸了好幾百萬人，傳播效能勝過受伊朗政府控制的報紙、廣播與電視。只要是傳播工具，就可以變成為宣傳媒體，在伊朗革命行動中的影印機，就是另一例子。當「夜間電報（night letters）」與神秘政論經由傳真機進入德黑蘭時，同情革命的人員迅速的影印傳遞散播（Hachten,1996）。

8 邱吉爾在歷時兩年半的波耳戰爭中，因所完成的報導，獲得國內民眾的肯定，成為新聞界受到矚目的人物。他從戰場回來，參加國會議員選舉，一舉獲捷，從此步入政壇，步步高升。詳參程之行（1996：163-168）。

論討論的空間，也被當成政治宣傳的工具，充分顯示戰爭期間媒體的重要性。貝西（Badsey, 2000，轉引自林怡馨譯，2004：21）特以「媒體戰」加以形容：

> 「實在無須將平行線誇張化，也不需反彈而高呼要回歸到之前我們所擁有的時代，對於媒體在波耳戰爭扮演何種角色有太多爭論，我們應該將它認為是時代下的產物，是十分具時代意義的。波耳戰爭是媒體戰，如同它是一場政治戰、軍事戰，與人民的戰爭。」

第一、二次大戰時或之後的一些局部戰爭，媒體廣泛的被用作戰爭宣傳的工具，將廣大民眾帶入愛國情緒中。這種大眾動員的模式，其實已在波耳戰爭中預演了一次，英國波耳戰爭可說是媒體作為政府戰爭宣傳工具的濫觴。

六、媒體作為民意引導者與塑造者

對於戰爭夥伴的選擇，政府曾經藉由媒體引導民意。Wright（1965，轉引自 Frederick, 1993）以美國報紙為例，說明在第一次大戰的戰前、戰時、戰後，如何改變人民對德國與法國的好惡立場。當時首先由 1911 年的《紐約時報》及 1913 年的《芝加哥論壇報》，發展出對法國的友善與對德國的敵意。戰爭開打之後，美國各報加強了對德的恨意與對法的愛意，此兩種情緒於 1918 年到達巔峰。

二次大戰時美國專欄作家李普曼（W. Lippmann），則是媒體塑造民意的實例。1940 年 6 月德國納粹席捲歐洲大陸，羅斯福總統有意援助英國，然而此時美國國內反對參戰，孤立主義高張。當時英國駐美新任大使羅先爵士（Lord Lothian）遂就教於李普曼[9]。李普曼隨後設計一套塑造民意的策略，他請第一次世界大戰英雄、80高齡的潘興（J. Pershing）將軍，發表一場十分動人的演說，並邀請新聞週刊記者林德利（E. Lindley）採訪，李普曼更以他的專欄支持呼應潘興的主張，影響反戰報紙也改變立場。其實，李普曼正是潘興演講稿的捉刀人，他影響了美國政策，也改變世界大戰的歷史（祝基瀅，1986：60-61）。

七、媒體成為外交談判與危機處理的輔助管道

在美國內戰期間，對新聞的需求量很大，以致美國報紙首次每週發行 7 天。在 1963 年甘迺迪總統被暗殺時，電視現場報導成為號外消息的顯著媒體。到了 1991 年波斯灣戰爭，CNN 建立了遍及全球的 24 小時新聞網，此一新聞做法改變了國際新聞體系，尤其是國際危機與軍事衝突的新聞處理方式（Hachten, 1996）。

1962 年古巴飛彈危機的處理過程中，除了甘迺迪與赫魯雪夫之間的信函聯繫、兩國外交管道外，媒體亦擔任折衝要角。甘迺迪曾向全美發表電視演說，蘇聯駐美特務還不斷向美國媒體打聽、傳送消息，媒體可說是化解危機的重要管道之一。

Stech（羅協廷等譯，1996）強調，在 1991 年波斯灣危機中，CNN 報導運用各種方法，避開政府控制，提供了真實影像，並深深影響政府對危機初期的評估。甚且，CNN 與其他國際新聞媒體的現場報導，取代了政府決策者的常規外交與情報途徑，使得政府

---

[9] 羅先大使分析當時局勢，如果英國失去對大西洋海權的控制，邱吉爾政府必然垮台，而新政府可能趨向與希特勒合作，若此則將直接威脅美國本土的安全，為防止此一悲劇發生，美國應協助英國武器與軍艦。

官員透過「牆上報紙」——辦公室裡的電視，來掌握並應對各重大事件的最新狀況（Carruthers, 2000：199）。

八、媒體成為軍隊的一部分

越戰是否因電視而戰敗，此問題引發許多關於軍隊與媒體關係的辯論。美軍從此學到了教訓，一般稱為「越戰症候群（Vietnam syndrome）」（呂志翔，1993）。那就是：試圖密切控制媒體報導，避免任何軍事行動事先曝光，並且迅速完成軍事行動，使得民眾沒有時間反應或經由媒體詳細報導，獲知決策過程，以免民意中途倒戈（林怡馨譯，2004：231）。

McNair（1995）認為越戰的媒體效應，不可能有科學的答案，卻影響了 1980 年代英美新一代領導人物對軍事衝突新聞處理的認知，包括英國首相柴契爾在 1982 年的福克蘭戰役、雷根總統在 1983 年的格瑞納達（Grenada）事件，以及老布希總統在 1989 年進軍巴拿馬（Panama）搜尋諾瑞加（M. Noriega），甚至以後的軍事行動。

福克蘭戰役是二次大戰後，媒體報導軍事衝突受到最嚴格限制的一次（同前註）。由於地理因素（福克蘭群島距英國本土有 8000 哩之遙），更因越戰教訓[10]、政治考量（柴契爾藉此轉移經濟不振與支持度下滑），使得政府的新聞政策如同國家存亡之戰，從而祭出一整套管制報導的手法。

---

[10] Harris（1991；轉引自 McNair,1995）指出，顯然受了越戰經驗的影響，1977 年英國國防部曾擬定一份「危機處理時的公關計畫」的秘密報告，該計畫顯示「為了計畫執行，必須預先保留 12 個名額給媒體，公平分配給 ITN、BBC 及其他報社……，媒體必須保證共同使用照片與複印文件。」而在福克蘭戰役中的軍事公關，則是此一秘密報告的第一次執行。

英軍限制媒體採訪，迅速贏得這場戰役，成為美軍效法的對象（Sharkey, 1991：14）。在 1983 年美國入侵格瑞納達時，媒體完全被排除在外，直到雷根總統宣佈軍事行動成功後，媒體才得知。

1991 年波斯灣戰爭時，媒體與軍方的緊張關係形成甚早，其結果是新聞界屢遭重創，而當戰爭奏捷之際，媒體卻感覺在伊拉克「吃了敗仗」（張茂柏，1991）。因為有些記者感覺自己像是「hotel warrior」，只能待在旅館看 CNN 的報導及軍方舉行的簡報記者會（Fialka, 1991）。

美國與其盟邦所採行的媒體公關主要戰略，就是聯合報導（National Media Pool）的新聞集體供應模式，通常僅由一個美軍陪同的媒體採訪小組，前往採訪某個特定的軍事行動，回來後與其他留在後方的記者分享採訪所得（McNair, 1995）。

2003 年波斯灣戰爭時，美國國防部長倫斯斐推動隨軍採訪的計畫，隨軍記者（embedded journalist）這個名詞於戰爭期間，成為使用最頻繁的詞彙之一。來自世界各地的媒體記者，也成為盟軍戰鬥任務編組的成員，盟軍行動到那裡，媒體記者就到那裡（張梅雨，2005）。

伍、結語

Jowett＆ O'Donnell（1992：264-265）分析宣傳如何在現代社會運作時，特別重視歷史社會脈絡（social-historical context）的重要性。宣傳的每一個行動與事件之所以能在當下產生作用，除了社會機能因素外，也與這個民族或社會的歷史相銜接。然而，另方面值得再三強調的，人類的知識及經驗乃相互學習與流通共享的，尤其在這全球化傳播時代，任何宣傳者即便他的宣傳技能與型態展現截然不同的面貌，依然是有跡可循的。

本章嘗試從 3 個層面探討西方戰爭傳播的歷史過程，亦即從「人」、「傳播科技」及「媒體在戰爭的角色」，其中之要當在於「人」，是人在運用傳播科技與媒體。

在德國社會學家韋伯的理論裡，charisma 是人類社會的偶發，但這樣的英雄式權威，往往誕生於風起雲湧的時代，同時更是腥風血雨的時代。Charisma 可能得自天縱英明，但他的後天亦經歷必要的學習，才有非凡的魅力與技高一籌的宣傳本事。本章無法一一細究亞歷山大、漢尼拔、凱撒、拿破崙、亨利・都鐸、亨利八世、俾斯麥、希特勒等人的天賦與學習。但是，他們都擅於利用宣傳以確立其英雄式權威，則屬無庸置疑。

其次，從傳播科技進展來作探討，可劃分為平面媒體戰爭、廣播戰爭、電視戰爭、衛星與有線電視戰爭，以及電視直播戰爭與網際網路戰爭等 5 個階段。在這些階段中，媒體的形式雖隨科技發展而變化，但其與戰爭密切相關，且對戰爭的醞釀、發動、進行與終結均有著密不可分的關聯，則已再再被明確證明了。

一般而言，媒體在西方被認為是「第四權」或「第四階級」（詳參陳錫藩，2003 年 4 月 28 日），但從西方媒體在戰爭過程中所扮演的角色，以及其與政府或軍隊的關係來看，則可見到 8 種類型：（一）媒體是戰爭中的缺席者；（二）媒體作為戰爭報導的批評者；（三）媒體在戰爭中介入軍事決策；（四）媒體是革命的工具；（五）媒體被政府用作戰爭宣傳的工具；（六）媒體作為民意引導者與塑造者；（七）媒體成為外交談判與危機處理的輔助管道；（八）媒體成為軍隊中的一部分。

其中除第一種外，其它 7 種類型均可明顯見到傳播對戰爭的重要價值。

第六章　我國戰爭傳播的理念與實踐

壹、前言

吾人常言，中國是個愛好和平的民族，果其然乎？此一問題，似乎不容易獲得答案，因為幾千年來的歷史顯現，一般老百姓確實冀求「日出而作，日落而息」，但為爭皇帝，卻也是歷代皆有戰亂，對外大小戰爭少有間斷。

值得關心的一項課題是，中國歷史源遠流長，有關戰爭、和平或戰爭傳播的思想亦非常豐富，卻未受到相對的重視，以致國人在進行戰爭與戰爭傳播的研究時，只能大量引用或運用了西方的素材，出現「重西輕中」的情形。

如 13 世紀，成吉思汗的蒙古鐵騎橫掃歐亞大陸，被歐洲人稱之為「黃禍（The Yellow Peril）」，迄今尤其記憶深處仍有餘悸。又如兩千多年前的《孫子》，被中國人推為兵法源流、百代談兵之祖，至今還是世界各國軍事訓練參酌閱讀的寶典，其中蘊含的知識範疇，不僅有軍事上求勝的 know-how，尚且不乏戰爭傳播的理念，凡此皆是頗值重視的文化資產。

隨著傳播科技的發展腳步，西方戰爭傳播史業已蔚為學術研究的一個重要領域，反觀我們對於自己所擁有戰爭傳播資產的研究則付諸闕如，委實可惜。本章試圖從戰爭傳播的思想、理念及其實踐等層面，為戰爭傳播在中國的發展經驗作一回溯與整理。

本章的鋪陳，嘗試將國軍現行的新聞政策與作法作為重點，回溯國民政府在大陸，亦包含民國肇建等時期的戰爭傳播情形，這些討論必須由對中國傳統的戰爭傳播思想的整理出發，方得明瞭我國固有戰爭傳播的理念與實踐歷程。

貳、我國傳統的戰爭傳播思想

有關中國傳統戰爭傳播思想的研究並不多，可找到的線索，大都為民意、輿論及邸報（宋岑，1958；閻沁恒，1960；戈公振，1964；曾虛白編，1969；朱傳譽，1974、1988；李瞻編，1979；賴光臨，1978、1984；李炳炎，1986；張玉法，1993）。

中國傳統的統治體系為維持政權，十分重視民意與輿論的控制與疏導，此為本節探論中國傳統戰爭傳播思想的軸線之一。其次為兵家思想與戰爭宣傳有關者。其三為探論邸報與戰爭傳播的關係。

一、天道的輿論傳播觀

說服傳播在中國春秋戰國時代，稱為「諫」、「說」、「勸」。先秦說服活動頻繁，有關說服傳播的方法著述亦多，說服傳播在我國佔有很重要的地位。例如法家韓非子的〈說難〉、〈難言〉、〈說林〉諸篇，以及荀子的〈臣道篇〉、墨子的〈公孟篇〉，都有對說服傳播的看法。又如講求捭闔、揣情、摩意的縱橫家，代表人物有鬼谷子及其弟子張儀、蘇秦，代表作《鬼谷子》三卷，全是說服傳播的理論，不過其要旨在於審情度勢，為迎合君王心理而發（朱立，1978；關紹箕 1998；李敬一，2004）。

亦有將中國史官視同新聞傳播者的研究，如賴光臨（1978）、杜維運（1998）、李敬一（2004）、聞娛與張翅（2006）等。潘重規（1984）強調，孔子作《春秋》與司馬遷作《史記》，都類似私人創辦的新聞紙，是我國古代最偉大的新聞記者。他認為司馬遷描寫天下地形、戰爭進退，無不瞭如指掌，如果不是受物質工具的限制，《史記》的戰爭形勢圖、河渠水利圖、物產運輸圖、天下郡國圖、外國交通圖等，必然會與《史記》本文，同樣照耀於千百世後人的心目中。

宋岑（1958）的〈我國古代之輿論〉，論及中國古代輿論的一些元素，包含：天道觀念、政府設有徵詢輿情機構、人民有議政之所並享有充分言論自由、卜筮時兼顧民意及史官制度等。

他根據《左傳》的記載，認為中國古代重視民意、紓解民意，主要有二途：（一）若遇國危、國遷等重大情事，則召集民眾到王庭商議，王庭是君民議政場所，且由君王召集。（二）平時人民評議政治，有「鄉校」的固定之所[1]。鄉校係人民自動隨意聚集，自由發表意見，當政者不加以干涉，甚至會參照民眾議論，修改革新政策，此與英國人在海德公園的肥皂箱發表演說，批評政府的情形類似。

王洪鈞（1998）在其所編《新聞理論的中國歷史觀》中，依中國時代發展的順序，指出固有的民本思想、史官制度、御史制度、士人清議、士人報刊及革命報刊等，是中國新聞理論研究的史之基礎。

王洪鈞所謂的「民本思想」，其實就是宋岑所指「天道」觀念，其中的內涵有三（王洪鈞，1998：5-6）：（一）天，至大至尊，天治係以民欲為原則；（二）為君主者，受之天命，但君之為君，在於其德足以仁民愛物；（三）君主若不能順從民意，甚至殘民以逞，便是有違天命，人民即享有革命的權利。這是治亂之道、是否起而

[1] 孔子曾稱許子產不毀鄉校，是個仁者。詳參陳雄勳（1973：46）。

革命或和戰之間的重要判準，也可說是帝王與老百姓兩者關係之間的最大交集，更是先聖先賢論述、民意制度形成，以及以仁為本的倫理道德構成的基礎。此一基礎關係著統治者與人民的互動，亦牽動著歷朝歷代的治亂興替。

還有一個角度來看革命，那是中國農民革命的「反叛」。李敬一（2004）分析農民革命組織的輿論傳播，只能在有著天然聯繫、相同處境、相同思想基礎的同質人群之中進行。他舉的實例包括同一地域（如西漢末年的綠林軍）、同一階層（如西晉、明朝的流民起義）、同一行業（如秦朝的陳勝、吳廣所領導的第一次農民起義，參加者都是戍卒）、同一民族（如北魏末年氐族起義）。在輿論內容上，由於農民革命者知識的侷限，往往從天命的角度論證起義的正義性，另並宣稱自己代表了宣傳對象的利益，而在輿論傳播方式上則有：（一）神物（二）讖語（三）謠諺（四）口號（五）演講（六）檄文[2]（七）通告（八）文告。

以上的「天道觀念」或「民本思想」，附著於中國人的傳播行為至深，且延續不斷。值得再三留意的，中國人對於天道的觀念，並非虛無飄渺的想像而已，而是確信先民曾經享有過的開平盛世，對於現實世界的亂象，懷有撥亂反正的期待。施華慈（B. Schwartz）指出孔子奔走於列國之中，就是想恢復周初的理想秩序。這一個理想的秩序狀態，與柏拉圖「理想構造」的理想國截然不同。孔子的理想社會並不是理論性、抽象性的，是曾經在歷史洪流中實現過

2 檄文也稱「露布」或「露版」，在古代是一種傳播利器，其傳播對象就是廣大民眾。《尚書》中的「湯誓」、「泰誓」，都可以說是檄文。檄文著重「感人」，內容不妨誇張，可以說是一種軍事而兼政治性的文字（朱傳譽，1974：142-143）。

的，也因此他為這一個理想秩序去說服各國的君王（孫隆基譯，1980：66）。

在亂世中，和孔子一樣席不暇暖的人很多，但不能不提的一位，是墨子。他不僅四處講學，而且徹底躬行實踐和平主義，墨子對楚惠王與公輸班的說服傳播，是戰爭傳播中和與戰轉折的一個很好例子[3]。薩孟武（1977：88）指出，墨子的兼愛，猶如儒家的仁，然而孔子言仁，而尚不忘「足兵」（論語第十二篇顏淵），墨子竟由兼愛，進而「非攻」。

大體言之，儒、道、墨三家對戰爭均持否定態度，法家則是戰爭主義者，因而他們的傳播活動與行為亦見差異。鈕先鍾（1996：190-191）認為，「道家反對一切戰爭」，「儒家和墨家反對侵略戰爭」，都只同意「義戰」，絕對反對以武力從事侵略與擴張，而法家別樹一幟，「提倡戰爭」、「鼓勵擴張」、「崇尚暴力」。

二、兵家的宣傳思想

中國原有非常豐富的兵學理論，其中不乏呼應現代戰爭傳播的立論。如前所言，這些兵學理論乃戰爭經驗總結，為後世普讚者有《孫子》（西元前480年左右）、《吳子》（西元前380年左右）、《孫

---

[3] 楚惠王準備攻打宋國，墨子聽說後，立即從齊國出發，走了十天十夜，到達楚都，去見公輸班。公輸班辯不過墨子，墨子又去跟楚王講道理，楚王講不過，又推給公輸班。墨子用模型與公輸班「交鋒」多次，最後楚王只得放棄攻打宋國的念頭。墨子先問惠王：「現在有人捨棄自己的彩車，看見鄰居有一輛破車子就想去偷，捨棄自己的華麗衣服，看見鄰居有一件粗布衣服也想偷過來，你認為這是一件什麼行為？」楚惠王覺得好笑，脫口說出：「這個人一定有偷竊的毛病。」就是這麼一個欲實先虛的方法，駁得楚惠王放棄攻宋計畫。

臏兵法》(西元前 320 年左右)、《尉繚子》(西元前 220 年左右)、《李衛公問對》(西元 600 年左右)等。以下僅列舉孫、吳兵法有關於宣傳思想者。

《孫子》係孫武所著，現存六千數百言，由始計篇至用間篇，凡 13 篇。該書主張「知此知彼」、「不戰而勝」、「以弱制勝」、「詭道取勝」諸法，夙被推為兵法源流、百代談兵之祖。

雖然歷經時代變遷，武器種類與戰爭型態多所變化，《孫子》之所以至今仍為各主要軍事國家軍事訓練參酌閱讀的要典，其主要價值並不僅限於戰爭技巧，尤在於兼備人性觀察、戰爭性質分析及反用敵人的戰備與力量等。其中包含許多與戰爭傳播密切相關的思想理念，展江（1999）曾予以分成對內宣傳、對敵宣傳、對中立者宣傳 3 類，詳參表 6-1。

表 6-1：孫子兵法的戰爭傳播思想

<table>
<tr><td rowspan="3">對內宣傳</td><td>道義宣傳：「令之以文」、「道者，令民以上同意也。」</td></tr>
<tr><td>親慰宣傳：「視卒如愛子，故可與之俱死。」</td></tr>
<tr><td>仇恨宣傳：「殺敵者，怒也。」</td></tr>
<tr><td rowspan="2">對敵宣傳（一）</td><td>戰略宣傳：「三軍可奪氣，將軍可奪心」、「全國為上」、「不戰而屈人之兵，善之善者也。」</td></tr>
<tr><td>戰術宣傳：「能而示之不能，用而示之不用，近而示之遠，遠而示之近。」</td></tr>
<tr><td rowspan="3">對敵宣傳（二）</td><td>施詐（欺騙）宣傳：謠言宣傳：「誑事于外」。
示形（佯動）宣傳：「形之，敵必從之。」</td></tr>
<tr><td>施威（威懾）宣傳：「信己之私，威加于敵。」</td></tr>
<tr><td>施擾（引誘）宣傳：「必生可虜，忿速可侮，廉潔可辱，愛民可煩。」</td></tr>
<tr><td>對中立者宣傳</td><td>「屈諸侯者以害；役諸侯者以業；趨諸侯者以利。」</td></tr>
</table>

資料來源：展江，1999：61。

吳起是戰國初期楚的宰相，任楚相之前，是魏國將軍，曾對魏文侯和其子武侯，講述兵法，這一問答紀錄，即為《吳子》。此書除料敵、治兵、論將之外，特別重視勵士等對內宣傳。例如他強調治理國家，必先教育臣民，加強上下團結，否則會造成「四不合」：國不合、兵不合、軍不合、戰不合。關紹箕（1989）曾舉吳起為士兵吸膿，士兵的母親不禁失聲痛哭為例，說明吳起塑造「慈善將軍」的意圖，在大庭廣眾前演出「吸膿秀」，這即是十分有效的對內宣傳。

春秋戰國是中國歷史上戰爭最頻繁的時期，根據文獻記載，春秋 300 年間，弒君 36，亡國 52；戰國 250 餘年間，發生大小戰役 220 餘次（轉引自李敬一，2004：235）。李敬一（2004）指出，在這些殘酷的兼併戰爭中，傳播被廣泛應用，對戰爭產生了極其重大的影響：

其一，在戰前，傳播被用作敵我、盟軍之間外交、會晤的渠道。此可以蘇秦、張儀合縱連橫之說為代表，前者遊說六國共抗強秦，後者受秦王之遣，拆散六國聯盟。兩人的傳播活動，很大程度的影響當時的中原局勢。

其二，在戰初，傳播被用於通報戰情、溝通消息的手段，如烽燧示警（張玉法，1993）、傳遽報急等，「周幽王烽火戲諸侯」掌故充分說明了通報軍情的特殊傳播手段被尊重的程度。

其三，在戰中，傳播被用來指揮、管理軍隊，如金、鼓、鈴、旗各皆有法（張玉法，1993）。

其四，在戰後，作為戰爭經驗總結的軍事理論也須傳播來散佈、交流。

宮玉振（1997：317）將中國古代的軍事傳播現象分成兩大類：一是本軍系統內部的軍事傳播，另一是對抗性軍事系統之間的軍事傳播。在各軍事系統內部的軍事傳播，主要透過 3 條途徑進行：(一) 邊境到內地的烽燧系統；(二) 前方與後方的郵驛系統；(三) 戰場上以旗鼓為主的指揮系統。他並指出，從甲骨文上就可以看出，殷商時代便已經有了傳遞軍事訊息的郵驛系統。

「四面楚歌」是中國戰爭史上有關戰爭傳播的著名範例，這是一場心理戰，也是藉著樂器、歌聲傳播的媒介戰。楚漢經過八年血戰後，西元前 202 年 12 月，西楚霸王項羽兵敗抵達垓下，已不能戰，退守營壘。漢軍將項羽團團圍住，密不通風，更可怕的是漢軍吹起楚笛，唱起楚歌，勾起楚人的思鄉情緒。夜半，項羽不能安睡，悲泣的說：「難道漢軍已把楚國全都征服？」

又，成吉思汗的蒙古軍隊曾被西方人視為「黃禍」，他的戰爭傳播技巧，從未為人們忘記。這支人類歷史上超強的部隊，總數不過 23 萬人，卻令敵人聞風喪膽，橫掃歐亞大陸。

蒙軍在戰爭中凶狠殘暴，報復心極強，奉行「不投降，殺無赦」的信條，形成了強大的心理威懾力量，宣傳與恐怖並舉，蒙古人為始作俑者（展江，1999）。蒙軍配有一支「準心理戰部隊」，負責偵察，或以亂砍亂殺恐嚇敵人，同時散布後續部隊更有大批兇殘騎兵的謠言，用以挫傷敵方的民心士氣。然而這支先頭部隊，不過是一個信號而已，後續部隊的殺戮更令人恐怖，因而敵人往往望風而逃或不戰自降。

三、邸報與戰爭傳播的關係

所謂「邸報」是中國古代報紙的統稱，而不是固定的報名。在有些古代文獻中，「邸報」也被稱為「邸鈔」、「閣鈔」、「朝報」、「雜報」、「條報」、「除目」、「狀」、「報狀」或「京報」等（卓南生，1998）。中國的「古代報紙」，是以「邸報」的傳媒形態為主，也就是以傳播朝廷發佈的詔書、法令等官文書為中心內容而發展起來的。

「新聞」這個詞早見於唐朝，唐人曾將從南方收集到的民間傳聞匯集起來，編寫了《南楚新聞》。而且到了宋朝時，封疆大吏向朝廷奏報邊塞軍政要情時，則例常在奏章的封皮上寫明「新聞」（盛沛林，2000：17-19）。

如此看來，「新聞」一詞最早在中國的使用，專用於「邊塞軍政要情」。至於，邸報則自漢代到清代，有兩千年的歷史，是中國古代傳播消息的一種官報，被公認是世界最早、歷史最悠久的報紙，它和當時的「新聞」、「軍政要情」有關嗎？以下有著兩種不一的看法。

陳聖士（1969）認為，邸報最早可能是發生在春秋戰國時候。當時因為戰事頻仍，官道四通八達，各國之間往來方便，且諜報紛繁，新聞不僅為當政者重視，即一般士子與人民亦感興趣。

朱傳譽（1979；1988：49）卻指出，邸報發達以後，政府一方面希望藉以傳達政令，另則又怕洩漏軍國機密，實施事先檢查制度，尤其軍事消息常被封鎖，保密很嚴，官員凡洩漏機密消息的，要受嚴厲處罰，既使諫官也不能打聽。其後宋代衍生了小報的經營，類似今日的民營報紙，可是這是違法行為，政府一再明令禁止。

為維護國家安全，有關軍事機密的處理，古今中外皆然，是不能刊布於新聞媒介的。但以上兩種意見，卻呈現了各自不同的解讀。一是軍事訊息透過媒介來傳遞，另一則是軍事訊息絕不可透過媒介外露。之所以會出現這樣差異，當是因文獻缺乏，不克作系統研究所致。

朱傳譽（1988：19、48）指出，邸報究竟起源於何時，內容、編輯、發行、傳遞情形及其影響為何等問題，一直沒有深入研究，可供參考研究的史料也非常有限。我們的印刷術與製紙是世界文化史上的大發明，理應有助於報業的發展，但是明末大儒顧亭林說以前都是手寫，印刷新聞始於何時，從邸報到京報之間有什麼變化，均有待後人研究。

雖然如此，有關邸報在戰爭傳播上明確具體的作為，缺乏進一步分析，但它仍不失為中國傳統戰爭傳播的重要一頁。畢竟，自漢至遜清末葉，邸報名稱或有更易，卻於每一朝代都見發行，在維持與加強當時龐大帝國官僚機構的統治秩序上，曾扮演著重大的角色。

參、政府在大陸時期的戰爭傳播

1921 年 12 月，第三國際代表馬林與　國父在廣西桂林見面，問起　國父的革命基礎，國父回答：「中國有一個正統的道德，自堯、舜、禹、湯、文、武、周公、至孔子而絕。我的思想，就是繼承這一個正統的道德思想，來發揚光大。」（羅家倫主編，黃季陸、秦孝儀增訂，1985），這是關於「道統說」的一段話。

戴季陶等國民黨學者從這段話中得出結論，認為　國父是儒家的現代正統傳人，而胡適等自由派評論家則對這段話的真實性表示懷疑。余英時（Yü,1989：81）認為　國父不致於自認是儒家的正統傳人，比較接近情理的解釋，應該是回應馬克思主義的革命原則不適合中國國情，是對馬克思主義的一種含蓄、客氣的拒絕，但余英時仍藉此確認　國父對中國傳統文化甚為熟悉。

其實，更值得關心的一個層面，即是　國父與孔子一樣，都想以和平的方式，建立比較理想的秩序。他們倆人的年代相隔兩千餘年，所運用的傳播方式或有很大的不同，但他們的用心是一樣的。本節首先闡述　國父與　蔣公的宣傳思想，其次是黃埔建軍同時建立政戰制度，還有對日抗戰時政府軍民合作無間的戰爭宣傳，希能推敲政府在大陸時期的戰爭傳播狀況。

一、孫蔣兩位革命家的宣傳思想

有關兩位革命家的宣傳思想研究頗多，有的偏向於革命宣傳事業及其影響，如賴光臨（1978、1984）、徐詠平（1979）、戴華山（1980）、馬星野（1982）、王洪鈞（1998）、皇普河旺（1998）、鄭貞銘（1985）；有的闡述他們的宣傳方法，如林大椿（1965）、鄭貞銘（1985）；有的側重對新聞、輿論的重視，如戴華山（1980）、姚朋（1981）、楚崧秋（1985）；有的著重於傳播思想、政策與制度，如劉森偉（1952）、李瞻（1975、1981、1984、1986、1991）、任念祖（1987）等。

「和平、奮鬥、救中國」據說是　國父彌留時的遺言，當時他正與北京政府的軍閥舉行和談。Tai（1989）及 Chen＆Payne（1946）認為，國父雖然在他生命末期，承認軍事武力是政治權力的基礎，但他一生熱心傳播和平與博愛，他能以革命方式建立民主共合國，卻未能以和平勸導實現中國統一。

不待贅言，國父對宣傳非常重視。在他每個革命階段，一再重複強調宣傳的力量，認為「宣傳的效力，大抵比軍隊還大」（孫中山，1989：318）。他一直是口頭宣傳的實踐家，透過談話、演講、集會等方式，以收宣傳與說服之效，這與 3 千年前孔子的「周遊列國」，都類似於傳播理論所謂的「親身傳播」（林大椿，1965；鄭貞銘，1985）。此外，他亦深知宣傳機關的重要，積極於傳播媒介事業的推展，以觸動國人與世界的視聽。

自庚子八國聯軍之後，國父即命陳少白在香港創辦《中國日報》，這是近代中國第一個有主義、有理想的革命報紙。《中國日報》另又出版《中國旬報》，篇後附「鼓吹錄」，以遊戲文字、歌謠譏諷專制，是為我國政論性刊物附有諧文歌曲之濫觴（徐詠平，1970、1979）。

1905 年 10 月，國父在日本東京創辦同盟會，與胡漢民等人創辦機關報——《民報》。《民報》為月刊，發刊詞即　國父親撰，首揭民族民權民生三大主義的旗幟。其發行年號用中國開國紀元 4602 年，以示革命黨不奉清廷正朔，其主要內容則有紀事、論文、時評、演說、譯叢與小說等，而每期篇首圖畫，最富革命意義（同前註）。《民報》所標明六大宗旨，還以中英文刊於該誌最明顯處（戈公振，1964：212）。

從《民報》發刊起，革命黨即與保皇黨進行政論性的大辯論，乃至 1907 年《新民叢報》停刊，從此革命黨勢力壓過保皇黨（賴光臨，1980a、1980b）。此一論戰的戰場遍及海內外各地，在香港有《中國日報》對《嶺海報》及《商報》；在上海有《蘇報》對《中外日報》；在日本有《民報》對《新民叢報》；在新加坡有《中興日報》對《南洋總匯報》；在檀香山有《隆記報》對《新中國報》。

皇普河旺（1998：325）對以上論戰過程有詳細綜整，並評述道：「就推翻滿清的革命目的而言，革命報刊所表現的是一場大無畏的鼓吹運動；就對保皇黨的論戰而言，革命報刊所進行的是一場思想戰爭。」

林大椿（1965）則從「宣傳戰」的角度來探究，他認為　國父的宣傳方法精粹之處有：(一) 正確選擇宣傳的目標群眾，包括會黨、青年知識份子、新軍、外國人士、反革命陣營中稍有新認識的人士；(二) 廣泛的運用宣傳工具，如月份牌上的文字、教堂的講道、集會的宣傳、書報社的擴充、報紙與雜誌的發行、圖書的宣傳、旗號的運用、債券與軍用券的設計、外文報章消息、佈告安民等；(三) 宣傳得法，要「開導」，要「勸人」，要「反覆規勸」；宣傳者要「人格高尚，行為正大」；內容要「感化人」，要有「至誠」，要注意民眾的利益，順人心理，使之自覺；(四) 精於製作宣傳主題，如　國父講三民主義，不知變了多少的宣傳主題，為人所熟悉者，如民有、民治與民享；自由、平等與博愛；民族、民權與民生等。

國父孫中山先生是國民革命的開創者，在他畢生的革命歷程中，運用於軍事武力上者少，憑藉宣傳力量者多。先總統　蔣公為國父革命事業的繼承者，他為革命事業建立軍事的力量，並推展政戰制度於軍隊之中。兩位革命家之間有著師承脈絡關係，在宣傳思想上尤密切相關。但蔣公所處時代的新聞事業已較發達，因而他藉由媒介傳播的做法要多於「親身傳播」。

自民國12至16年東征、北伐至抗戰前，　蔣公曾先後發布「告軍校同學書」、「北伐宣言」、「討吳宣言」、「聲討孫傳芳罪狀」、「告全國民眾書」、「對日抗議書」、「對外宣言」（楚崧秋，1985），及至全面抗戰開始，民國26年8月14日國民政府發表聲明，痛斥日本侵略行為，宣布實施天賦的自衛權；同年8月31日　蔣公對路透社記者發表談話，強調國際間應對日本行動加以干涉，這些均以當時傳播媒介發揮最大的傳播效果。

中國新聞學會在　蔣公逝世後，曾編印《總統　蔣公對新聞事業之訓示》，對其所寄望於新聞記者的想法，歸納4點：（一）善盡普及宣傳之責任；（二）善盡宣揚國策之責任；（三）善盡推進建設之責任；（四）善盡發揚民氣之責任。馬星野（1982）亦指出在抗戰期間，他曾經將　蔣公的思想與訓詞，濃縮為「中國新聞記者信條」，這十二條內容全是根據　蔣公的意思來撰寫的。

我國自清朝中葉起步入內憂外患的局面，雖然　國父推翻帝制，創建民國，開啟國家發展的新契機，但一個國家從傳統型態邁向現代型態的轉化過程，容易遭受系統挫折（systemic frustration），甚於已現代化國家或傳統國家（Feierabend, Feierabend & Nesvold, 1971：570）。類此開發中國家必須面對的問題，又以傳播媒介與國家發展間的關係最受重視，是現代化與社會變遷研究的重要課題之一。

傳播學者施蘭姆（Schramm,1963：38-42）曾指出，傳播媒介在國家發展過程中所能擔負的職責有：（一）傳播媒介能夠喚起人民的國家意識；（二）傳播媒介要能傳達並討論國家的發展計畫；（三）傳播媒介應要協助教育人民必須的生活技能；（四）傳播媒介必須協助貨物的交換與流通；（五）傳播媒介應要協助人民在國家發展過程中擔當新的角色；（六）傳播媒介要能促進人民具有世界觀。

此外，施蘭姆在聯合國教科文組織支持下，費時兩年所撰寫《大眾媒介與國家發展》，更確認大眾媒介能為社會體系做到看守人（the media as watchman）、匯集意見（the media in the decision process）與教師（the media as teachers）等 12 項功能（Schramm, 1964），此書問世即引起戰後新興國家的高度重視。

當時我國一方面要應付帝國主義的侵逼，一方面又要促進政治體系的運作，以及改變經濟貧窮落後的狀態，真可說是百廢待舉，而這一切的根本關鍵即在於人民，因此　國父在革命方略中的「喚起民眾」及　蔣公的宣傳理念，都是許多學者探論戰爭宣傳十分重要的一環。

二、政治作戰制度的建立與發展

國父積 40 年革命經驗，深知國民革命事業之推展，不能單憑革命黨的奮鬥，尤須一支有理想、有目標、有方法的革命武力。這樣的理念在他逝世前，終於因黃埔軍校的創辦而實現。

此一機緣，是 國父採納了　蔣公的建議，於民國 13 年 1 月 24 日，向中國國民黨第一次全國代表大會提出設校建軍案，並以大本營大元帥名義，籌組陸軍軍官學校，特任　蔣公為校長。

軍校第一期入學，課程除「軍訓」外，另設有精神教育、思想教育、軍紀教育、文宣教育等。不僅如此，建軍同時即已確立了國軍的政戰制度，其措施為：建立黨代表及政治部的體制。黨代表是軍中的政治指導人，對國民黨負責；政治部為政治工作的執行機構，下設事務、組織、宣傳等三科，其中宣傳工作在宣傳主義與政策，喚起民眾支持國軍行動，使武力與國民相結合（國防部總政治作戰部，1993）。

從今天的角度看，黨代表制已全然不合時宜，只能視之為當時特殊環境之特殊產物，而且政戰制度演變至今，已為國軍體制中的一環，同為國家所有，已非任何一個政黨所能左右（洪陸訓，1997）。要加以說明的，國軍所建構的政戰制度，尚包含保防、監察等機制，以下僅以戰爭傳播的角度，回顧幾個階段的發展（階段劃分大致根據國防部總政治作戰部，1993）：

（一）東征時期：

乘 國父離粵北上，陳炯明密與北方軍閥及英人勾結謀叛，黃埔校軍以 3 千人首次東征，潰敵 10 萬。校軍之能勢如破竹，以寡擊眾，史家多有論述，如有認為黨代表制對軍隊有安定激勵之效（李守孔，1977），亦有肯認革命宣傳的重要（陳哲三，1982）。民國 14 年 7 月 1 日，國民政府成立於廣州市，設軍事委員會以統一軍事，軍委會下設立政治訓練部，各軍設政治部，由此政工有了最高的領導機構。

（二）北伐時期：

民國 15 年 6 月，國民政府決議北伐，「軍事委員會政治訓練部」改組為「國民革命軍總司令部政治部」，下轄總務、宣傳、黨務三科，並訂頒「政工人員懲戒條例」。蔣公隨即召開首次政工會議，決議「嚴定各級政治部編制」，確定政治部及軍、師政治部組織。政工在北伐後期，又恢復為軍事委員會政治訓練部，並督同各級清除中共份子及其同路人，重整政工陣容。經此改組縮編，黨代表制無形廢止。

此期政工的主要職責在激勵士氣，鼓舞戰志，爭取民心，動員民眾，維護軍紀，監督作戰，以及爭取敵後民心，策動敵後起義，以確保北伐戰役終底於成（國防部總政治作戰部，1993）。

（三）剿共時期：

北伐統一之後，日本藉口「防共」，中共則藉口「抗日」，兩相呼應，陷政府於兩面作戰的困境。蔣公為安內攘外，曾對共軍展開5次圍剿。此期政工先以宣傳工作為主，號召國內團結反共，並揭發中共罪惡暴行。後則遵照 蔣公「三分軍事，七分政治」方針，加強推行民運工作，嚴密保甲組織，安定人民生活（國防部總政治部，1960）。

（四）抗日時期：

為因應全面抗戰，國軍乃重新調整軍事組織，政工亦於民國27年2月併有關機構為軍委會政治部。並於30年7月，調整為五級制。國軍政工在長期對日抗戰中，主要的任務是抗日政工與防共政工（國防部總政治作戰部，1993；吳子俊，1985）。

軍委會政治部成立後，即以所屬文宣機構、藝宣團隊及音訊、電訊等單位全面拓展宣傳工作。在文宣方面，主要建立《掃蕩報》、《陣中日報》、《掃蕩簡報》三大系統（詳參下一單元）。在藝宣方面，民國 27 年創設中國電影製片廠，另設兩個電影放映隊及 10抗敵演劇宣傳隊；28年成立電影放映總隊，增為10個電影放映隊。34年復設45個小型演劇隊及30個輕型電影放映隊。在播音方面，

31 年起陸續設立 6 個對敵播音宣傳隊，34 年成立播音總隊，下設 5 個播音中隊、20 個播音分隊。在電訊方面，為配合宣傳與傳遞情報，成立電訊總隊，下轄兩個大隊、8 個中隊、145 個分隊。這些宣傳隊伍對於提振民心士氣，有其輝煌的一頁（吳子俊，1985）。

（五）戡亂時期：

日本投降後，中共利用「談談打打」策略，終使國共情勢逆轉。在軍事調處期間，蔣公曾嚴拒國軍撤銷政戰制度，但是中共以談判決裂為要脅，美國亦以仿美制為折衝，在此內外交逼情況下，政府遂於民國 35 年 6 月 1 日裁撤軍委會，在行政院下設國防部，其原隸之政治部改為新聞局。改制後的國防部新聞局，其職掌限於發布新聞與報導新聞，幾乎成為純粹的新聞媒體聯繫機構。民國 36 年夏，中共全面叛亂，政府於 37 年 2 月又改組新聞局為政工局，其工作概為政治訓練、文化宣傳、民眾組訓及實施總體戰等（國防部總政治作戰部，1993）。

另政府遷台後，民國 39 年 4 月 1 日，國防部改政工局為政治部，由蔣經國先生擔任主任，同年 5 月 1 日改稱國防部總政治部。民國 52 年 7 月 12 日，基於軍以戰為主與政工的戰鬥特性，國軍政治工作易名為政治作戰，自此政工機構改稱為政戰部門，政工人員稱為政戰幹部，政治作戰亦列為國軍戰鬥兵科的一種（國防部總政治作戰部，1993；方鵬程、游中一、洪怡君，2005）。

三、政府軍民合作無間的戰爭宣傳

對日抗戰是對日本一再侵略行為的最後抵抗與反擊，這一民族生死存亡的關頭，不僅是傳播事業發達的時期，更是中國有史以來戰爭傳播活動最為頻繁、臻於顛峰的時期。此一時期的戰爭宣傳，運用了通訊社、廣播、報章雜誌等傳播媒介，整合了黨、政、軍、民的意志與力量。

（一）通訊社的開拓：

抗戰前，全國的通訊社已有700餘家，大多數不具規模，但抗戰卻將中央通訊社變成一隻「廢墟裡飛出的鳳凰」（曾虛白，1969：19）。

民國13年中國國民黨改組以後，國父在宣傳上的首要之事，即在廣州創辦中央通訊社（程其恆，1944）。北伐時，該社即派出隨軍記者，逐日報導軍事消息。民國21年5月，蕭同茲接任社長，決定社址遷出中央黨部，對外獨立經營，建立全國新聞網的基礎。

自民國26年2月起，中央社陸續收回路透社、哈瓦斯社、合眾社、海通社等在中國新聞發稿權，並簽約平等交換新聞，得使數十年來我國喪失的新聞自主權[4]獲得初步獨立（李瞻，1969）。

---

4 自此之後，除了日本同盟社及蘇聯塔斯社拒絕之外，其他國際通訊社均與中央通訊社簽訂新約。北伐之後，國內統一與和平的最大威脅，來自於共產黨。部分軍閥與共黨不僅相互勾結，並甘為外國勢力侵華工具。當時對中國野心最大的俄、日兩國，或創設在華報紙、雜誌、通訊社等為宣傳機構，或收買中國政客控制的媒體，積極從事不利中國或反政府宣傳。
以日本而言，1914設立的東方通訊社，是以蒐集中國消息及宣傳東亞主義為目的；1936年創設的同盟通訊社，則為該軍國政府的國際宣傳機關（李瞻，1969）。另日本放送協會（NHK）於1935年起從事國際廣播，其主要目標為滿州國、朝鮮與台灣。其他如東京電台、讀賣新聞社及各種日報都是政治宣傳的工具。這些政治宣傳有效的緩和許多佔領區的抗爭，同時早期盟軍對太平洋戰區並不在意，日本的政治宣傳曾得逞一時（Fortner，1993）。

中央社在抗戰時，運用無線電傳播，吸收廣大戰區軍事記者的大量報導，供應自由地區的各報，更重要的任務是將戰火中的中國，以不間斷且實情實況的報導提供給世界各國。尤其當中國戰場成了世界戰場的一部分，中國戰訊更受到了全世界的注意，中國新聞的價值也跟著提高，對爭取國際視聽助益甚大（曾虛白，1969）。

（二）廣播事業的發展：

中國之有廣播事業，應奠基於中國廣播公司的前身中央廣播電台。起初由陳果夫向　蔣公提議，由陳果夫與戴季陶、葉楚傖等人興辦（馬星野，1982；張宗棟，1984）。該台初創於北伐成功後的民國 17 年 8 月 1 日，雖不是我國的第一個電台，但在戡亂與抗戰時期，擔負起無比重要的任務。

中央廣播電台首播至抗戰，其間藉著空中電波，鼓舞全民的力量，淪陷地區的同胞全賴此以通訊息。在這艱苦的歲月，蔣公所發表的重要文告，都是首先經由這電台播出（張宗棟，1984）。

（三）軍報三大系統的宣傳：

軍報是由軍事委員會政治部策劃經營，民國 28 年初陳誠負責時，曾在政治部成立「部報委員會」，策劃建立軍中新聞的工作，主要建樹有：（一）釐立軍報的系統；（二）培養軍中新聞工作幹部；（三）供應戰地報紙的新聞電訊和宣傳指示；（四）審核各軍中報紙，並指導其業務活動。戰時軍報的系統，大致分為《掃蕩報》、《陣中日報》、《掃蕩簡報》等三種（朱傳譽，1969）：

《掃蕩報》是抗戰開始前新聞戰線的生力軍，民國 21 年 6 月創刊於南昌，主要為宣傳剿匪抗日，致力奠定長期抗戰心理基礎。

後擴充為《掃蕩日報》，最初僅發行於軍中，後來成為一般性的報紙，發行網遠及海外及邊區，日銷達 6 萬 7 千份以上（周聖生，1957；陳紀瀅，1977；戴豐，1979）。

《陣中日報》是由戰區司令長官政治部發行的報紙，主要供應所轄戰區軍民閱讀。軍委會初於「八一三事件」後興辦《陣中日報》，分北戰線版和東戰線版，又陸續發展第一、二、四、九戰區版。後來全國分為十個戰區，除了在上饒的第三戰區是用《前線日報》（邢頌文，1979）的名稱外，其他各戰區都有《陣中日報》的出版。

《掃蕩簡報》是最基本的小型戰地報紙，配屬於集團軍總司令部或軍部。這種報紙為了印行方便，全部採油印，只要配備一部油印機、一架收報機與收音機，就可隨軍進退，隨時隨地出報。

（四）黨報的貢獻：

從北伐到抗戰，致力宣揚國策的報紙不勝枚舉，其中應以《中央日報》、《大公報》的貢獻最大。前者是中國國民黨中央宣傳部的直轄黨報，代表政府發言，社論均由黨部社論委員會供應，主筆均是一時好手，初期致力於國際與對付日本的宣傳，後期更兼兩面作戰，駁斥中共的言論。

（五）民營報紙的大無畏：

根據中央宣傳部與內政部的統計，戰前全國報紙共有 1014 家，抗戰一年後，就有 600 多家被摧毀（賴光臨，1978；李炳炎，1986）。沿江一帶的大都市，本是報紙集中地，相繼淪陷後，使中國報業的損失很大。雖是如此，卻有兩個特殊現象發展（朱傳譽，1969；李炳炎，1986）：

其一，報人不畏艱險，在戰亂中勇敢出報：如天津的《大公報》，在天津淪陷前就籌出上海版，天津淪陷後，天津版移漢口；上海失守，上海版移香港；漢口撤退，總社隨政府移重慶；香港淪陷後，又發行桂林版。

其二，小型報紙增加，包括地方報、戰地報與敵後報。以浙江省來說，戰前浙江讀者以閱讀上海與杭州報紙為多，杭州淪陷後，上海報到不了浙江，杭州 28 家報紙都被摧毀，不到兩年時間卻發展了大小 185 家報紙。以北方的山西省來說，原來 11 家報被摧毀後，卻出現了近百家小型報。

（六）民間報人的輿論力量：

《大公報》是一民營報紙，以新聞與言論著稱，其所揭櫫「不黨、不賣、不私、不盲」四項原則，樹立了早期中國獨立報業的典範，曾於 1941 年獲選為美國密蘇里大學新聞學院的最佳外國報紙。

該報總主筆張季鸞夙被譽為中國新聞自由的開拓者，他從民國 15 年開始主持《大公報》筆政，其文字影響力常在關鍵時刻對國家大局產生決定性影響。例如民國 25 年西安事變的社論〈給西安軍界的公開信〉（張季鸞，1979：338-341），使東北將領陷入失敗的命運，以及抗戰軍興時的〈最低調的和戰論〉（張季鸞，1979：456-459），使政府當日立即發表聲明，重申抗戰到底決心，軍事學家蔣百里曾讚之為「大文獻」（賴光臨，1984：140-141）。

在這面對生死存亡的時刻，如何統一言論與加強宣傳，當時各方建議很多。成舍我在其〈「紙彈」亦可殲敵〉一文中就主張，若要動員民眾，必先使報紙深入鄉村，在全國各鄉村創辦地方報紙，編輯管理都由中央指揮（朱傳譽，1969；李炳炎，1986：164）。當時國民政府亦曾鼓勵內遷的報紙疏散鄉村，唯成效不大，只好致力於黨報的發展（據民國 33 年統計，計有省或特別市黨報 41 種，縣市黨報 397 種。詳參朱傳譽，1969）。

張季鸞在民國 28 年 5 月 5 日的香港《大公報》社評〈抗戰與報人〉，更直接明言「我們這班人，本來自由主義色彩很濃厚的。人不隸黨，報不求人，獨立經營，久已成性」，但卻認為這時報紙應只為抗戰建國而宣傳[5]，都須是「嚴格受政府統制的公共宣傳機關」。以下一段，值得在此引用（張季鸞，1979：608）：

> 「本來，任何私人事業，與國家命運不可分，報紙亦然。自從抗戰，證明了離開國家就不能存在，更說不到言論自由。在平時，報紙要爭新聞，這是為著事業，也為著興味。但在這國家危辱關頭，這些問題，全不成問題了。所以本來信仰自由主義的報業，到此時乃根本變更了性質。就是，抗戰以來的內地報紙，僅為著一種任務而存在，而努力，這就是為抗戰建國而宣傳。所以現在的報，已不應是具有自由主義色彩的私人言論機關，而都是嚴格受政府統制的公共宣傳機

---

[5] 在〈抗戰與報人〉之前一年，即 27 年 5 月，張季鸞（1979：671）還曾發表〈贈戰地記者〉，祈祝中央社與各報共同戮力宣傳：（一）凡正式軍報，讓中央社傳播，不必重複，各報記者，則另置於戰局形勢之研究或前線之實地視察；（二）戰時的一切新聞是應當受統制的，何況前線。所以戰地記者應當先自認識發表新聞的性質範圍與程度，使我們全國的宣傳都確實有利於抗戰；（三）在前線工作，甚難了解全局，所以報告工作，毋寧應側重於各個局部戰鬥。我甚希望報上多介紹局部戰鬥的英勇事實，表彰中下級士兵的英勇行為；（四）戰地記者的責任，不止在報告戰況，應兼注意於政治社會一般情況之研究。眼前一大事，就是救護賑濟難民，這必須全國報人一致努力的；（五）戰地記者於服從統制之外，要保持研究批評的精神。

關。國家作戰，必須宣傳，因為宣傳戰是作戰的一部分，而報紙本是向公眾做宣傳的，當然義不容辭的要接受這任務。」

（七）國際宣傳與國際友誼：

在中美攜手抗日、反共時期，主要由蔣夫人為主導的「中國遊說團（China Lobby）」，一直密切對美國政府、國會及媒體進行政治公關、遊說與聯繫工作。蔣夫人以其特殊的語文能力、個人魅力風采，早在抗戰方酣之際，即親赴美國與其政治界及新聞界作直接而廣泛的接觸，她的演說及媒體對她的報導，不僅增進美國人對中國抗日犧牲的了解，同時獲得《時代》、《生活》雜誌創辦人魯斯夫婦（Henery & Clare Luce）等美國各界聞人的珍貴友誼，對抵抗日本侵華、反共作戰、擁護國民政府，以及後來的保台政策，均有其不可泯滅的貢獻。

史婉柏格（W.A.Swanberg）在《魯斯與他的帝國（Luce and His Empire）》這一本傳記中，曾引用魯斯於二次大戰時，在重慶和國民政府的關係做開場白，並大篇幅介紹魯斯在美國主動組織「中國遊說團」的作為（姜敬寬，1993：103）。

美國作家何柏斯坦（D. Halberstam）曾經指出，魯斯手下的三大雜誌，如同三間大皮鞋店，但這三間皮鞋店所賣的鞋子，卻只有一種款式、一種顏色、一種尺寸，那就是反對共產主義，支持蔣介石委員長（轉引自林博文，1994 年 11 月 15 日）。

在抗戰期間，魯斯曾多次往訪中國，親自觀察中國人艱苦奮鬥的情況，回美後以演說、發表文章的方式，大力疾呼輿論界提供援助。從 1931 到 1948 年止，在《時代週刊》上出現的中國「封面人物」，共有 14 次，其中有 9 次是蔣公、蔣夫人（姜敬寬，1993：110；姜敬寬，1997：180-182；趙心樹、沈佩璐譯，1995：91-96）。

肆、國軍現行的傳播政策與做法

從上一節的探討中，可知國軍在大陸時期，主要藉由政工制度從事宣傳及新聞檢查的工作，並未設置有如現行的軍事發言人制度。在與中共軍事調處期間，曾有為時甚短「仿美式」的國防部新聞局的改制，隨即因應戡亂情勢，又改組新聞局為政工局。

政府遷台之初，國軍曾多次對大陸沿海發動突擊，民國 47 年夏，共軍為實現其進犯意圖，爆發了震驚國際的「823 砲戰」（國防部軍務局編，1998）。為發布戰訊及臨時重要性的軍事新聞之需，國防部在民國 44 年設立「國防部新聞室」，而於民國 47 年 8 月共軍犯台之際，改制為「國防部新聞局」，民國 55 年又改編為「軍事發言人室」。

國防部曾於民國 53 年 7 月編印《國防部新聞局業務手冊》，復於 67 年 9 月訂頒《國防新聞工作手冊》。但有關軍事新聞的處理及其機制的變革，則自民國 77 年起，為因應政府的新聞開放與解嚴等政策，而有持續重大的調整。本節即依據此一時代環境的變遷，來探論國軍傳播政策的制定、軍事發言人室的建制與國軍新聞工作編組，以及國軍軍事新聞工作的事項。

一、國軍傳播政策的制定及相關作為

自遷台以來，國軍建軍備戰工作與台灣經驗一同邁進成長，其中國軍新聞部門的制度化，不失為重要建樹之一。其工作重點在於

國軍所發生的或與國軍相關的訊息傳播，雖然這只是政府施政作為的一小部分，但卻必須與所有政府部門及社會體系維持穩定和諧的關係，共同推展符合全體人民與國家利益的作為。

自政府於民國 76 年 7 月宣佈解除台灣地區戒嚴，77 年元月開放報紙登記，並大幅釋出廣電頻道後，國內媒體環境生態丕變，彼此競爭激烈[6]，甚且媒體被視為「社會亂源」[7]之一（方鵬程，2006a）。自此影響所及，軍事新聞報導尺度亦趨開放，以前鮮少見諸媒體的軍中弊案、管理不善、意外傷亡、逃亡、自裁等，遂為媒體挖掘探索的焦點（方鵬程、延英陸、傅文成，2006）。

研究指出，民間媒體在新聞稿中多方查證「其他消息來源」，不以軍事發言人室為「唯一消息來源」（鄒中慧，1997），記者運用模糊消息來源或論點時，通常建構比較不利於國軍的媒體事實（鄒中慧，1998）。李慧（1997）在對《中國時報》、《聯合報》有關國軍新聞報導的研究中，發現兩報在解嚴前扮演被動配合的角色，但在解嚴後則採主動積極採訪策略，不利於軍隊的新聞在比例與數量上均有增加趨勢。

國軍為因應環境變化與工作需求，不斷調整新聞工作觀念與方法，從以下歷次所頒布的實施辦法、作業要點，大略可以看出國軍對於強化軍事新聞工作的轉變，而其與時俱進的作法，亦使國軍軍事新聞工作機制日趨完備（方鵬程，未出版 b）：

---

6 僅以電視的變化情形來看，自開放以來，人口 2 千 3 百萬的台灣，擁有 8 個 24 小時新聞台，若加上 5 家無線電視台及其它綜合頻道，每天晚上的黃金時段，至少有 14 台同時播報新聞，堪稱獨步全球（楊瑪利，2002）。

7 台灣媒體之所以被扣上「社會亂源」的帽子，有來自民間的批判，即使官方的責備也不少見。例如 2002 年教育部出版《媒體素養教育政策白皮書》，就直指媒體為社會亂源之一。

- 強化軍事新聞發布及處理實施作法（民國 77 年 6 月）
- 新聞媒體對國軍不實報導處理原則（民國 79 年 9 月）
- 各軍總部、憲令部、中科院發言人設置規定（民國 80 年 9 月）
- 國防部直屬軍事院校新聞處理作業規定（民國 81 年 8 月）
- 加強國軍新聞處理作業要點（民國 83 年 2 月）
- 國軍軍事新聞發布作業要點（民國 83 年 3 月）
- 國軍軍團級單位設置發言人作法（民國 83 年 10 月）
- 國防部直屬軍醫院新聞處理作業規定乙種（民國 84 年 12 月）
- 國軍軍聞應透過發言人體系正式對外發布（民國 85 年 3 月）

除了以上之外，民國 86 年 5 月 16 日，國防部總政戰部又重新修編《國防新聞工作手冊》為《國軍新聞處理手冊》（國防部軍事發言人室於 95 年 5 月 1 日依據現今國內媒體與社會環境，再修訂為《國軍新聞事件處理手冊》），對於國軍新聞基本概念、新聞處理職掌區分、新聞發布、答詢、連繫、記者參訪、業務協調、輿情處理、召開記者會、新聞處理與運用及新聞安全維護等，均有詳細明白規定。另於 88 年 6 月編印《國軍新聞工作須知》，進一步對發言人職掌、權責、守則，以及重大危安事件反映處理程序等作更明確規範，作為國軍軍事新聞工作人員的準則依據。

以上種種，都可說是國軍與媒體採訪及民意互動磨合之後的產物。國軍所面對的環境，不再是在大陸時期的戰亂社會，而是一個經過穩定建設後的多元社會。國軍與社會的嶄新關係有待更細心的經營，媒體公關遂為國軍對外公共事務的重點工作（方鵬程、徐蕙萍、胡光夏、潘玲娟、蔡貝侖，2005）。

如以《國軍新聞處理手冊》來說，首節開宗明義陳述「軍事新聞的重要性」與「國軍現階段新聞政策」。所謂「軍事新聞的重要性」分為「平時與戰時」,「平時」係「藉由新聞媒體的報導，爭取民眾支持國防施政，進而建立全民國防共識，並協助國軍達成各階段軍事任務」;「戰時」則強調「新聞工作是一項鬥智工作，為攻心的利器。它在戰爭中所能發揮的威力，遠勝於一般有形的武器，原因是它能擊潰並瓦解敵人的戰鬥力，亦能鼓舞自己軍隊的士氣，和全民的敵愾心。任何國家，都視新聞作為，為戰爭中克敵致勝的利器。」至於國軍現階段新聞政策則為：(一) 維護國家安全與國防利益為前提;(二)凝聚全民國防共識與建立軍民良好關係為要求；(三) 務期配合政府政策與國防施政為原則；(四) 達成國軍使命與現階段軍事任務為目標（國防部總政戰部，1997)。

隨著國家建設的進步、政治民主化的推動，國防事務接受民意與媒體的監督，已是常態。在這方面，國防部的具體作為，是以擴大「國防事務透明化」為指標，一方面與政府各部會協調連繫及與民意機關充分溝通（陳依凡，2004)，一方面透過對外政策說明，促使民眾深入了解國防各種施政作為。

「國防事務透明化」的相關作法，包括落實發言人制度、每週定期舉行軍事記者會、每季舉辦軍事記者國防講座、邀請媒體主管與記者參訪、建置「國防部全球資訊網站」。自民國 81 年起，國防部每隔兩年便發表國防報告書一次，向國人與友邦介紹國防政策、努力方向、實施成果。自民國 87 年起，不斷地有國防部處長級以上人員接受廣播、電視媒體訪問及現場叩應。凡此，都充分顯示國防部消除民眾對國防事務疑慮，以及加強軍民溝通的決心。

二、軍事發言人室的建制與國軍新聞工作編組

軍事發言人室是國軍軍事新聞工作的最高單位，而與其他建制的國軍軍事新聞工作單位協調分工，各有權責及執掌，相關情形如下。

（一）軍事發言人室的建制及職掌：

現行國防部軍事發言人室正式成立於民國 44 年 12 月，當時名稱為「國防部新聞室」，新聞室主任為軍事發言人，當時成立的主要目的是「秉承部長及總長之命，發布戰訊及臨時重要軍事新聞，並提供對國軍新聞政策之意見」。47 年 8 月，改制為「國防部新聞局」，55 年又改編為「軍事發言人室」。60 年改隸總政戰部，在此之前，該單位隸屬於參謀本部（楊富義，2001；胡光夏，2001；方鵬程，未出版 b）。

民國 60 年的改隸，是軍事發言人室較大幅度的改變。自此軍事發言人室對內名為「新聞處」，該處主管稱為新聞處長；對外則仍以「軍事發言人室」為名發布新聞，主管名稱為軍事發言人。之所以由原來隸屬於參謀本部，改隸於總政戰部（現已改制為政戰局），主要考量在軍事新聞工作應與國軍文宣專業單位，如軍聞社、青年日報、漢聲電台、新中國出版社等單位結合運用（楊富義，2001；胡光夏，2001）。

到了民國 87 年，國軍「精實案」推動時，軍事發言人室曾受簡併，以任務編組方式執行任務。軍事發言人室的主管職缺被調整到國軍其他單位（如原三軍大學政戰部副主任、陸軍十軍團政戰部副主任），而原新聞處參謀則納入總政戰部文化宣教處，但仍執行

原有任務。後因國防部檢討該發言人室確有存在必要，而於民國89年4月恢復該單位建制，對內與對外均統稱為「軍事發言人室」（楊富義，2001；胡光夏，2001）。

軍事發言人室主要負責業務包含：國軍軍事新聞政策策定、協調、發布、答詢及處理；國內外重要軍事新聞資料蒐集、整理、分析、運用；國內外新聞單位（記者）專案採訪及媒體公共關係的增進；督導軍事新聞通訊社，每週二舉辦例行性軍事記者會，以及每季召開新聞主管會報與辦理年度發言人講習等（國防部總政戰部，1997；楊富義，2001；胡光夏，2001）。

（二）軍事新聞通訊社的職掌：

軍事新聞通訊社（簡稱軍聞社）創設於民國35年7月7日，總社設於南京，並在重慶、蘭州、北平、上海、瀋陽、廣州等地設立分社，38年隨政府遷台（李瞻，1969）。目前該社接受軍事發言人室督導，總社負責有關軍事方面重要政策、文告與戰訊的統一發布及軍中新聞的報導，其分社負責蒐集轄區軍事新聞，供應總社及轄區內各報社軍聞稿件。

（三）各單位發言人的職掌：

為了配合軍事新聞處理的需要，國防部依序於民國80年9月令頒「各軍種總部、憲令部與發言人設置規定」，規定由政戰部督導文宣業務的副主任兼任發言人。81年8月令頒「國防部直屬軍事院校新聞處理作業規定」，規定發言人由各院校政戰部主任兼任，未編制有政戰部主任單位由教育長兼任；83年10月訂頒「國軍軍團級單位設置發言人作法」，要求各軍種總部於軍團級單位設置發言人，由該單位政戰部主任兼任，並指派一員兼任新聞聯繫人。國軍各軍團級以上設置的發言人，除負責單位對外發言外，同時也兼負指導所屬各單位所有新聞工作相關事宜，包括教育所屬熟練面對媒體、依單位權責發言和如何做好新聞處理等（國防部總政戰部，1997；胡光夏，2000；胡光夏，2001）。

（四）各單位新聞業務人員的職掌：

國軍陸、海、空、聯勤、軍管部和憲兵等軍種的新聞處理與業務，由各軍種政戰部第二處（組、科）或新聞專業單位（報社）主管；專設新聞官的單位由新聞官負責承辦，未設新聞官的單位由負責文宣業務政戰官兼辦。

（五）國軍各單位新聞發布的權責：

經過以上的建制，國軍除了國防部設置軍事發言人室外，目前國軍各軍團級以上單位都已設置發言人，明訂執掌與權責，負責單位新聞發布與聯繫工作，凡事涉各單位之新聞發布，均應透過各單位發言人體系，統一對外發布、說明，或經由各單位權責長官核可之人員，始能代表對外發言。其權責的劃分如下（方鵬程，未出版 b）：

・除軍事機密以外的國防事務，國軍各有關單位均有責任與義務，向媒體與社會大眾說明，以作明確交代。

・國軍各項政策之宣佈、重大軍事措施新聞，以及處理、協調、聯繫兩個軍種以上的新聞發布等事宜，屬軍事發言人室的權責。

・事涉重大或兩個軍種以上的新聞事件應呈報國防部核定後辦理。

・涉及單一軍種職權的新聞事件，由各軍種自行處理。

・凡是正面、有助國軍形象的新聞，各級（含軍團以下單位每位官、員、生、兵）不待請示，皆可主動提供媒體報導、運用。

・總統、副總統、行政院長等巡視國軍部隊的新聞發布，應分別協調總統府公共事務室、行政院新聞局發布。

・部長、總長巡視部隊的新聞稿，由軍聞社記者隨行採訪，撰稿奉核後發布。

三、國軍軍事新聞工作的主要事項

《國軍新聞處理手冊》明訂：「凡國軍所發生，或與國軍相關的訊息，包括所有國防政策、軍事活動與敵軍動態等，適合或已由新聞傳播媒體報導、刊載、錄製，成為新聞者，謂之軍事新聞。」而在軍事新聞的分類，又分為一般新聞（如國家慶典、光榮隊史、參觀訪問等）、重要新聞（如國防政策、重要施政措施、突發性新聞、敏感性新聞等）與特種新聞（指戰時新聞、敵軍動態等）三大類（國防部總政戰部，1997），唯就工作事項而言，主要有以下九項（方鵬程，未出版 b）：

・掌握輿情動態，衡量民意：軍事發言人室編印「每日新聞摘要」乃例行性工作（各總部比照辦理），每日剪輯重要國內、外軍事新聞與中共軍隊動態資料。

・主動新聞發布，建立有效傳播：國軍軍事新聞發布主要的著眼有三，其一是說明國防重大施政措施、活動，以及中共軍隊動態，滿足民眾知的需求；其二是對於外界不實或污衊的報導，立即解釋或澄清；其三是促進國人對於國家安全與國防施政之認知，建構全民國防共識。

・新聞處理與運用：通常政府想運用新聞力量，最有效而常使用的是設立新聞室或公共關係室，堂而皇之散播有利消息給新聞界，或如「洪水之氾濫（inundation）」，提供大量資訊供新聞界採用，名之為新聞運用[8]（news management）（吳恕，1992）。國軍明訂有「新聞處理與運用」工作，和以上界定並不相同，主要是為維護國軍形象，減低負面傷害所採行的必要措施。

・新聞聯繫與記者邀訪：「新聞聯繫」是一種主動作為，主要為宣揚優良軍風，以及避免新聞報導危害國防利益、國軍安全。其主要的作為有四：通知採訪、加強報導、請勿報導或淡化新聞、解釋或澄清。「記者邀訪」分計畫性邀請與臨機性邀請兩種，主要在於邀請媒體記者參訪國軍部隊、重大國防施政作為等措施。

・熱誠服務並滿足媒體需求：國軍軍事新聞工作人員與媒體溝通交往，力求熱誠服務建立誠信，而非討好或拉攏。各單位新聞處理也不以新聞發布為滿足，尚需視新聞事件輕重，主動召開記者會、安排參訪活動等，俾滿足各類媒體的需求。

・召開記者會或新聞背景說明會及答詢：這是最正式的一種新聞發布方式，各級國防部官員藉此宣布有關國防施政作為，並接受記者的詢問。另「軍事新聞背景簡報」、「新聞背景說明」，前者只答覆與主題有關的詢問，後者是非正式的新聞簡報。

---

[8] 所謂新聞運用（news management）是指政府與民間各企業團體等，運用新聞傳播界，以大量提供資訊給媒介採用，達到宣傳目的的做法。美國在1920、30年代，政府部門的新聞室與公共關係室大量擴張，當時反對羅斯福總統的人士，即曾大肆抨擊美國政府在宣傳方面過於積極投入。新聞運用的事實，雖然早已存在，但這一名詞卻在紐約時報前總編輯、專欄作家雷斯頓（J. Reston）於1955年在美國國會的政府資訊委員會的一項聽證會中提出來的（吳恕，1992：18-26）。

・新聞安全維護：一般軍事新聞發布務必迅速主動，內容力求真實詳盡，但若涉國家安全事項者，寧於事前妥採防範措施，先求在不違背軍機安全前提下，一方面爭取輿論支持，另方面避免予敵任何有利資訊，保障國家利益。

・新聞業務協調：此係國軍內部作為，主要在加強新聞主管單位與各聯參單位新聞業務的協調工作，明確區分原則，以收事權統一。對於國軍重要計畫、政策、措施、演習及各項活動，凡有公開宣導必要者，業管部門必須於計畫擬定之初，主動考慮將新聞宣導（發布或邀訪）事項，與新聞主管單位保持聯繫，隨時提供資料，配合發揮新聞宣導功能。

・與其他政府部門業務聯繫與配合：凡軍事新聞涉及國際宣傳或外籍記者時，由軍事發言人室與行政院新聞局有關單位協調或會同處理；軍事新聞涉及外交問題時，由軍事發言人協調外交部發言人處理。

伍、結語

本章以中國傳統的戰爭傳播思想、國民政府在大陸時期的戰爭傳播，以及國軍現行的傳播政策與作法作等為重點，藉以了解我國戰爭傳播的理念與實踐，希能彌補長期以來在此方面研究「重西輕中」的遺憾。在本章結束前，謹做以下整理，作為結語。

第一，雖然史上的成吉思汗蒙古鐵騎橫曾經掃歐亞大陸，被稱之為「黃禍」，但在中國傳統思想中，和平思想原是十分豐富的。儒、道、墨三家對戰爭均持否定態度；儒家講仁，然而孔子言仁，卻不忘「足兵」，墨子由兼愛，進而「非攻」。此一和平觀對後代有著一定影響力，如孫、蔣兩位革命家均是中國傳統思想信仰者，亦是和平擁護者，但本文限於篇幅而未對歷代影響做探討。

第二，中國傳統具有濃厚的「民本思想」(即「天道觀念」)，君主若不能順從民意，甚至殘民以逞，便是有違天命，人民即享有革命的權利。這是治亂之道、是否起而革命或和戰之間的重要依據。

第三，中國的兵學理論，如《孫子》、《吳子》等均不乏呼應現代戰爭傳播概念的立論，其應用在中國歷史上戰爭最頻繁的春秋戰國時期，無論戰陣中本軍系統內部的軍事傳播，或對抗性軍事系統之間的軍事傳播，都可略窺梗概。

第四，「新聞」一詞最早在中國的使用，乃專用於「邊塞軍政要情」，此間又與自漢代到清代存在兩千餘年的邸報可能有著長期密切關係。

第五，　國父與孔子一樣，都想以和平的方式，建立比較理想的秩序。他們倆人的年代相隔兩千餘年，所能運用的媒介亦有很大不同，但用心是一樣的。在　國父革命歷程裡，非常重視宣傳，亦以興辦媒介用來啟迪民智為重要手段，更與孔子一樣重視「親身傳播」，屢屢透過談話、演講、集會等方式，以收宣傳與說服之效；蔣公所處時代的新聞事業已較發達，因而他藉由媒介傳播的力量多於親身傳播。

第六，自民國 13 年建軍以來，國軍有關戰爭傳播的任務主要由政戰制度肩負職責，黃埔軍校創建伊始，就已確定政戰制度。政戰制度初始，建立黨代表制及政治部的體制，而且係為平亂、禦侮所設，經過各個時期演變，如今已成為國軍體制中的一環，非任何一個政黨所能左右。對日抗戰 8 年，是民族生死存亡的關頭，此一時期的戰爭傳播，我國運用包括通訊社、廣播、報章雜誌等等傳播媒介，整合了黨、政、軍、民所有的意志與力量，並以蔣夫人為首對美國政府、國會及媒體進行政治公關、遊說與聯繫，共織一部全民抗戰斐業。

第七，在大陸時期的國軍，主要藉由政戰制度從事宣傳及新聞檢查的工作，國民政府遷台後則順應時代變遷多所變革，尤其是解除戒嚴之後建立現行日趨完善的軍事發言人制度。其中重要建樹包括國軍新聞政策的制定、軍事發言人室的建制、國軍新聞工作編組，以及確立國軍軍事新聞工作的事項等。

本章試圖從戰爭傳播的思想、理念及其實踐等層面，為戰爭傳播在我國的發展情形作一回溯性的整理，此乃屬初探性嘗試，疏漏在所難免。但如前幾章的探討，西方戰爭傳播史已是學術研究的一個重要領域，但國內呈現相對匱乏現象，實值同道多投心力，俾望日後有較為可觀收穫。

第七章　軍隊公共關係
：美國與台灣的經驗

壹、前言

在第四章中，已對公共關係略作介紹，它與宣導活動是有區別的。公共關係是組織一項有計劃的行事，是一種長期耕耘的工作，它不是專謀組織利益，更重要的是使組織本身和大眾都互蒙其利；它不是單向的訊息流動，也重視受眾的回饋；它不是組織管理層級的附屬，亦不是其發佈訊息的工具，而是組織管理中的一環，負責管理對內、對外的評估、協調與溝通，並執行行動（與溝通）計畫，從中不斷的拓展並維持與各方面的善意關係（方鵬程，2004）。

美國公關先驅 Ivy Lee 與柏耐斯（E.Bernays）是公共關係發展史上的知名前輩，前者確立公關為一門專業，後者則致力於公關教育（孫秀蕙，2000b）。柏耐斯在 1923 年為世人寫下的第一本公關書籍《輿論的具體實踐（Crystallizing Public Opinion）》中明言（Bernays, 1961：12）：「公共關係的 3 個構成要素，與我們生活的社會有著相同而久遠的歷史，那就是：告知（informing）、說服（persuading）及整合（integrating）。」

隨著社會變遷日益加速擴大，公共關係所牽涉的領域愈廣，各方對其所持見解與主張隨之亦不盡相同，包括美國公共關係協會（PRSA）在內的各個國際性公共關係組織，都有各自採用的定義。綜合他們的看法，其中有一些關鍵用字是共通的，包括刻意的

（deliberate）、規劃的（planned）、表現（performance）、大眾利益（public interest）、雙向溝通（two-way communication）和管理功能（management function）（Wilcox, Ault＆Agee, 1998：6-8）。

公共關係是在為組織從事「開疆闢土」的工作。一個組織的「疆域」，並非只是「工作場所」內而已，所有外部（external）與內部（internal）的大眾和員工，都是開拓的對象，以獲得更廣泛的支持與互動。Wilcox,Ault＆Agee（1998：8）將公共關係當作能夠導致某種結果的一系列活動、改變與功能的過程（as a process），Gruning＆Hunt（1984：9）視公共關係為溝通內外的拓展邊界角色（boundary role），其意均在於此。

公共關係源遠流長，又經過近一個世紀的發展，已然為一日趨完備的學門。雖然其意涵仍難免言人人殊，但在軍隊公共關係實務領域上，美軍所實施內部資訊、社區關係、媒體關係的 3 大面向，已為世界的領導典型。相對於美軍，國軍並未採取此一制度，而是在政戰制度下推動類似工作，兩者之間具備某種程度的比較基礎。

本章除前言、第二節追溯人類公共關係的歷史之外，續則分論美軍及國軍公共關係的做法，最後予以比較分析，並做出結論。但為求分析的深入層次，在分論美軍及國軍公共關係時，均以公共關係（公共事務）的傳統、社會基礎及做法（又分內部資訊、社區關係、媒體關係）等 3 部份進行。必須先做說明的，美軍採用的名稱為「公共事務」，國軍則暫賦予「公共關係」之名。

貳、公共關係的歷史

Straubhaar&LaRose（1997）曾列舉了 6 個人類公共關係發展的重要里程碑：（一）西元前 49 年，凱撒（J.Caesar）提升自己為羅馬的帝王；（二）西元 1792 年，法國成立宣傳活動部門；（三）1897 年，「公共關係」一詞正式出現；（四）1900 年，美國第一家民間宣傳公司成立；（五）1923 年，《輿論的具體實踐》問世；（六）1954 年，美國公共關係協會（PRSA）制定道德法規。

除了上述 6 項之外，若能加上 1914 年，Ivy Lee 發布「聲明原則」，以及世界一些主要軍事國家在國際上的公關作為，例如 1914 年英國成立戰爭宣傳局（War Propaganda Bureau）、1934 年英國設立英國文化委員會（The British Council）等，當更能透視（軍隊）公共關係的歷史脈動（參閱表 7-1），並符合本章的研究目的。

表 7-1：公共關係的重要里程碑

49b.c.	凱撒（J.Caesar）提升自己為羅馬帝國的帝王。
1792	法國成立宣傳活動部門「Bureau d'Esprit」。
1897	「公共關係」一詞正式出現。
1900	美國第一家民間宣傳公司成立。
1914	Ivy Lee 發布「聲明原則」。英國成立戰爭宣傳局。
1923	柏耐斯的《輿論的具體實踐》問世。
1934	英國設立了英國文化委員會。
1954	美國公共關係協會（PRSA）制定有關公共關係的道德法規。

資料來源：整理自 Straubhaar&LaRose（1997：391）等。

一、原始的公關活動

在古代的以色列，聖經及各種宗教作品是塑造民眾心靈最有力的方法。

隨著希臘版圖的不斷拓展，文字也發展成社會整合的力量之一，尤其在雅典的市集或圓形劇場，逐漸形成公眾論述的中心地區，雄辯因而蓬勃發展，開啟今日遊說的先河（Seitel, 1992）。

在古代羅馬，公關的力量可由這些諺語或用語看出，例如「vox populi, vox Dei（人民的聲音就是上帝的聲音）」及「res publicae（公共事務）」，它們所代表的含意就是「共和政體（republic）」（Straubhaar&LaRose, 1997：390）。

凱撒每次出征前，即是出版品、儀式與活動的活躍時期。西元前49年，在橫渡義大利北部盧比肯河（Rubicon）時，有關他統治高盧（Gaul）時各種豐功偉績的報導業已大量傳播。大多數的歷史學者認為，凱撒不僅是能爭善戰的英雄，而且其贏得民眾認同的心思與手法，都是十分出色的公共關係宣傳佳作（同前註；李道平等，2000）。凱撒在公關作為上的另一項重大創舉，就是下令創辦《每日紀聞（Acta Diurna）》，這個在塗有石膏的木板上，刻寫新聞訊息，張貼於公共場所的「板報」，是西方公認的第一個報紙，亦是政府透過公辦媒體以宣揚政績的先鋒。

在第五章探論西方戰爭傳播的歷史演進中，曾回溯紀元前2千至4千多年前的圖像傳播，這些帝國或帝王動用不計其數的金錢與民力，所興建的公共建築、雕塑及詩文、音樂、戲劇等，正是現代公共關係思想與活動的雛型。這些公共造產或創作，不只在區分奴隸、平民與祭司、貴族及統治者之間的身分差別，最終目的則是形成潛移默化的宣傳作用。

二、美國公關的興起

Wilcox 等人（1998：25）指出，現代世界公共關係功能的演進，歷經新聞代理（press agentry）、公開宣傳（publicity[1]）及顧問諮詢（counseling）3 個階段，這正是美國公關的發展狀況。

新聞代理即「從事宣傳（hyping）」，不過這裡所謂的宣傳是指早期受雇為戲院、產品或藝人促銷，以提供廣告及新聞稿給媒體的人與行為。孫秀蕙（2000b）認為這就是運用誇大、聳動的語言與數字，利用公眾好奇心及窺人隱私的慾望，以促銷某位人物與產品。

公開宣傳（publicity）與本章有著極大關聯，它涵蓋政府與民間的作為，亦即美國政府與民間公司一樣，都擅長且自得於「自我推銷」，祇不過演進至今換成不同的名稱而已（此部分留待下節論述）。

顧問諮詢即是提供大企業服務，協助建立公司形象及應對危機。這是順應美國資本主義發展自然而然衍生的新行業，Ivy Lee 與柏耐斯乃箇中代表人物。

19 世紀的後 20 年及 20 世紀初，鐵路等公用事業迅速擴展，使得美國趨於強盛，資本主義規模逐漸凌駕全球。但從中滋生勞資糾紛問題亦層出不窮，各大型企業公司因應之餘，除了練就宣傳本

---

[1] 英文中的公開宣傳（publicity）與宣傳（propaganda）二字的字義是有所區別的，前者是指訊息的發布與處理，後者則是指操縱訊息以說服民眾。但中文中並沒有適當的用詞以資區別。唐棣（1996）將 publicity 譯為「文宣」，本書則譯為「公開宣傳」。

領，亦聘請專業顧問提供諮詢服務。此時正是公共關係事業蓬勃發展的時期，確立了公關的顧問諮詢地位與功能。

值得記述的是美國西屋公司，首先雇用專職人員撰寫參考新聞稿，1889 年成立號稱全美企業的第一個宣傳部。另美國鐵路公會（Association of American Railroads）則宣稱他們是第一個使用「公共關係」一詞的組織，該名詞於 1897 年時已出現在他們的《鐵路文獻年鑑（Year Book of Railway Literature）》之中。

到了 1900 年，原以個人型態存在的報導或宣傳人員，已演變為專家組合的顧問公司，第一家民營宣傳公司「宣傳局（The Publicity Bureau）」在波斯頓成立，哈佛學院為其著名的客戶（Wilcox, Ault &Agee, 1998）。在 1906 年時，因為全國的鐵路公司聘請該公司從事國會遊說，而使該公司聲名大噪，此後大部分鐵路公司都成立自己的公關部門。

Ivy Lee 與柏耐斯兩人均曾在為大企業提供宣傳與諮詢服務中大顯身手（詳參孫秀蕙，2000b），Ivy Lee 無疑是美國第一位公關專業顧問，柏耐斯則於 1923 年出版《輿論的具體實踐》，引起廣泛注意，紐約大學因此邀請他講學，開授了美國第一門公共關係課程，其後又進入美國的戰時部門工作。

當 1914 年煤礦罷工事件時，Ivy Lee 受雇於洛克菲勒（John D.Rockfeller, Jr.），此一事件即是知名「魯德洛大屠殺（Ludlow Massacre）」，經他勸說洛克菲勒出面慰問受害曠工家屬而有效化解。早於此一事件的 1906 年，他為一家無煙媒公司服務時，曾發布了一份所謂的「原則聲明（Declaration of Principles）」，揭示了「在與公眾交涉時秉持公開、正確與誠實」的觀念（Wilcox, Ault &Agee, 1998：33），許多文獻均肯定此一聲明的歷史地位，無異將 19 世紀的新聞代理，轉變成 20 世紀的公共關係事業（Wilcox, Ault & Agee, 1998；Dominick, 1999；李道平等，2000）。

三、二次大戰後至今的國家宣傳

法國革命時期，革命份子所從事的戰時活動，是最早重視國際宣傳的例子，世界上第一個宣傳活動機構，亦是法國大革命期間的產物。1792 年，法國國民會議（National Assembly）成立第一個宣傳活動部門「Bureau d'Esprit」，隸屬於內政部之下，該局不但提供補助給媒體的編輯記者，同時派遣許多官員分赴全國各地，以聯繫並爭取社會大眾對法國大革命的支持，這應是現代國家正式設置宣傳機構之始（李茂政，1985；Straubhaar&LaRose, 1997）。

英國不像其他歐洲內陸國家採徵兵制，如要動員組織軍隊，須付出更大的政治力量，這使得她的宣傳經驗常居領先地位。一次大戰時，英國在 1914 年成立戰爭宣傳局（War Propaganda Bureau），經過不斷的焠煉，該機構變成結合對內提振民心士氣，對外針對敵軍及其人民心理作戰的機器。

1917 年美國宣戰後，即於一週內成立公共資訊委員會（Committee on Public Information，簡稱 CPI）。該委員會是總統威爾遜（Woodrow Wilson）為了動員民眾參戰，並鼓勵購買戰爭債券所成立的，他任命當時頗富聲望的記者克里爾（George Creel）擔任該委員會主席。柏奈斯（E.Bernays）與對公關理論基礎甚有貢獻的李普曼（W.Lippmann），當時都曾任職該委員會的外交服務分部，兩人在大戰結束後還陪同威爾遜總統出席巴黎和會，協助起草著名的 14 點和平計畫（Hiebert, 1991）。

二次大戰時，英國於 1934 年，為對抗德國納粹的宣傳機器，設立了英國文化委員會（The British Council）。美國政府沿襲 CPI 的經驗，成立了戰時新聞局（Office of War Information，簡稱 OWI）負責國內外宣傳。該局在《紐約時報》名報人戴維斯（E.Davis）擔任局長時，奠立日後美國新聞總署（US Information Agency）的基礎，代表美國向全世界發言。

二次大戰後，全世界進入了一個新紀元，代之而起的是國際新聞的傳播活動。此時美國的主要目標在對抗共產黨宣傳、平衡國際共黨的歪曲報導，提供美國政府的正確形象及為美國作公共關係等（李茂政，1985），1950 及 60 年代期間，相繼有《美國之音（The Voice of America）》、《自由之音（Radio Liberty）》、《自由歐洲之音（Radio Free Europe）》[2]的設立與運用。蘇聯著名的國際宣傳工具則有《塔斯社（TASS）》、《新聞通訊社（Novosti）》、《真理報（Pravda）》、《消息報（Izvestia）》、《和平及進步電台（Radio Peace and Progress）》、《蘇聯輿論之聲（Voice of Soviet Public Opinion）》，但蘇聯否認它與後兩個電台的關係，只承認《莫斯科電台（Radio Moscow）》是官方電台。

如今世界上各主要國家仍維繫國際宣傳不遺餘力，但均已脫掉宣傳的外衣。英國主要由英國文化委員會、英國廣播公司（BBC）、中央新聞局（Central Office of Information ）負責推動（李茂政，1985），文化委員會分支機構遍及全球，經費雖由國庫負擔，但號稱是民間獨立單位「對外關係委員會（Committee for Relations with

---

[2] 《自由之音》、《自由歐洲之音》都由中央情報局供給資金，前者使用俄語等 15 種語言向俄國廣播，後者則以保加利亞語、捷克語、匈牙利語、波蘭語及羅馬尼亞語廣播（李茂政，1985；李瞻，1992）。

Other Countries）」所辦，與政府的中央新聞局不相統屬（陸以正，2005 年 7 月 25 日）。

OWI 後演變為美國新聞總署，於 1997 年併入國務院，特設一位主管公共外交與公共事務的副國務卿（Undersecretary of State for Public Diplomacy and Public Affairs）統籌一切，下轄《美國之音》與遍布全球的 200 餘個美新處（同前註）。

中共在教育部下設立「國家對外漢語教學領導小組」，簡稱「漢辦」，自 2004 年在北京召開「孔子學院建設工作會議」之後，動用其北京語言大學、北京大學等著名學院，在全世界擬設立 100 所「孔子學院」（同前註）。法國類似的機構叫作「法語聯盟（L'Alliance Français）」，在全世界大部分國家都有設置，尤其非洲使用法語各國，其聲勢尤為浩大。

德國因受二次大戰之累，只得以 18 世紀文豪的名字，在國外遍設「哥德學院（Goethe Institute）」。日本於 1989 年成立國際交流基金會日本語國際中心（花建，2006：393-395）。

參、美軍的公共事務

美國建國至今只有 200 餘年的歷史，但是不論從政府、軍隊或民間的各種角度看，處處充滿著公關的機能與活力，而且在相關名詞的使用上，亦顯得特別的「多元」。

Wilcox 等人（1988：11）指出，即使「公共關係（Public Relations）」一詞已為全球通用，從 1990 年開始，美國企業界卻有採用「企業傳播（Corporate Communications）」一詞的趨勢。美國的政府、社會服務機構、大學等較常採用「公共資訊（Public Information）」；

美國國防部則一直採用「公共事務（Public Affairs）」一詞。Newsom &Scott（1981）認為美軍公共事務與民間企業的公共關係有不同的定義，前者是從軍事新聞發展而來，但其功能更為擴大。軍事新聞原指公開宣傳（publicity），但公共事務的功能則包括對內與對外的公共關係。

本節分為美軍公共事務的傳統、美軍公共事務的社會基礎及美軍公共事務三大面向進行討論，雖然美軍採用「公共事務」的名稱，而行公共關係之實，其工作的本質大致與民間公司無異，其中原因會於本節交代清楚。

一、美軍公共事務的傳統

如果將「美軍」與「軍事新聞」排比並列，則後者先於前者，因為獨立戰爭的革命報刊，即兼扮鼓吹自由民主思想與軍事新聞報導角色（方鵬程，2005b）。1775 年 4 月，美國獨立戰爭的列克星敦與康考特戰役（Battle of Lexington and Concord）是北美移民首次以武力付諸行動，從那時起就運用 3 日刊、週刊型式的報紙計 37 份報導戰況。4 月戰役之後，華盛頓被任命為總司令，次年 7 月 4 日，美利堅合眾國宣佈成立。

如果將「美國」、「美軍」與「公共關係」來作比較，也是後者先於前兩者。美國開國元勳中有許多都是「公關高手」，均曾廣泛運用報紙、宣傳小冊與公關事件，激勵民心士氣。美國革命先賢華盛頓（G. Washington）、亞當斯（S. Adams）、富蘭克林（B. Franklin）及傑佛遜（T. Jefferson）等人，不只將他們對於自由民主的信仰，傳播給殖民地的人民，更因為具備善於宣傳的優越能力，共同戮力灌輸堅定的民主信念，發揮了巨大影響力。

以上兩種情形，均與上節所提到的公開宣傳（publicity）密切相關。Straubhaar &LaRose（1997：391）認為，這有助於美國成一個史無前例熱忱追求公共關係，以及一個民主政治與自由企業互利共存的國度。在他們的看法中，在反抗英格蘭及建國的過程中，美國造就了許多的公共關係專家，他們精於以雄辯（口語及文字）及媒體宣傳等方式，爭取國人對他們的認同。

迄今仍為美國人引以為豪的，1787 至 1788 年之間，漢彌爾頓（A. Hamilton）、麥迪遜（J. Madison）等人寫給報社刊載的文字，如今已成為「聯邦文件（Federalist Papers）」，對美國憲法有著不可磨滅的貢獻，獨立宣言（The Declaration of Independence）、美國憲法（The Constitution）及人權法案（The Bill of Rights），都可被視為公共關係的經典名作（同前註）。

二、美軍公共事務的社會基礎

第一次世界大戰後長達 10 年之久的時間，美國人及知識份子對於他們支持戰爭的作為，有一場深刻的反省，其中包括《紐約世界報（New York World）》社論主筆李普曼出版《輿論（Public Opinion）》及其與哲學家杜威（J. Dewey）關於新聞資訊與民主政治之間關聯性的辯論。

他們之所以進行這樣的反省行動，乃是省悟到「公共關係」的威力，也是由於痛惡身為學者，曾任普林斯頓大學校長的威爾遜總統，竟然縱容此一支援戰爭的宣傳活動（林添貴譯，1998）。

美軍是伴隨 publicity 而生的，或者應說，美軍是在 publicity 的環境成長茁壯的。後來的政府機構與軍隊改採「公共資訊或公共事務」，則應溯自美國眾議員吉列（F. H. Gillett）於 1913 年對預算案所提出的 Gillett 修正（Cutlip, Center & Broom, 1994）。

當時國會議員所擔心的，是美國政府是否會對民眾進行不當的宣傳（propaganda），因而以法案規定所有政府機構，除非得到國會授權，否則不得將經費運用於宣傳人員的維持費上。該法案在 1972 年再一次獲得國會的確認，正式被納入 Public Law 92-351 第 608 節第 a 項當中，明文禁止美國政府部門，運用公款從事「支持或反對國會法案的宣傳活動」（王文方、邱啟展，2000）。

由於該法案的內容指涉當時政府機構的做法，賦予公共關係負面意義，於是政府機構立即著手研究，如何以其它名稱取代公共關係，並能發揮維繫政府與國會間良好關係的功能，公共事務與公共資訊等名詞遂於 1970 年代應運而生（唐棣，1996）

美國國防部明訂美軍公共事務活動的唯一目的，在於使民眾更便於獲得資訊，任何企圖動搖或引導民意的「宣傳（propaganda）」與「公開宣傳（publicity）」作為，都不在美軍公共事務活動之列[3]。

然而，從美軍公共事務活動的展現，以及研究結果（王文方、邱啟展，2000）顯現，美軍公共事務活動的主要目標，不僅是「告知」民眾，維護其「知的權利」，同時更在於傳達美軍觀點，與爭取民眾支持，進而為大眾所接受，支持美軍的行動。換言之，美軍的公共事務就是軍隊宣傳活動的一部份，未曾脫離公開宣傳（publicity）及宣傳（propaganda）的本質。

---

3 美國國防部準則 DOD Directive 5122.5,Assistant Secretary of Defense（Public Affairs）.March,29,1996.

之所以如此，實有待我們從多元社會的背景稍作了解。美國是一個由多元種族、宗教、地理環境等複雜因素組成的國家，其社會多元性為政治結構提供了共同競爭的沃土。因而，與其視美國的任何政治機構（包括國防部）為政府機構，不如將它看成是與民間利益團體相似或差別不大的組織。如此一來，民間所習以為常的公關行為，為政府機構學習倣用，就不足為奇了。

值得再加以追溯的，是後來成為美國第四位總統麥迪遜的多元社會憲政史觀。他為避免政府專制獨裁，危害人民的自由和安全，提出了所謂「制度的多元主義（institutional pluralism）」即在平行面經由行政、立法、司法三部門的分權形成制衡；在垂直面則透過「聯邦主義（federalism）」規劃中央權限並賦予地方未明示列舉的權限。

更重要的，麥迪遜又提出所謂「社會多元主義（social pluralism）」，他預測工業化勢將為美國帶來各種不同及微小的個人利益及社會利益，例如地主的利益、製造者的利益、工人的利益、商人的利益、銀行家的利益，以及許許多多其他較小團體的利益，以致於政治派系的增多與分歧，是多元社會所無法避免的，唯有擴大共和國領域以容納眾多異質性的社會團體（heterogeneous social groups），方可降低多數暴虐（majority tyranny）形成的可能性，這是屬於非制度面的社會制衡，這種多元社會易於被中立的政府所疏導支配，而形成政治安定的基石（劉世忠，1992a、1992b）。

著名的法國學者托克維爾（Tocqueville, 1995）在《美國的民主》中一些敏銳的觀察，他列舉維繫美國民主共和的因素。除了憲政結構外，尚包括社會與經濟條件公平、農業經濟繁盛，以及美國人的民情習俗和宗教信仰，而且在美國這個國家，政治有其自主性，不必完全依附在經濟之上，透過政黨和各種不同社會團體，依照民主的政治程序，政府可以將種種社會利益匯集起來作合理的分配。在托氏的眼裡，美國社會能有樂觀遠景乃基於一個事實：高度民主的憲法是由社會中許多其它的層面來維持、支撐。

國內政治學者呂亞力（1992）亦指出，美國的政治文化與存在於許多別國的另一種政治文化有所區分，最好稱她是議價的政治文化（bargaining political culture），而其他國家則是傳道的政治文化（preaching or proselytizing political culture）。議價的政治文化將政治過程當作是一種競爭的過程，每個集團都有權利在「政治市場」上爭取利益，競爭只是為了眼前的實際利益，而集團間的結盟與妥協遂成為政治的日課。

三、美軍公共事務的三大面向

美國從建國次年起，陸軍當局就向國會提出報告。到了美西戰爭時更運用媒體的新聞報導，直接向美國國民報告陸軍工作，當時記者還建議美國陸軍部，每日在陸軍部門前張貼戰訊公報，便於記者做軍事新聞採訪，此可視為美軍從事公共事務的開端。自 1904 年起，美軍陸軍部參謀官正式向報紙記者發出第一份新聞稿，第一次世界大戰前新聞發布已是陸軍部的公共關係作為（梁在平、崔寶瑛譯，1967：428）。

美軍公共事務室是美國國防部所屬單位之一，由主管公共事務的助理部長主持，負責社區活動、新聞發布、新聞聯繫與每週兩次招待記者（李瞻、賴秀峰編譯，1985：136；李瞻，1992：21）。美軍在戰區、軍團、師旅或海空軍等單位，均設有公共事務部門，成員包括公共事務軍官（public affairs officer）、公共事務士官

（non-commissioned officer）、專業人員（specialist）、文職人員（civilian）等 4 種職務的人員（洪陸訓等，2001：19-21）。

美軍公共事務官及其幕僚協助指揮官處理官兵及民眾所需的資訊，主要工作項目有以下 3 項：（一）內部資訊（command information / internal information），提供給現役官兵、國民兵及後備官兵、文職人員、眷屬、退役官兵最新的資訊；（二）社區關係（community relations），與駐地附近民眾及社區領袖的直接接觸；（三）媒體關係（media relations / public information），透過媒體向外界發布軍方消息（唐棣，1994；洪陸訓等，2001：52-71）。

（一）美軍的內部資訊：

美軍內部資訊主要是透過印刷媒體（軍報、雜誌、小冊子、傳單）、電子媒體（廣播、錄影帶）、電腦網路、面對面的口語傳播及靜態展示（海報、公佈欄、電子看板）等途徑，提供給現役官兵、國民兵及後備官兵、文職人員、眷屬、退役官兵最新的資訊。

這些資訊內容無所不包，包括國防部的功能、美軍與民眾之間的關係、美國在世界各地的利益、美國利益的界定、保護美國利益的做法、單位本身的任務與設施、個人在軍中扮演的角色、單位現階段的活動、當前發生的重要事件。在戰場上，則使士兵認清敵情，明白自己處境，以及如何協助完成上級交付的任務（唐棣，1994）。

此一機制係針對美軍內部成員及家屬的需求而設置，旨在於維持美軍強大的戰力與士氣，達成以下 4 項目的[4]：1.提升國防部執行嚇阻戰爭的能力；2.強化士兵對國家的使命感及對國防部的認識；

[4] 美國陸軍準則 AR360-81,Command Information Program.Oct.,20,1989.

3.告知美軍內部成員一切實話；4.獲得內部成員對國防任務及方案，以及對以國家為優先等方面的了解與支持。

（二）美軍的社區關係：

美軍社區關係的推動，就是藉著平日與民眾接觸、溝通的方式，進行敦親睦鄰的工作，進而爭取民意的支持，維護軍隊良好形象。增進社區關係是駐地指揮官的職責之一，公共事務官必須協助達成以下要求[5]：1.促進民眾對軍方使命及國防政策、計畫的瞭解；2.激發青年人的愛國意識；3.鞏固各類群眾的良好關係；4.維繫美軍為社區認同的好鄰居，普受社會敬重的優秀團體；5.協助國防部招募青年男女。

目前美軍社區關係的工作方式主要有兩種（唐棣，1994；胡光夏，2005a）：一是主動式或預防式社區關係，另一是被動式或補救式的社區關係。前者是以詳盡的事前計畫，持續性的工作推展，直接而密切的人際接觸，加強與社區面對面、雙向交流的溝通，建立雙方相互信任，並成為社區認同的一份子。後者是當駐地部隊與社區民眾發生緊張關係、衝突或意外事件等的事後彌補方式，主要在化解、協調解決因民眾的誤解或衝突，所造成的雙方緊張或不良關係。

大致而言，長期且有計畫的推行主動式社區關係，可以減少被動式社區關係的使用機會，而且亦可增加補救式方式應對時的成功機率。因而，美軍的社區關係實以主動式社區關係為基礎，所推動的項目繁多（唐棣，1994）：開放參觀營區、邀請社區意見領袖參

5 美國陸軍準則 FM46-1,Public Affairs Operations.May,30,1997.

訪、組織巡迴演講小組、協助民間處理重大災害事件（助民救災、救難、醫療等）、協助軍中表演團體演出申請、開放軍中藝術活動、派遣部隊參與社區民間活動、辦理青少年文教育樂營等。

（三）美軍的媒體關係：

有太多面向或角度，可以切入了解美國這個國家與軍隊，戰爭毋寧是其中重要選項之一。美國是在戰爭中誕生，也在戰爭中成長茁壯的國家[6]，在美軍陸軍準則 FM46-1 中，明言美軍的基本任務在於止戰，除非敵人能充分了解美軍的裝備精良、訓練有素，並且已有充分準備，足以保衛美國國家利益，否則不能防杜戰爭的發生。換句話說，美國或美軍認為必須先讓敵人或潛在敵人充分暴露在美軍非常強大，不敢任意侵犯的資訊環境中，戰爭才得以避免（Cutlip,Center&Broom, 1994：486；唐棣，1994）。

因而，美軍媒體關係的原則，是以儘量協助及滿足媒體採訪軍事新聞為主。其主要的作法分為新聞發佈及記者答詢兩種，新聞發佈的方式可分為新聞稿件、錄影帶、電話聯繫及面對面接觸等 4 種；面對面接觸的方式又有訪談、記者會與新聞簡報、公共事務官聯繫媒體逕行新聞發佈及邀請媒體採訪等（唐棣，1994）。

---

[6] 自建國以來歷經大小無數戰役，幾乎舉世無與倫比，包括美墨戰爭（1845-1848 年）、美西戰爭（1980 年代晚期）、南北內戰（1861-1865 年）、第一次世界大戰、第二次世界大戰、韓戰（1950-1953 年）、豬玀灣事件（1961 年）、美蘇古巴危機（1962 年）、越戰（1963-1973 年）、伊朗人質事件（1979-1980 年）、格瑞那達事件（1983 年）、巴拿馬軍事行動（1989 年）、第一次波斯灣戰爭（1990-1991 年）、9・11 事件之後的阿富汗戰爭（2001 年）與第二次波斯灣戰爭（2003 年）等。

在遇有重大事件或軍事行動時，則由公共事務人員或預設的媒體中心（News Media Center）即時對外發布新聞、召開記者會、答詢記者查詢、護送記者至新聞事件現場採訪等（胡光夏，2000）。

雖然在歷次戰爭中，美軍與媒體的互動關係經不斷的檢討與修正，但在越戰的失敗，則是其對媒體關係的重要轉捩點。此後一方面積極檢討與重整其公共事務的工作，並尋求在戰爭時與媒體相處的模式。

越戰之後，美軍所採取強化公共事務功能的做法，是一種徹底的再造。包括選派公共事務官員至民間公關公司學習，提升接受媒體採訪開放程度，增加曾受演說訓練的高階軍官到各地舉辦演講，延攬專人在報紙上為軍方立場撰稿，積極參加社區活動，改善軍中內部溝通系統，以及加強公共事務人員的教育訓練等等。（唐棣，1996：170；胡光夏，2002：115）

有關越戰及其後各個軍事戰爭中美軍公共關係的檢討很多，而關於新興媒體的運用，則是比較聚焦的重要因素之一。新興媒體是時代與科技的產物，以前的無線電視，目前正蓬勃發展的電子網路與有線電視都是。越戰是第一個透過電視媒體報導的戰爭，許多血腥殺戮實況或美國子弟在戰場犧牲的畫面，經由電視媒介，直達每個美國家庭，對美國人而言，這個域外戰爭幾乎等於是在客廳進行。日後的格瑞那達事件（1983 年）、1991 年波斯灣戰爭及 9・11 事件後的阿富汗戰爭（2001 年）、2003 年波斯灣戰爭等，美軍則對新聞處理均採程度不一的管制作為。

肆、國軍的公共關係

長期以來，國軍和社會各界與民眾維持著良好的互動，但國軍的公共關係，常被認為比較偏向媒體關係（崔寶瑛，1966：135；胡光夏，2000：13）；李瞻（1992）在 10 餘年前所作政府公共關係的研究中，對於國軍的公共關係，亦僅列國防部軍事發言人室而已；唐棣（1996）亦指出國軍目前係以「發言人制度」作為國軍公共關係功能代表。

如此一來，似乎國軍對媒體關係的重視，已予外界重於其它相關工作推展的感覺。其實國軍公共關係的推展，未曾以「公共關係」或「公共事務」為名，亦未曾建立類似美軍公共事務的專責制度，主要仍由政戰制度擔負起公共關係的相關工作與職能。

第六章已指出，國軍自建軍起即確立政戰制度，雖在二次大戰後國共軍事調處期間，國軍曾有仿美制的短暫體制，由軍委會的政治部改為國防部新聞局，其職掌在於發佈新聞與報導新聞，幾為純粹的新聞媒體聯繫機構。但民國 36 年夏，中共全面叛亂，政府於民國 37 年 2 月又改為政戰制度，延續至今。

一、國軍公共關係的傳統

王洪鈞曾引用日本學者水田在其著書《公共關係：說服大眾的方法》的說法，來討論我國公共關係的傳統。水田這麼說：「中國人是最瞭解公共關係的。他們的古訓，修身、齊家、治國、平天下，是由內而外，由己及人的。這正是公共關係的道理。」（轉引自王洪鈞，1975：2）王洪鈞認為他的觀察還不週全，只是表面、局部的，卻提醒日人的研究，值得吾人注意。

王洪鈞（1975，1999）另指出了 3 項因素：（一）民本思想：民國締造以前，我國雖無民主政治制度，但卻具有極進步的民本思想。而民本思想正是現代民主政治的前導，也是現代公共關係的基本哲學，這些思想存在於先秦儒老莊墨諸家；（二）民意制度：只有民本思想，還不足以代表我國的民主傳統，歷代皆有的民意制度，用以溝通上下，容納四方，形成言路，使治者能博採眾議，而民意也能上達；（三）倫理道德：就民本思想與民意制度而言，比較偏重於政府與人民的關係，至於一般社會人群關係，則有賴倫理為出發點的道德規範以資維繫。

近百餘年來，是西方公共關係蓬勃發展的時期，而我國則因清朝國勢中落，致使國家整體建設遲滯不前。但王洪鈞（1975）則強調我國亦曾創造兩次溝通民意、動員民力，以保護社會利益的成功實例。其一為 國父以思想領導，以演講及文字宣傳，而觸發的革命運動，此實不讓美國獨立運動先賢專美於前（並參第六章第三節）。其二為先總統　蔣公領導對日抗戰，其對國民精神總動員也有很大的貢獻，類如「國家至上，民族至上」、「抗戰第一，勝利第一」，乃至「焦土抗戰」等口號對民心士氣的影響，又何亞於法國大革命的「不自由，毋寧死」。

在我國新聞事業史上，經國先生亦是一位務實的參與者與實踐者。尤其在對日抗戰期間，無論印刷器材、紙張、油墨都在極度困乏的狀態之下，他仍在贛南為三民主義青年團創辦了《青年日報》，又為贛南民眾創辦了一份《正氣日報》。這兩份報紙，無論在編排或內容的水準，與大後方其他的報紙相較，均不稍遜（林大椿，1981：10）。來台後，他創辦了《青年戰士報》，亦即現今《青年日報》的前身，而政治作戰學校（現為國防大學政治作戰學院）新聞系的創設則是他關注國軍新聞工作，以期培育源源不斷人才的務本工作。

政府遷台之後，痛感過去新聞宣傳的失敗，即於民國 40 年政工幹校（政治作戰學校前身）成立時，創設新聞組（現為新聞系，並設有新聞研究所[7]），從頭訓練新聞青年人才。當時經國先生特別支持軍中的新聞教育工作，創設新聞組也是他的重要指示。基本上，經國先生與　國父及　蔣公的思想是一脈相承的，其有關的主要理念有六：（一）認清時代使命，堅持國家目標；（二）喚起民眾，結合民眾；（三）重視雙向溝通，肩負橋樑責任；（四）運用現代傳播方法，以事實爭取民心；（五）肩負社會教育責任，鼓舞青年朋友；（六）宣傳戰作先鋒，化苦難為勝利（詳參方鵬程、游中一、洪怡君，2005）。

二、國軍公共關係的發展背景

與美國由民間及建國先賢共促公共關係發展情形有所不同的，我國早期公共關係是一頁頁的「政府公共關係史」，係由政府由上而下式的倡導，首先在政府機構及公營事業單位施行，至解嚴、開放報禁之後才於民間展開公關的潛能。

抗戰勝利後，行政院旋即設立新聞局，辦理新聞發布、輿論搜求及國際宣傳工作，各省市亦設立新聞處。其時大陸情勢惡化，政

---

[7] 政治作戰學校新聞系於民國 40 年創校時成立，起初名稱為新聞組，第一任組主任為《台灣新生報》謝然之社長兼任，不僅為軍事新聞教育立基，同時亦是台灣新聞教育的初始，而後謝然之先生又再創設政治大學新聞系、文化大學新聞系（謝然之，1982；方鵬程等，2005）。

府公共關係無從發揮功效，但此可視為我國政府公共關係之先導（王洪鈞，1975，1999；李瞻，1992）。

政府遷台以後，民國 42 年 3 月在行政院檢討會議第 13 次會議中，曾決議「各機關公共關係的建立，至為重要，各部會應指定專人擔任新聞工作，隨時與政府發言人辦公室密切聯繫，以發揮宣傳效果」，王洪鈞（1975）認為此項決議經由行政院通令各級政府機關實行，是為政府宣佈建立公共關係制度的開始。

民國 42 年 5 月，交通部在賀衷寒部長倡導下，在所轄郵政、電信、航空、水運、鐵路、公路、港務及氣象等部門，設立公共關係單位，隨後經濟部在台糖、台電與中國石油等事業單位，亦設立公共關係組織（李瞻，1992）。

民國 44 年 12 月，國防部軍事發言人室正式成立，當時名為「國防部新聞室」，主要任務是「秉承部長及總長之命，發布戰訊及臨時重要軍事新聞，並提供對國軍新聞政策之意見」。民國 47 年 8 月，改制為「國防部新聞局」。民國 55 年，改編為「軍事發言人室」，並於民國 60 年改隸總政戰部（現為政治作戰局）（楊富義，2001：41）。其後，因受國會監督，國防部設有「國會連絡室」，各軍種設有「國會連絡組」負責立法院公共關係（陳依凡，2004）。

民國 47 年 4 月，行政院又正式頒布「各級行政機關及公營事業推進公共關係方案」，一時之間蔚為風氣，唯自民國 61 年開始政府為精簡機構，將各級機關的公共關係室併入秘書室。63 年 5 月，行政院長蔣經國先生通令實施「行政機關推行四大公開實施綱領」，此雖無公共關係之名，但在基本精神上充分顯示了現代政府公共關係的神髓（王洪鈞，1975）。

民國 68 年 11 月，行政院頒布「行政院各部會處局署建立發言人制度方案」，71 年 7 月再頒布「行政院各部會加強新聞發佈暨聯繫作業要點」，以上兩項行政命令，是當前政府公共關係工作的重要依據。而總統府則於民國 84 年成立公共事務室，開啟以「公共事務（Public Affairs）」為名的政府公共關係運作方式。

李瞻（1992）曾於民國 79 年 10 月至 80 年 2 月間，進行政府 119 個單位有關公關業務的調查研究，顯示中央政府的 11 個一級單位，計有新聞局、內政部、外交部、國防部、經濟部、財政部 6 個單位有正式編制，總統府、行政院、教育部、交通部、法務部 5 個單位為任務編組。其中以行政院新聞局的 73 人最多，其次是國防部軍事發言人室的 18 人。

如前所言，我國雖有公共關係的優良傳統，但公共關係的普遍發展，則是民國 70 年代後期才有的事情。此一名詞首度在我國出現，為民國 40 年湯元吉主編的台肥叢書中（張在山，1978：4），學界的研究甚至認為解嚴之前，「僅有國營事業及外商公司設有公共關係部門」（臧國仁，1989：26）。

形成台灣特殊公共關係發展型態的原因主要有 3（張在山，1997）：（一）政府來台後檢討大陸失敗原因，並訪查美國推行公共關係的成果，主動加以仿效；（二）當時一些留美返國政府官員大力倡導；（三）台灣在經濟起飛前，重工業大都為國營企業所擁有，民間僅有中小型企業，員工與社區關係較為和諧，再加上消費者意識、環保意識尚未興起，公共關係遂為私人企業所忽略。

民國 70 年代，楊國樞和林毓生曾有過一場關於台灣社會是否多元化的筆仗（楊國樞，1982、1991；林毓生，1990），前者持肯定立場，後者並不否認台灣已有一部分多元化現象，但只可以說是一個轉型期的社會（尚未進展到真正的自由與民主的多元社會）。然不論若何，一般認為蔣故總統經國先生於民國 76 年 7 月宣告解除在台灣實施長達 40 年之久的戒嚴，是台灣地區社會變遷愈趨多元、異質的重要指標（朱雲漢，1997 年 7 月 14 日）。

蔡松齡（1999：97-98）肯定解嚴與報禁開放，對台灣企業生態環境的影響，並促進台灣公關事業快速成長。他指出，愈開放的社會，愈能突顯專業公關的重要性，相反的，在比較落後的社會，公關就不如特權運作來得有效。

台灣公共關係開始蓬勃成長，大約在民國 70 年代後期，主要係因台灣社會環境發生了重大轉變，學者分析這些因素包括（臧國仁，1989）：（一）黨禁開放，民主化的程度提高；（二）政治的革新，帶動整體社會文化的調整；（三）社會運動與日俱增，消費者意識覺醒；（四）民眾環保意識抬頭；（五）報禁開放，媒體需稿量大增，提供公關發展的最佳契機；（六）企業因應整體社會環境變遷，逐漸體認企業經營與社會責任的關聯性。

三、國軍公共關係的主要做法

自遷台以來，國軍在公共關係的做法上，雖無「公共關係」之名，卻有相關的任務與職責，實際工作主要由政戰幹部在部隊中執行，廣泛的涵蓋在政訓、文宣、軍聞與民事工作中（胡光夏，2000）。

政府遷台後，台灣地區僅在初期與中共紅軍有明顯的武力衝突，卻時時處在備戰或戰爭威脅中，而美國長期以來，雖無明顯的戰爭威脅，卻常常舉兵作戰，這對國軍或美軍在軍隊公共關係的影響，有著不一樣的際遇。台灣在民國 47 年「八二三」台海戰役時，為軍方與媒體互動最為密切時期（習賢德，1996），直至 76 年解嚴，面對民意與媒體的監督；美軍公共事務主要是在戰爭洗禮下，尤其經歷越戰失敗慘痛教訓後，從公開宣傳（publicity）重新出發，再納入一般民間公共關係的理念與做法。

為因應台澎防衛作戰需求，政戰體制積極邁向結構性調整，國防部前總政治作戰局局長胡鎮埔公開表示，未來政戰戰力的建構，對外將著重於「心理作戰」、「文宣作為」及「為民服務」；對內則以強化「心理輔導」、「心戰訓練」、「軍事新聞處理」及「官兵精神戰力蓄養」為主（邱志強，2005 年 6 月 9 日）。

以下為了便於分析比較，仍從公共關係的取向，來探論國軍的作為。但因無「公共關係」之名、未備公共關係的機制，除了內部資訊的做法與美軍接近外，其它方面則呈現不少的差異情形。

（一）國軍的內部資訊：

谷玲玲（1999）在國軍發言人講習會的演講中強調，內部成員關係（內部公關）的溝通方式與管道區分為兩種：「面對面人際溝通」，如會議、簡報、在職訓練，以及「間接溝通」，如宣傳手冊、錄影帶、錄音帶、告示、內部刊物、內部公告的電話新聞專線、電子郵件、鼓勵內部成員提出改革方案等。

經過幾十年下來的建置，國軍在內部資訊的溝通上，不論人際溝通或間接溝通，已有良好的發展。柳瑞仁的研究（2002）顯示國軍的人際溝通，除一般例行的命令下達、會議、簡報、研討會外，平日官兵相處，雖因主官體卹程度或主動結構等因素，而有差異，但維持正式組織運作的下行溝通、上行溝通、平行與斜行溝通都已具備。

在間接溝通方式方面，國軍部隊擁有為數不少的「溝通園地」，如眾所熟知的電視莒光日教學（參閱徐蕙萍等，2004）、各軍種發行的平面媒體，以及現存唯一的「公營媒體」——《青年日報》，還有發行《奮鬥》、《吾愛吾家》、《勝利之光》等刊物，主要在提供訊息與言論、身心或家庭輔導、傳播軍情科技等資訊。

國軍另有十分特殊的「連隊書箱」，用以凝聚全軍心靈意志。該制度起源於民國 55 年，當時擔任國防部長的故總統經國先生曾指出，「為適應官兵教育程度的普遍提高，應於基層連隊設置書箱，編印各種文宣書籍，藉供全軍官兵閱讀，以強化官兵政治認識，堅定官兵中心思想。」於是國防部列入國軍年度工作計畫，歷經數十年成長至今（邱志強，2004 年 12 月 21 日）。

為維護官兵權益，促進部隊團結進步，國軍部隊設有外界所沒有的內部申訴管道。國防部於民國 87 年修頒「國軍官兵申訴處理實施規定」，普設「0800」免費申訴電話，各級幹部必須秉持「有問必答，答必中肯，有信必覆，覆必週延」，以及「依法行政」原則，誠心誠意地解決問題，有效消除潛存危安因素（國防部國防報告書編纂委員會，2002）。

（二）國軍的社區關係：

國軍對此相關工作，並無美軍公共事務單位的編制，但歷年來所發起的「軍愛民」和「民敬軍」等活動，即是含有濃厚社區公共關係的活動（崔寶瑛，1966；胡光夏，2000）。然而，進一步加以檢視，其實國軍所從事的作為，比較偏向一般性的軍民聯誼、廣義的為民服務，和公共關係所指涉的社區內涵是有相當區別的（方鵬程，2004）。

以最近四次出版的《國防報告書》來看，民國 89 年版載有「主動為民服務」章節（2000：253-256），民國 91 年版載有「為民服務」章節（2002：335-343），民國 93 年版分列「社會服務」、「軍民聯繫」章節（2004：279-298），民國 95 年版則明列「國防結合社會民生」（2006：169-184）。綜合以上四個版本所透露的內容，僅有營區開放、軍民聯誼、軍民服務工作會報及助民救災救難等方式，和社區公共關係稍具關係，且大抵以廣義的為「民」服務居多，並非與駐區附近「居民」長期的互助互動。

即以軍民聯誼而言，民國 93 年版（2004：296）記載主要辦理營區設施參觀、訓練成果展示、餐茶會聯誼，邀請官兵家屬、親友、地方人士及首長、役政機關代表、海外僑胞等參與，顯然國軍並未建立以社區關係為主的運作方式，社區公關所應重視的目標對象的民眾、青少年、意見領袖等，亦非國軍營區日常的重點工作。

軍隊社區關係更重要的本質與目標，在於增進人際溝通與了解，使兩者的期望與能力相互結合。軍隊對社區可盡甚麼責任，如何了解社區的想法、願景，是加強社區關係的第一步（方鵬程，2004），此即美軍在推動社區關係所採取組織巡迴演講方式、派遣部隊參與民間活動、辦理青少年育樂營等，以保持駐軍與社區民眾親身接觸等做法的精神所在。

（三）國軍的媒體關係：

關於國軍媒體關係的相關政策制定與作為，已於第六章詳述，在此要探論的是它的實際運作與功能。

很明顯的，台灣地區解嚴是國軍媒體關係運作的重要分水嶺，在此之前，有利的軍中訊息被用於經營國軍媒體關係，不利於軍隊的訊息卻不易為外界得知；在此之後，所有軍中的作為與任何事件，皆需接受民意及媒體的檢驗。這可從國軍自民國 77 年 6 月起數次調整新聞工作觀念與方法，頒布一系列新的實施辦法、作業要點等略知梗概（詳參第六章）。

學者研究亦指出：「多年來，台閩地區在戒嚴體制之下，新聞傳媒多數時候均居於被動的配合邀訪，或統一刊播有利軍方形象的消息（如表揚莒光連隊、助民收割等），在國家機密與建軍戰備特殊形勢之下，軍事新聞在新聞報導中的比重一直不高。台灣解嚴八年來，除了軍事採購漸受民意機關監督外，軍中自裁、叛逃、犯上、凌虐新兵、貪瀆、服勤因公殉職等消息，亦備受各方矚目，使得軍事新聞的結構性問題終能以常態的學術命題，加以探究」（習賢德，1996：126）。

國防施政動見觀瞻，且國防軍事事務基於國家安全的考量，必須採取相關保密作為，然而媒體為滿足民眾知的權利，時常竭力挖掘各種新聞，軍隊與媒體之間難免存在某種差距乃至衝突。在一項研究上即顯示（楊富義，2001：82），部分媒體軍事記者認為，軍事發言人室只作到單向新聞發佈一些政令宣導的新聞，仍不能達到雙向交流的溝通。

在此尚需作一些釐清的，國軍的公共關係或如前總政戰局局長胡鎮埔所指出的「文宣作為」，是否具有美國國人所較忌諱的「宣傳（propaganda）」與「公開宣傳（publicity）」等的質素存在？其實，當前此一疑慮，與中共未能放棄武力攻台，且積極建構「三戰」策略密切相關（邱志強，2005 年 6 月 9 日），值得進一步就後續發展觀察（並參第九章）。

在胡鎮埔於民國 94 年 6 月 8 日邀敘軍事記者，提出未來政戰戰力著重於心理作戰、文宣作為之前，渠已於 94 年 4 月 14 日對外宣佈「軍種發言人提升為中將」，並自願兼任國防部發言人（吳明杰，2005 年 4 月 15 日；楊繼宇，2005 年 4 月 15 日）。唯無論就國內軍事記者對軍事發言人的角色認知，抑或國軍軍事新聞處理機制此雙方面來判讀，會造成公共關係在「宣傳」上的疑慮，仍是不足的。

在楊富義的研究中（2001：84），國內軍事記者認為軍事發言人的角色有以下 6 種：1.窗口：媒體與軍方聯繫的管道；2.行銷者：對國軍具有形象包裝的功能，可以塑建國軍形象；3.消息來源：提供軍事新聞素材；4.告知者：將軍方重大政策、措施、績效，透過媒體告訴民眾；5.橋樑：媒體與軍方溝通意見與媒體反映意見的管道；6.訊息整合者：整合不同軍種的新聞政策及作為。

民國 93 年版《國防報告書》（國防部國防報告書編纂委員會，2004：295）曾提出新聞聯繫策進方向有 4：1.落實形象行銷理念；2.發揮新聞統合機制；3.提升新聞處理效率；4.強化媒體服務聯繫。其在「落實形象行銷理念」項上，亦只是訴求以形象行銷的觀念和創新求變、活潑生動的公關技巧，擺脫保守與被動的束縛，精進新聞作為而已。

伍、比較與結語

本章做了一個新的嘗試，從公共關係（公共事務）的傳統、社會基礎及做法等 3 部份，來檢視美軍與國軍的作為。這樣研究的預設，不在於國力、軍隊規模的大小，而是考量軍隊公共關係的實施，有其特殊的歷史背景與社會基礎等因素存在。

從前面的探討中，可知美軍與國軍同樣擁有優良的公關傳統。美國在公共關係的開拓與成長，有其得天獨厚的條件，一方面現代的公共關係起於西方國家，另方面美國的獨立運動與建國皆與公共關係密不可分，美國人民及其建國先賢共同開闢公共關係的沃土。國軍原亦具備優良的公關傳統，其在辛亥革命與對日抗戰的宣傳作為上，相對於先進國家的成就，不惶多讓。

其次，在社會基礎上，美軍與國軍面對著截然不同的社會環境。美國社會的多元性為其政治結構提供了共同競爭、議價的政治文化，與其視美國國防部、美軍為政府機構之一部分，不如將它看成是與民間利益集團相似的組織，民間所習以為常的公關行為，為政府機構學習倣用，甚至國會以立法方式規定，除非得到國會授權，否則不得將經費運用於宣傳人員的維持費上，美軍依然另以公共事務為名，普設公共事務部門。

美國由民間企業、利益團體及政府部門共促公共關係發展，我國早期公共關係則是一頁頁的「政府公共關係史」，係由政府由上而下式的倡導，首先在政府機構及公營事業單位施行，而終於解嚴、開放報禁，才於民間爆發公關的潛能。自此之後，國軍在面對民意與媒體監督的新環境下，從新調整軍事新聞相關做法，展現了媒體關係的新面貌。

再從公共關係的做法上來看，兩者呈現頗大差異，除內部資訊較為接近外，社區關係、媒體關係則甚至是「小同大異」的情形。畢竟，國軍自建軍之日起，即確立並實行政戰制度至今，國軍雖無公共關係之名，而實以政戰幹部執行公共關係的職責與功能，而美軍則是伴隨 publicity 而生，而且是在 publicity 的環境成長茁壯的。兩種制度各有不同的建置與運作方式，其表現自然各有差別。

美軍內部資訊主要是透過印刷媒體、電子媒體、電腦網路、面對面的口語傳播及靜態展示等途徑，提供給現役官兵、國民兵及後備官兵、文職人員、眷屬、退役官兵最新的資訊。國軍的相關做法均已具備，毫不遜色，尤其電視莒光日教學、連隊書箱等，更有過人之處。

美軍社區關係的推動，就是藉著平日與駐軍地區的民眾保持密切的接觸、溝通，進行敦親睦鄰的工作，以成為社區內的一份子，其主動式（或稱預防式社區關係）及被動式（或稱補救式的社區關係）均有助於社區關係的深耕與發展。歷年來國軍所從事的「軍愛民」和「民敬軍」等活動，雖是含有濃厚社區公共關係的活動，但比較偏向一般性的軍民聯誼、廣義的為民服務，和公共關係所指涉的社區內涵是有相當區別的。

美軍媒體關係的原則，是以儘量協助及滿足媒體採訪軍事新聞為主。觀其新聞發佈及記者答詢的一些做法，不僅是「告知」民眾，維護其「知的權利」，同時更在於傳達美軍觀點，主動爭取民眾行動的支持。國軍自台灣地區解嚴以來，已不斷精進媒體關係的作為，但在雙向溝通、形象塑建等的觀念與創新求變，有待持續努力，以擺脫過去予人保守與被動的束縛。本書一再強調，軍事的戰場與心理的戰場同時並存，尤其面對中共不放棄武力的威脅及「三戰」策略，類如美軍在不妨礙國家安全的資訊暴露以達止戰的機制與做法，或有其參考的價值。

與公共關係有關的其它層面仍有很多，譬如企業識別（CIS）、促銷、行銷、整合行銷、廣告、公益活動贊助、遊說等等皆是，但限於研究篇幅，本章並未觸及，而只將重心擺在最重要的部分——「內部公關」、「社區公關」、「媒體公關」，同時因為研究方法的限制，亦未能以實證方法取得最新經驗資料，這是缺憾之處。

另本章因採公共關係取向的研究，所進行的檢視情形，自難避免以美國為圭臬的偏頗，而和國軍以政戰體制為軸的公共關係現況有所出入。這並非意指國軍在相關工作上有任何疏失之處，乃是基於國軍現代化、法制化的發展，以及面對當前社會變遷與媒體生態的趨勢，期以必須與時俱進，進而創造出主動優勢的作為。

第八章　2003 年波斯灣戰爭的媒體操控與框架競爭：美伊兩國的媒體戰

壹、不同以往的媒體戰

自新聞學發展成為大學教育的正式學門迄今，傳統新聞學研究者在新聞工作與新聞教育領域的籲求，不論鼓吹新聞成為一種專業，或傳承新聞工作倫理，幾近乎宗教式的迷信崇拜，另亦由於在世界各地的新聞教育擴張、傳播科技發展、媒體事業發達種種因素，一種如 Schlesinger 所謂的「媒體中心（media-centrism）」心態業已落地生根（臧國仁，1999）。

這種心態所投射反映出的現象，即以為新聞媒體不但應是社會第四權，有權亦有責監督政府作為，反映民眾心聲，而且不受任何的干擾，能以獨立自主、客觀真實反映社會真實。以電視為例，表面上來看來，它就好像透明玻璃一樣，為閱聽大眾提供了一個「世界窗口」(Abercrombie et al.,1992)，從這個窗口看出去，就好像透過玻璃，毫無阻擋的看見全世界。

但事實上，在新聞內容產製的過程中，並非全然透明的，其實隱藏著很多的建構（construction)。尤自公共關係發展以來，各種批評與質疑不曾間斷，有人認為媒體公關過度氾濫，無異利用或玩弄新聞媒體，欺騙愚弄了社會大眾，所謂新聞稿、特寫和座談會、發表會及記者會等等，追根究底都是一種自我宣傳。

自從電視媒體直接報導戰爭行為，「媒體戰」一詞就跟隨出現。越戰是一顯例，卻是美國永誌難忘的重大挫折，關鍵在於美軍對當時無線電視這種新興媒體不知如何應對。然而，美國政府與軍隊對於媒體關係的改進與加強，即由越戰之後重新奮起，經年不斷的從企業公關吸收養分與經驗。

新聞偏差（bias）是非常明顯的。通常發生在戰爭時期或全國性危機期間，政府試圖將戰爭或危機的意識擴大，高於其它事務之上。英阿戰爭中英軍限制媒體採訪的做法即是一例，隨即成為美軍效法的對象（Sharkey,1991:14）。在 1983 年美國入侵格瑞納達時，即對媒體採取嚴格保密的管制作為，直到雷根總統宣佈軍事行動成功後，媒體才恍然得知。

事後，雷根政府成立由 14 位新聞記者和媒體公關人員組成的 Sidle 委員會。Sidle 建議美軍採取具體作為來增進與媒體間的互信，其中最重要的是在軍事行動中設立「全國媒體聯合採訪（National Media Pool）」，以因應媒體無法自由接近戰場採訪新聞的情形（Cate, 1998：108）。

美軍第一次運用全國媒體聯合採訪，是在 1989 年入侵巴拿馬時。1991 年波斯灣戰爭則是第二次運作（胡光夏，2003）。2003 年波斯灣戰爭則開放美國史上最具規模、500 多名記者的隨軍採訪（embedding）。

但是，兩次波斯灣戰爭差隔 12 年，之間時代與科技的進步及變化極大。2003 年波斯灣戰爭的全球化傳播已躍為戰爭傳播最基本特徵之一。由於資訊傳播的大量化、傳播手段的跨國化、參與媒體的國際化，任何交戰方都不可能按照一己意圖完全統一本國媒體與第三國媒體的口徑（門相國，2003；劉雪梅，2004），卻也因此出現更細膩的媒體操作及框架競爭。

本章探論 2003 年波斯灣戰爭所曾發生的媒體戰，以電視媒體為主要探討範圍，計分為 6 個單元。除前言外，其次是相關文獻探討，包含全球傳播時代的特質、不對稱的傳播力量，以及有關媒體、消息來源與媒體操控等的理論探討；第三節是美伊雙方的媒體操控策略；第四節是美伊雙方的媒體框架競爭；第五單元則是對全球戰爭傳播現象的省思，最後是結論。

貳、新型態戰爭傳播的形成

早期的大眾傳播研究理論家都強調，媒體對公眾有著無限強大的影響力，到了 20 世紀中葉轉而認為，媒體只會產生極小或有限的影響效果。但是隨著媒體研究在方法上的應用與推陳出新，以及一些更具可信力的數據分析，重新開啟媒體影響與媒體為主流社會服務的新視野。

或許有人以為，科技日新月異，本來就是向前邁進的，傳播科技進展亦理所當然，因而當前的各種工作生活情境與傳播現象本應如此，以致呈現吾人眼前的戰爭傳播情景亦是科技變遷下的產物。但這些現象與情景在政治經濟學、文化研究等理論的視野裡，卻有著完全不同的解讀。本章認為有必要從各學派綜合梳理出一些深層底蘊，才有助於有關戰爭傳播的分析。

一、全球傳播的特質

依據本書第三章的探討，國際傳播可以上溯幾十年前的一、二次世界大戰，甚至遠及於人類早期的帝國征戰。Frederick（1993）在 10 幾年前就關注全球傳播現象，那時他只認為全球傳播是一個「多方面學科（interdiscipline）」，尚乏穩固的理論基礎[1]，但新近研究已對全球傳播與國際傳播，做更加嚴謹的區別。

全球傳播是從上個世紀 80 年代開始建立，90 年代才算成型，而且具備不同以往的特質：

（一）全球傳播跨越國家界線：

現代科技尤其是網際網路及衛星傳播技術是全球傳播興起的關鍵，美國普渡大學傳播系教授 Yahya Kamalipour 認為這造成全球傳播時代的來臨（李希光、孫靜惟，2002：94）；此前國際傳播是在國與國之間進行的，但是全球傳播已經不再侷限於以國家為單位。

Tomlinson（1999）在《全球化與文化（Globalization and Culture）》也指出，多數人的大部分時間並非從旅遊或人際接觸等方式，而是從自家中，藉由電話交談、電子郵件與電視收視等感受到全球化的影響。媒體與通訊科技的運用創造解領域化的過程，甚且將人們從與當地文化與環境的關係中抽離開來。

---

[1] Frederick 以拉斯威爾（H.Lasswell）1927 年著作《世界大戰中的宣傳技巧》為例，指出許多有關這方面的知識得自於政治學或國際關係，而冠上國際政治傳播（international political communication）、國際勸服（international persuasion）、國際整合（international integration）等名詞（Frederick,1993：12）。

（二）全球性商業傳媒市場已經形成：

談起全球化，可能首先映入腦裡的是麥克魯漢與菲爾的「地球村」概念（McLuhan & Fiore, 1967），但開啟「全球化」此一名詞的，則是美國前國家安全顧問布熱津斯基（Z. Brzezinski），他於 1969 年在《兩代人之間的美國》首次使用（徐瑞媛、魏玉棟，2003）。雖然當時他的觀點未曾贏得明顯迴響，但其「全球化即是美國化」的說法，卻預示了後來的發展現象。

在上個世紀 80 年代之前，一個國家的傳播系統是由本國人所經營控制的，現在已發生變化，過去幾年裡一種全球的商業傳媒市場業已形成（同前註）。全球化夾雜著政治、經濟與傳播的概念，涉及到政治、經濟、金融、文化等多種社會活動，而媒體組織則在文化全球化中擔任了樞紐角色。

（三）國家角色逐漸被侵蝕：

Gher & Bharthapudi（陳敏譯，2005）認為至目前為止，國家依然是世界舞台上的演員，但是這樣的角色扮演與功能正逐漸被侵蝕，被一個極其複雜細緻的社會政治經濟進程所改變。這個進程包括國際機構、跨國集團、跨國利益組織及非政府組織等，而這一個新世界秩序的改變與形成，跨國性全球媒體允為其中最具關鍵的因素之一。

德國慕尼黑大學社會學教授貝克（Ulirich Beck），在《全球化危機》台灣中文版序言中，即明言越來越多的經濟和社會的貿易、工作及生活形式，不再於依國家原則組織起來的「社會容器」中進行，而呈現出至少兩種後國際政治新時代的輪廓（孫治本譯，2003：3-4）：

其一，是內政與外交間的古老規則和界線早已不存在。西方和超國家組織在保障人權和世界自由貿易的旗幟下，公然介入其他國家從前被稱之為「內政」的事務。

其二，在上述普世價值或普世主義的表象下，古老的帝國主義復活了。貝克以對塞爾維亞的軍事干預為例，指出西方國家一方面高倡普世要求，另方面卻對他國的軍事行動視為是「無私的」行為作掩護。

（四）全球媒體乃全球資本主義的堅實堡壘：

Herman & McChesney（1997）確信全球媒體在經濟上也在意識形態上，成為全球資本主義的堅實堡壘，成為全球市場發展的最根本因素。全球媒體系統的出現，逐步破壞民族國家作為發展民主、平等的公共領域上可能扮演的角色。並對以下四個相關領域形成影響：（一）價值觀念；（二）公共服務精神的腐蝕，公共領域以娛樂代替；（三）保守政治力量的加強；（四）對當地文化的侵蝕。

二、不對稱的傳播力量

不對稱（asymmetric）此一概念的廣泛使用，是 1996 年之後的事。但在 1989 年，國際知名戰略學者 Martin van Creveld 接受美國國防部委託的一項五年研究計畫，就已提到以下幾項觀點：依賴尖端武器的一方，很可能會被弱勢武器所打敗；游擊戰、恐怖主義等戰爭方式，主要在建立局部或暫時的優勢來發動攻擊；恐怖主義不受現代戰爭方式限制，很可能在城市發起有力的攻擊行動；避實擊虛乃自古以來的最佳戰術（李黎明，2001：200）。

1998 年 3 月由美國陸軍戰爭學院所舉辦的研討會中，曾對不對稱深入研討，其中 Charles J.Dunlap,Jr.提出兩項新看法：（一）所有作戰都是尋求不對稱的作為；（二）真正的不對稱挑戰是心理與意志，其目的在打擊人民的心理、意志，而非部隊決戰，而且應該從文化觀點來觀察不對稱戰爭（同前註：203）。

很明顯的，9．11 事件是一場不對稱戰爭，雖然不對稱概念經過許多討論後仍未獲得一致見解，以下幾個基本要項依然值得注意：

．不對稱是指相對兩方的力量有大有小。

．力量小的可以憑藉局部或暫時的優勢發動攻擊，甚至致勝。

．無論力量大小的任何一方，或所有的作戰，都是尋求不對稱的作為。

．不對稱的概念可用於觀察軍事力量的戰爭，亦可運用於觀察文化戰或媒體戰上的爭鋒。

從上個單元對全球傳播的探討中，不難得知美國在全球化或全球傳播演變過程中舉足輕重的地位，接下來的一些文獻資料則顯現出更具體的不對稱傳播力量的差距現象。

在 2000 年末，已有 216 顆地球同步衛星與 150 多顆低軌衛星環繞著地球運行，能夠直接向這個星球上的 60 億人口，提供聲音、數據、廣播與電視等層面的服務。但隨著全球商業媒體市場的出現，Herman & McChesney（1997）指出控制全球媒體新系統頂多 30 至 40 家大型跨國公司，而掌握全球媒體市場的尖峰則是不到 10 家的媒體公司，其中大多數集團公司都將基地設在美國。甚且，世界傳媒前五名均為美國主流媒體，百強中美國佔了 32 個（劉雪梅，2004）。

就官方對外傳播網而言，美國之音（VOA）有一半的節目經由衛星傳送到世界 1100 家調頻台播出，美國之音還開辦了電視台（VOA-TV）強化美國在國際廣播電視網的實力（同前註）。

全世界四大通訊社的美聯社（AP）、合眾國際社（UPI）、法新社（AFP）、路透社（Reuter），前兩者在美國，路透社在英國，法新社在法國。根據統計，西方主要國際通訊社壟斷了 80%的國際新聞，而美國的兩家國際通訊社又壟斷了西方的國際訊息，每天傳送的新聞字數，美國兩家國際通訊社共約 600 萬字，而路透社與法新社合計只有 130 萬字（張桂珍，2000：74）。

若以美英等西方國家與阿拉伯世界兩端來看不對稱的傳播力量，1991 年波斯灣戰爭期間，全世界所有關注戰況的眼睛都被 CNN 直播吸引，當時的阿拉伯媒體在戰爭報導上反應很慢，伊拉克入侵科威特的消息 3 天後才見諸報端。時移勢易，此次戰爭以半島電視台為代表的 12 家阿拉伯衛星電視頻道加入了競爭行列。儘管他們不一定認同海珊（S. Hussein），但由於宗教、語言、文化等因素，他們以阿拉伯世界的觀點報導戰爭，給全世界閱聽眾有別於西方國家的報導視界（常函人、萬鋌，2003 年 4 月 10 日）。

阿拉伯媒體加入媒體戰爭較具影響力者有三家，分別是半島電視台（Al-Jazeera）、阿布札比電視台（Abu Dhabi）及阿拉比亞電視台（Al Arabiyah），這三家電視台都動員直播戰爭新聞，發揮相當大影響力。

如果以美國所擁有強大的全球傳播，對比於伊拉克的傳播力量，更可說是絕對不對稱。伊拉克並未擁有像美國一樣的全球性傳播媒體，甚至對國內的新聞傳遞也很落後，只能仰賴官方控制的伊拉克國營電視台、伊拉克通訊社、巴格達電台、阿夏巴（Al-Shabab）及海珊之子烏岱的沙阿賈瑪伊利電台（Sawtal-Jamahiriyah）發聲（施順冰，2005：22）。

三、媒體、消息來源與媒體操控

現代人身處傳播媒介無所不在的社會，經常遊走在「社會真實」、「媒介真實」與「主觀真實」這三種不同的「事實」之中。所謂「真實」概分為三種（林東泰，1999：67）：外在客觀的世界（outside world）、自我的內在世界（self world）和與人分享的符號世界（symbolic world）。社會真實是指事件的真相，媒體真實是媒體所呈現的事件情境，主觀真實即個人對於事件的主觀認知（鍾蔚文，1992；彭家發，1994）。但是，這三個「真實」卻無法「窮知」或真正接近，往往處於人言人殊、眾說紛紜的狀態。

臧國仁（1999：第3章）認為新聞報導內容難以反映真實事件，與媒體在再現真實時，持續受到三個框架條件的制約與影響有關：組織框架（如常規、組織文化、專業意理）、新聞工作者個人認知框架（即認知結構及此結構所訂定的工作目標與假設），以及文本框架（即符號訊息結構，包括句法、情節、主題、修辭與用字等）。他並認為媒體與消息來源雙方會各自動員符號、傳播及其它資源，進行框架競爭，企圖影響對方接受己方觀點，藉以主導社會主流知識的文化意涵與定義（1999：322-323）。

媒體對社會大眾輿論最重要的影響之一，在於議題設定（agenda-setting）的功能，當媒體選擇了什麼議題，民眾跟著注意什麼議題，往往因他們選擇加強某些議題，必然忽視或排擠了其它議題（Rogers & Dearing,1988）。但是，媒體的議題又是誰來設定呢？

媒體與外在環境，尤其是與消息來源互動時，並非屬於對等的關係。決定論（操控模式）的代表人物賀爾（S.Hall）指出，媒體受制於新聞產製過程中的時間壓力與平衡、客觀原則的因素，增加了媒體對消息來源的依賴，特別是所謂「可靠」消息來源的客觀、權威的陳述。這種機制使得媒體不得不向主控階級靠攏，造成媒體內容不斷複製當權者的意識形態，亦即消息來源成為「初級界定者（primary definer）」，而媒體則只是「次級界定者（secondary definer）」（Hall , et al., 1981：340-342；翁秀琪，1994）。

英國格拉斯哥學派自 1974 年到本世紀初，聚焦於重大社會事件與國際問題，追蹤媒體、政府與受眾的互動關係，先後發表 10 部著作，也獲致幾乎與前者同樣的結論：媒體往往是為主流社會服務，往往反映的是菁英意識，而不是如傳統新聞學所宣稱的客觀公正，更不是站在與政府對立的立場來反映真實。以對越戰的研究來說，他們認為，越戰報導沒有反映公眾不斷增長的反對立場，所呈現的爭論只是在菁英消息來源背景中的爭論，而且隨著反對聲音的增加，媒體報導仍大部分聽從了白宮對戰爭的觀點（張威、鄧天穎譯，2004）。

在格拉斯哥學派的研究中，電視媒體比平面媒體對菁英消息來源依賴性更大，但媒體學者 Sigal 早在 1973 年發現，平面媒體也不如吾人想像中具有批判性。在他對 1969 年到 1973 年《紐約時報》、《華盛頓郵報》的研究，發現這兩個報紙頭版的 2850 條新聞中，78%的新聞來自於政府官員，而記者採信的消息來源，大多數來自於例常管道[2]，亦即包括新聞發布、會議消息、每日簡訊、官方刊物等公共關係途徑（Sigal,1973：124-125）。他指出，新聞未必是「發生了什麼」，而是「某人說發生了什麼」或「某個消息來源說將要發生了什麼」（同前註：121）。

若以戰爭報導而言，許多美國媒體報導的消息主要來自於「金三角（golden triangle）」消息源，即國防部、國務院與白宮，而不是來自於前線（Cook, 1994；Carruthers, 2000：16）。Hallin（1986：10）亦指出，政府官員與軍隊是媒體依靠的兩種消息來源，而且大部分官員來自於政府高層部門，他們都「駐紮在華盛頓」，而當戰爭或國家危機時期，政府不會問媒體「你客觀公正嗎？」，反而只會問：「你選擇站在那一邊？」（Harris, 1983：151）

幾十年來，美國語言學大師、政治評論家杭士基（N. Chomsky）一直被視為「異議份子」，他的 30 幾本著述，全力檢視的就是美國的國家主義。他告訴世人，美國的國家主義有著多重標準，表面上為謀求美國利益的最大化，其實係為政商利益結合服務，此一現象早見於 1961 年艾森豪總統卸任時所提出對軍工複合體（military-industrial complex）的提醒。

然而，還有更令他疑慮的是美國媒體配合政府製造威脅言論，引起民眾的恐慌與盲從，《媒體操控》、《製造共識》等都是他研究媒體的重要著作，《媒體操控》此一小冊檢視了自 1916 年威爾遜總統至今的對外用兵宣傳策略，其中一句發人深省的批判評語是：「宣傳之於民主社會，就等同於棍子之於極權國家。」（江麗美譯，2003：40）

---

[2] 在這 2850 篇頭版新聞中，58%是從例行管道獲得的，正式採訪占 24%，而如洩密等非正式途徑占了將近 15%。

《製造共識》指出，不同的消息來源在新聞記者間的份量各有不同，譬如官方公關部門或發言人室，因為常在重大議題中扮演著客觀或仲裁者的角色，常常成為媒體記者主要的供稿者或消息來源（Herman＆Chomsky, 1988）。

參、2003 年波斯灣戰爭的媒體操控策略

發生於 21 世紀初的美伊戰爭，與 1991 年的波斯灣戰爭有所不同，其中一項重要差別在於美英聯軍未經聯合國同意逕行動武，上次戰爭的伊拉克是偷襲科威特的侵略者，此次戰爭的伊拉克則是被侵略的對象。胡光夏（2004a）對 2003 年波斯灣戰爭美伊兩國的媒體策略，分為討好餵食與限制兩方面分析，在這裡為考量美英聯軍另闢途徑取得出兵正當性，另加入值得注意的公共外交策略。

基本上，美英兩國在以下三點的分析中，均有身經百戰的經驗，而且不論面對國際社會或全球性媒體，自有其寬緊拿捏的空間，另方面的伊拉克則從 1991 年戰爭中學得教訓，採取比以前更靈活的媒體操控策略。

一、公共外交的包裝策略

佛特那（Fortner,1993）強調公共外交（public diplomacy）經常與傳統外交方式互補合作。一是透過國際廣播電視，企圖影響他國的人民；另一是推出媒體公關假事件（pseudo-events）吸引媒體報導，包括記者招待會、具鮮明主題的活動，或外交、經濟的高峰會議等。

從 9・11 事件到該年 10 月對阿富汗實施空中打擊之前，美國政府的一項重要舉措，就是錄用曾任世界兩大廣告公司主席的比爾斯（C. Beers）為負責公共外交的國務次卿，來協調政府和媒體的關係，並使美國的訊息傳播給更多的世界民眾，尤其是穆斯林世界中的青年。

她在國會舉行的系列聽證會中，提出包括「對世界貿易中心和五角大廈的攻擊不是對美國的攻擊，而是對全世界的攻擊」、「這場戰爭不是針對伊斯蘭教的戰爭，而是反對恐怖份子和支持及包庇他們的人的戰爭」、「世界所有國家必須站在一起，消除國際恐怖主義的蹂躪」等 4 點公共外交的訊息（張巨岩，2004：13-14）。

2003 年 1 月 21 日，小布希簽署行政命令正式成立白宮「全球傳播辦公室（OGC）」，專門推動與國外電台、電視台的合作，向外界傳遞美方信息，統一口徑向全世界宣傳美國的外交政策，為美國樹立正面形象（陳敏、李理譯，2005；朱金平，2005：224）。

伊拉克在戰前，曾不斷向國際社會宣傳完全遵守聯合國的武器查核協議，誓言與聯合國武檢單位充分合作，但此一宣傳顯然不曾奏效。主要在於誰掌握主導議題設定，誰就能主控傳播媒體的解釋權，讓原本師出無名的入侵行動，合理化為「反恐戰爭」（張世民，2003 年 6 月 7 日）。

美英兩國在戰爭前，始終無法獲得聯合國安理會授權，最後選擇放棄尋求聯合國同意，代之而起的是另與西班牙總理艾茲納在亞述爾舉行高峰會，然後宣佈外交努力已到盡頭。其實這個高峰會並不具任何外交上的意義，實質上是一種公共外交、一場媒體公關秀，意在向國際社會宣示開戰實非得已。

伊拉克即由新聞部長薩哈夫出面指斥美英西三國所舉行的是「不法之徒的高峰會」，三名領袖無視於國際法，將使全世界陷入危機（閻紀宇，2003 年 3 月 18 日）。

二、媒體公關的餵食策略

美軍慣用的媒體公關方法包括：餵食、競爭、限制、更改媒體訴求的框架方向、阻絕、政策管制、訴諸愛國心、主動提供新聞紀錄片及伴隨（escorting）等（胡光夏，2004a），此次更對 1991 年波斯灣戰爭飽受批評的諸多限制作為予以調整，開放將近 500 多名記者隨軍採訪。

這是美國有史以來規模最大的一次隨軍採訪，究其本質實是方便各項媒體公關策略的執行，亦是餵食策略的具體實踐，包含各種不同的軟硬措施。相對的，伊拉克缺乏如美軍一般的精密做法，但也同樣運用媒體宣傳，以達宣揚己方、打擊敵人的目的。

美國在聯軍攻伊戰爭中首度採行開放的「陽光政策」（陳希林，2003 年 3 月 26 日），此一新政策不再採取截堵消息方式，而是以「將欲取之，必先與之」的方式來影響媒體（張巨岩，2004：76）；美國認為在提供充足資訊給予採訪的國內外媒體的結果，必會促使全球傳媒資訊大量回饋美國境內，形成訊息交流，打破本土的新聞循環，而有助於爭取認同。

因此，對於前來採訪媒體的態度，可謂「來者不拒」，如路透社、法新社等反戰媒體及阿拉伯國家所派出的媒體，仍儘可能提供充足訊息，以防媒體在資訊不足情況下，造成不利聯軍的報導，而對於如 CNN、ABC、BBC 及美聯社等「能見度及影響力」較大的電視及主流媒體，給予的協助較前者更多（陳希林，2003 年 3 月 26 日；余一鳴，2003）。

美英聯軍對於媒體操控主要有軟硬兩種措施，軟措施在於定時餵食，硬措施則是確保餵食策略順利進行。

軟措施是由政府控制公關網絡與消息，並直接擁有調控消息的多種手段，如記者招待會、新聞發布會等。硬措施則是以行政與法令的手段，如反間諜法、煽動罪法、第一戰爭權利法等一系列戰時法規，對媒體自由加以限制（姜興華，2003：29）。小布希亦曾對「用詞不當」媒體表達憤慨，當媒體唱反調時，國防部長倫斯斐也對媒體宣洩不滿，來達到促使媒體小心謹慎報導的目的（黃建育，2003 年 3 月 30 日）。

以軟措施而言，通常每日黎明時分，由白宮發言人向電視網與通訊社發布新聞；上午由中央司令部舉行新聞發布會，供應午間新聞的需要；下午則由國防部的新聞發布會，提供資訊給美國晚間電視新聞與歐洲夜間新聞，美國之音與阿拉伯廣播電台共同負責將美國資訊傳送到中東與波斯灣地區，國家安全顧問對指定的報紙與通訊社記者團作背景介紹；夜間，白宮 OGC 透過電子郵件將全天新聞傳給各國政府辦公室與世界各地美國使領館，供他們發布新聞使用（柯醍祰，2003 年 7 月 16 日）。

就伊拉克而言，此戰雖然是以弱擊強，但只要能拖延戰爭，陷美軍於泥沼，甚或造成局部美軍重大傷亡，並非全無戰爭勝利機會。但這裡所謂「戰勝機會」，顯然非以武力取勝，而是經由媒體，博取美國人、世界反戰人士與國際間的同情（方鵬程，2005b）。從上次波灣戰爭學得教訓，伊拉克對於西方媒體採取「從寬開放入境，從嚴限制採訪」作法（施順冰，2005：19），大約有 200 多名國際媒體記者在開放政策下湧進巴格達。伊拉克新聞部長薩哈夫每天舉行兩至三次新聞記者會，發表反擊聯軍、為國家辯護等言論，並多次代讀海珊的聲明。

三、新聞採訪的管制策略

美軍的新聞管制策略，包括嚴格要求遵守規定、道德勸說、取消隨軍採訪資格等。伊軍有兩項主要的管制作法：限制採訪或驅逐出境。

美國發動攻擊往往是全面、強襲、大規模的戰鬥，隨軍記者只能在所處的部隊得知片段，甚至所知遠不如後方，例如美國本土的主播問隨軍記者：「你是如何得知？」記者回答：「紐約（總公司新聞部）告訴我的！」（劉屏，2003 年 3 月 23 日）

500 多名記者和美軍一起行動，獲得大量一手的、生動的新聞。然而無論多麼引人注目，所提供給閱聽眾的內容，也只是龐大戰爭中的一些小片段。依賴政府與軍隊的隨軍記者無法接觸戰爭全景，只能得到「不對稱信息」（王沖，2003 年 4 月 9 日）。

隨軍記者都事先被告知「軍方無法承諾媒體可以看到浩大戰爭場面」，能夠提供記者的僅是「煙囪漏斗式戰爭」。根據聯軍司令部陸軍公共事務軍官上校湯瑪斯（R. Thomas）的說法，隨軍記者基本上是透過稻草來看戰爭，他們可能看到一場可怕的營戰鬥，但卻無法獲得完整戰略或作戰的全貌（劉得詮譯，2005：18）。

如果媒體願意隨軍，必須簽署協議，遵守由美國國防部高層明訂的戰地規則，隨軍記者必須嚴守禁止報導執行中、將執行、特定已完成、延誤或取消的任務等六項規定（同前註：17）。

美國政府還設立無線電委員會，對廣播電視節目進行過濾。美國國防部另規定，戰地記者必須在軍方陪同下集體採訪，凡是從戰地發出的有關新聞，都必須有軍方審核的簽字，而且圖片及電視畫面不得出現傷員的痛苦狀況，傷亡士兵家屬未接到通知前不得發表他們的圖像。美國各項強硬措施，也傳染給英法等國，英國軍方規定，戰地記者須無條件服從軍隊的命令，法國國防部則下令，除隨軍記者外，其他記者不得到戰區採訪（姜興華，2003：29）。

又如，FOX 有線電視台記者 G.Rivera 在報導戰況時，將一張地圖鋪在地面上，涉嫌洩漏美軍位置，隨即被取消隨軍採訪資格（張梅雨，2003a）。

當半島電視台播出 5 名美國戰俘與美軍屍體畫面後，五角大廈立即要求美國媒體勿隨敵人魔杖起舞，結果除了 CBS 之外，全美電視台及主流媒體都拒播戰俘畫面（同前註）。

至於伊軍的策略，由於缺乏完整法令措施，呈現絕對「人治」色彩，只對友善及反戰媒體表示歡迎，對絕大多數媒體都以這兩項管制作法：限制採訪或驅逐出境。連第一次波斯灣戰爭曾受禮遇的 CNN 亦不例外，其兩名記者及兩名工作人員均被逐出巴格達，甚且對伊拉克極度友善的半島電視台，也一度遭到驅逐的待遇。（吳建德、鄭坤裕，2003；施順冰，2005：19-27）。

伊軍和媒體的隔離態度，主要基於軍隊安全考量，軍方不主動提供宣傳以外的採訪機會。媒體記者並無主動權，伊軍及伊拉克新聞部對於戰爭新聞的傳播，是透過事先選擇的地點與事件，尤其是平民被炸等才提供媒體採訪與攝影（施順冰，2005：20）。

肆、2003 年波斯灣戰爭的媒體框架競爭

前節已將美伊雙方在戰爭過程中所採取的媒體操控策略加以分析，本節則針對以電視媒體為主的框架競爭繼續探討。為了爭奪媒體框架，美伊雙方互有爭鋒相對的議題設定，也對宣傳戰手法充分運用並激烈交鋒。

一、釐清指控問題 vs.擴大問題面向

美國政府一再宣稱對伊拉克動武的原因有三：（一）消除海珊的大規模殺傷性武器；（二）減少國際恐怖主義的威脅；（三）促進伊拉克與周邊地區的民主。這三個目的到底有多少真實性，就連美國人自己也很難說清楚（胡鳳偉等，2004：12）。

即使這些對伊拉克指控的證據未曾出現，新聞仍舊未經查證的重複播報，評論者與武器專家每小時固定在有線電視新聞頻道對這些指控毫無質疑地複誦，淪為傳聲筒（Kellner, 2003a）。美國國務卿鮑爾（C. Powell）於 2003 年 2 月 5 日在聯合國演說，強調小布希決定出兵正當性時，媒體反應一片頌揚之聲，遲至 8 月美聯社特派員漢利（C. J. Hanley）才開始駁斥鮑爾的說法（McChesney, 2004）。

海珊則將問題擴大為整個中東地區的影響，並拖宿敵以色列下水。他多次透過國際媒體指稱，美國的目的是控制中東石油，增進以色列的利益。阿拉伯石油將受到美國控制，整個地區特別是油源地帶將受制於美國霸權，而且這都符合以色列的利益，並將以色列變成這個地區之內一個龐大的帝國（許如亨，2003a）。

二、恫嚇 vs.威脅

開戰前夕，美軍在中央指揮部簡報中表示，如果採取軍事行動，美軍將在開戰後 48 小時內，投射 3000 枚雷射導引炸彈，超過第一次波斯灣戰爭使用數目的 10 倍，以震懾癱瘓伊軍的行動意志，達到不戰而屈人之兵的效果（余一鳴，2003）。美方媒體也透露，在必要時美軍可能使用戰術核子武器，或從未出現於戰場的電磁脈衝炸彈，這些釋出的信息足以動搖伊拉克軍民的信心與作戰意志（張梅雨，2003b）。

伊拉克在武力呈現相對弱勢，即使傾全國之力，亦絕非美英聯軍的對手，心知肚明的海珊則以威脅口吻揚言，伊拉克若遭攻擊，將把戰爭帶向「世界各地的天空、土地與水域」。

三、凸顯速勝印象 vs.製造敵方心理恐慌

一開始，美軍的「斬首行動」與「震撼行動」就獲得國際媒體大肆報導，之後虛實莫辨的新聞接踵而至，如海珊父子被炸死、炸傷；伊拉克副總統拉馬丹被炸死；副總理阿濟茲叛逃；伊軍第 51 師 8000 官兵投降；伊軍千輛坦克從巴斯拉突圍被殲，以及伊軍重要戰地相繼失守等信息，給人戰無不利、攻無不克的印象（張梅雨，2003a；胡光夏，2004a）。

伊拉克雖然不斷以新聞記者會來闢謠，但最能扳回一城的，莫過於 3 月 27 日伊拉克國營電視台播出有「炭疽夫人」之稱的女將軍阿馬希，出現在海珊主持的內閣官員會議上。在此之前，美軍攻下納西里耶的一家醫院，搜出 3000 多套伊拉克士兵的防化裝具，

因而阿馬希的新聞畫面益加引起聯軍恐慌，隔日美軍就緊急命令前線官兵穿上防護衣。

四、嚴禁傷亡戰俘曝光 vs.勾串戰爭歷史傷痕

二次大戰期間，美國參戰兩年後，媒體才刊出第一張陣亡將士橫臥沙場的照片，可是到了越戰時期，電視將戰場上的血腥畫面帶入美國人客廳，助長了反戰風潮，以致後來進軍格瑞那達、巴拿馬等戰役，軍方對媒體報導限制甚多（劉屏，2003 年 3 月 23 日）。

伊拉克電視台曾播出 5 名被俘美軍的畫面及 4 名陣亡美軍棄屍荒野的鏡頭，半島電視台不斷對這些鏡頭加以重播，倫斯斐立即以日內瓦公約禁止對戰俘羞辱反擊，說美軍戰俘營內有數千名伊拉克戰俘，但都避免暴露他們（曹國維，2003 年 3 月 24 日）。

以上場景在美國國內引起的轟動，不亞於 20 世紀 90 年代 C N N 播放的索馬利亞軍事干涉中，美軍士兵屍體被拖過摩加迪沙街道的情景。美國國內輿論迅速轉向，以致美軍不得不策劃拯救「被俘女兵」的行動，才挽回了輿論頹勢。伊拉克國營電視台及半島電視台等先後播出海珊電視談話、聯軍陣亡屍體與俘虜接受訊問，以及伊拉克非軍事地區遭受攻擊、身染鮮血平民傷亡等鏡頭，不只在刻畫聯軍的「侵略者」形象，其意圖在援引越戰、黎巴嫩、索馬利亞等戰爭前例，勾起美國子弟兵命喪異邦、戰火摧殘百姓等情境，藉以引起反戰情緒，並博取國際同情（龔瓊玉，2003；黃文濤，2003）。

五、美化自己與污名化對方

將敵方領導人妖魔化，最常用的方法就是造謠、污衊，箇中老手是美國。從 20 世紀 80 年代入侵巴拿馬、格瑞那達與轟炸利比亞，

到 1999 年的科索沃戰爭，再到 21 世紀的阿富汗戰爭與 2003 年波斯灣戰爭，美國無不是從妖魔化敵方領導人開始，以達到政治上瓦解敵方政府，逼迫敵方領導人下台，進而控制該國的戰略目的（朱金平，2005）。

Kellner（2003a）強調，賓拉登與小布希有一個共同點，就是戰爭言論充斥善惡二元論。他們兩人的講話都讚頌上帝，並將自己美化為善良與正義的化身，而將對方鄙斥為恐怖份子與邪惡勢力的代表。賓拉登被西方媒體妖魔化，卻在一些阿拉伯國家媒體中被神化，對於賓拉登的追隨者來說，他成為抵抗西方霸權與捍衛伊斯蘭文明的鬥士，而在他的敵人眼中，他是反基督教邪惡勢力的代表。

小布希執政之後，推行強硬的外交政策，在 9‧11 事件之前的 2001 年 5 月 1 日，即拋出「無賴國家」論，譴責伊拉克、北韓等國。9‧11 事件之後，小布希執政一週年，在國情咨文中再丟出「邪惡軸心論」，爭取國內外輿論對伊用兵的支持，此時美國對伊拉克領導人的界定，即是「海珊＝最大的恐怖分子」（曹雨，2005）。美國及西方一些親美的媒體，將海珊說是「戰爭狂人」、「瘋狗」、「怪物」、「大壞蛋」（朱金平，2005）。

OGC 貼在網上的 39 條「伊拉克自由」信息，將聯軍形容為熱愛自由、尋求宗教多元化的正義之師，而伊軍被描述成殘忍、專橫、腐敗、不道德，並且使用大規模殺傷性武器的軍隊（陳敏、李理譯，2005）。

戰爭時曾受全球媒體矚目的薩哈夫大出風頭，每次動輒出口成章，被視為「國罵」。他大罵英美兩國領導人是「國際罪犯集團」、「吸血成性的畜生」、「侵略成性的帝國主義」、「可恥的失敗者」、「可恨的罪犯」，還罵小布希是「歹徒」、「戰犯」、「傻瓜」、「小丑」、「針對平民的國際流氓」（胡全良、賈建林，2004：161-162）。

六、欺騙性宣傳交錯攻防

美英發動戰爭的目的意在推翻海珊政權，整體戰略自是以斬首行動為核心，因而海珊及其重要僚屬的存亡幾乎貫穿了整個戰爭。

開戰前的 2 月 21 日，美國媒體播出海珊將兵權交給兒子庫賽掌管，隨時準備逃亡。開戰前兩天，美國媒體又宣稱伊拉克副總理阿濟茲叛變。

聯軍對巴格達實施斬首行動後，美國媒體立即發布海珊等伊拉克高層喪生消息，但 20 日凌晨伊拉克國營電視台立即播出海珊的電視講話，隨後美國又放出風聲，質疑海珊「有好幾個替身」，電視畫面上的並非海珊本人。

22 日的美國媒體又報導，伊拉克副總統拉馬丹與高級將領馬吉德被炸身亡。23 日美軍散佈伊軍第 51 師 8000 多人投降，用來擾亂伊拉克軍心，但畢竟是謊言，隨之伊軍 51 師師長也出來澄清，藉此雙方大打宣傳戰。

針對美國的說法，伊拉克在 22、23 兩日，連續播放海珊主持軍政官員會議的錄影，24 日身著戎裝的海珊再次向全國發表電視講話，從此西方媒體才相信海珊毫髮無損。

美軍在遭遇挫折之際，特別提供媒體成功解救女兵林區（J. Lynch）過程的影片，藉以鼓舞民心士氣，突出伊軍的殘忍與不人道，但事後林區屢次抱怨美國軍方及布希政府虛構她的受難經驗，好把她塑造成英雄來騙取民眾對戰爭的支持（McChesney, 2004）。

伊拉克媒體也進行一系列欺騙性宣傳，最典型的是反覆宣稱將在巴格達與美軍決戰，以及農民用步槍擊落美軍武裝直昇機，這某種程度起了鼓舞士氣、打擊敵軍囂張氣焰的作用（黃文濤，2003）。

七、議題設定層出不窮

基本上，上文所舉各個事例如海珊生死及其軍事將領叛變或海珊與炭疽夫人一同亮相等等，都是操弄媒體的議題設定，目的都在佔領媒體報導，創造有利於己、不利於敵的聲勢。

對此，白宮 OGC 更有一套完整計畫與行動。他們將伊拉克人的抵抗表述為「來自海珊敢死隊及外國傭兵的殘餘勢力」，同時指責伊拉克政權以不公正宣傳手法影響世界媒體，為取得議題設定的主動權，他們創造了一份文件〈說謊的機器：海珊的假情報與宣傳，1990-2003〉，列舉了 11 個所謂「伊拉克假情報的主要工具」[3]。

然而，美國政府向全世界指責伊拉克說謊的同時，也一再說謊，第一次波斯灣戰爭的「科威特少女」就是道地的假故事[4]，此

---

[3] 這 11 個「伊拉克假情報的主要工具」包括：呈現於螢幕上的疾苦與悲傷、以軍事安全為名隱瞞事實、限制記者行動、錯誤的聲明或揭發材料、錯誤的普通人採訪、故意自我傷害給世界看、記錄下來的謊言、偷偷摸摸的傳播錯誤新聞、新聞審查制度、偽造或舊的片子與影像、捏造的文檔（陳敏、李理譯，2005）。

[4] 伊拉克入侵科威特之後，在美國國會的聽證會上，一名自稱來自科威特的少女作證：海珊軍隊從一家醫院的早產嬰兒保溫箱抱走 15 個嬰兒，並讓他們凍死在冰冷地板上，此後她的證詞被媒體一再引用與重複播放，當時的老布希總統一個月先後引用 6 次，44 天內提到 8 次，以作為美國對伊開戰的重要口實之一。可是 1991 年 3 月戰爭結束後，公眾才獲知這個假故事是由美國 Hill＆Knowlton 公關公司編導的，該女還是科威特駐美國大使的女兒，這種透過非政府組織來實施戰爭動員的方式，已成為美國新聞輿論戰略的有效組成部分（Kellner,1995；劉雪梅，2003）。

役的「林區事件」亦復如此。但為爭奪議題，這些手法經過細緻規劃，不僅調控媒體的報導方向，也引導了許多民眾的視野。

例如在靠近美軍軍方新聞辦公室的一側牆壁上，掛著精心挑選出的幾十張大大小小士兵圖片，表現出一般士兵身上爆發的力量與激情，另在入口處的一面牆壁上，還貼著一幅鮮豔的圖畫，畫有各樣心型圖案，配上一些「上帝保佑美國」等文字，旁白說明這是美國一些四肢癱瘓的年輕畫家們，在情人節這一天給美軍全體將士的禮物（劉泉，2005）。

又如 3 月 24 日，美國國內媒體紛紛報導密西根州 200 名美籍伊拉克人舉行支持美軍伊拉克軍事行動遊行，並刊登了出生於伊拉克、1992 年與家人一起以難民身分到美國的少女的大照片，言下之意連伊拉克人都支持推倒海珊，身為美國人的你，還有什麼理由加以譴責？

4 月 9 日，全世界媒體幾乎同步反覆播放「萬民推倒海珊」巨大銅像的新聞畫面，大批伊拉克人民興奮的對海珊銅像拳打腳踢，高喊「感謝布希」的口號，表達出伊拉克人真心歡迎美軍的明確信號。但實際上，這又是美軍導演的一場戲，歡呼人群是美軍早在戰前訓練的伊拉克自由軍戰士，這些人每月支領 1000 美元報酬（胡鳳偉等，2004：83）。

伍、對新型態戰爭傳播的省思

經由上述有關美伊雙方在媒體操控策略及媒體框架競爭的分析，以下歸納了 7 點值得省思的現象，均先以問題的型式出現，嘗試綜合一些學者看法後提出可能的解答。

一、媒體在戰爭中不存在獨立角色？

在文獻探討時，已對不對稱的傳播力量有所分析，繼而在框架分析時，更可看出這種不對稱傳播力量之間的較勁，然而，媒體在戰爭中難道不存在獨立角色？

法國、德國及俄羅斯等持反戰立場國家的媒體，大都傾向國家立場從事反戰的新聞傳播。雖然英美共組聯軍，但部分英國媒體仍傾向中立或反戰，例如每日鏡報（Daily Mirror）等國內報紙，對政府參與戰爭大肆撻伐，英國廣播電視公司亦持中立立場，路透社也傾向中立（施順冰，2005）。

伊拉克國營電視台不用說，半島電視台的角色是親伊立場的，在播放美軍死難士兵與戰俘畫面的處理上，和 CNN 等西方媒體呈現嚴重分歧，半島不停地反覆播放這些畫面，一些傷殘屍體的臉部甚至清晰可辨，這種做法在阿拉伯世界得到肯定，而美國政府與公眾則對這些畫面處理提出憤怒的抗議。

CNN 與半島相互較勁的手段也非常相似：在薩哈夫舉行記者招待會時，CNN 將畫面一分為二，一邊則是薩哈夫的畫面，一邊播放美軍坦克在沙漠中前進，而坦克炮眼正好對著薩哈夫。同樣半島在播放倫斯斐時，只給他三分之一的畫面，其餘畫面則是巴格達的火光衝天（胡全良、賈建林，2004）。

吾人雖不能斷言媒體在戰爭中完全不存在獨立角色，但不少媒體因融入戰爭而出現彼此之間的「戰爭」及框架競爭，的確是事實，令人質疑媒體在戰爭中的獨立角色。

二、經濟因素促使美國主流媒體成為順從共謀？

阿拉伯媒體係因宗教、語言、文化等因素而採親伊立場，至於美國主流媒體何以成為順從的共謀？

唯一可以解釋的邏輯是：美軍的絕對優勢，使媒體與民眾對勝利有了較大把握的成功預期，此種成功預期上升為美國民眾自身利益最大化的經濟理性，此一理性訴求使得媒體與民眾對即將勝利帶來的國家利益的分紅預估，而導致自身態度的調整（戴俊潭，2003）。

Kellner（1990, 1992, 1995）的著述，即指出美國的電視與主流媒體都是商業性的，受制於市場機制與利潤競爭，都不想離開消費者，因而小心翼翼的順從大眾輿論與政府路線，在報導中也支持政府的消息來源，儘管有些例外，大部分都有意為政府策略服務與擔任操縱民眾的載體、危機行動中的傳聲筒。

自 9‧11 事件以來，美國政府以反恐、捍衛國家安全為名，似取得宣傳的正當性，媒體變得更不願意質疑白宮或國會，若有質疑反被多數美國人認為不愛國，雖然亦有人認為不質疑才是不愛國。在美國的民主制度中，政府、媒體與民眾三者是相互約束的關係，但在國家對外的戰爭行為中，媒體與民眾幾乎都出現對政府極大的寬容與默許，除非死難過多，否則國家利益往往壓制與淹沒反戰聲音。

三、新聞學理論成立否？

在新聞學或傳播學上，向有「第四權」理論，卻也有「警衛犬」的理論。當國家遭遇戰爭與敵國外患時，傳媒會中止對政府施政缺失的攻擊，而對國內不支持或反對參戰者（如反戰示威），不是不予報導（blockout），就是給予負面報導，將反戰示威者描繪成不愛國（陶聖屏，2003）。

周偉業（2003）認為，對參戰國的政府與軍隊而言，一方面要博得「真實」的信譽——使敵人、我方及盟友相信，另方面又要對敵施詐。若要解決此一矛盾，可能得在小事上說真話以取得信任，在關鍵時刻說假話俾使敵人上當受騙。這種情形與道理，可說無人不知曉，但媒體何以一再向愛國心傾斜，而無法向真相靠攏？此係一時無法查證，抑或甘心淪為戰爭工具使然？

「當戰爭來臨時，第一個傷亡的就是真相」——這句令人熟悉不過的話，其實潛藏著對傳統新聞學理論的挑戰，亦即軍事新聞尤其是戰爭新聞，究竟是宣傳或是謊言？是滿足民眾「知的權利」的新聞或是必要的欺敵之術？

如若美國一些主流媒體在 2003 年波斯灣戰爭中的作為，那新聞教育的功能或新聞學的理論在戰爭中是缺席的。

四、媒體操控戰爭或政府操控媒體？

從 9‧11 事件，到 10 月阿富汗戰爭，再到 2003 年波斯灣戰爭，美國主流媒體一直煽動戰爭狂熱，出現二次大戰以來罕見的愛國主義高潮。而媒體框架由「美國受到攻擊」，轉變為「美國奮起還擊」，這似乎是媒體施以魔法，而導致了戰爭的發生？

然而，其實不然。從本章第三節有關美國執行公共外交的做法，已經提供部分的答案。又，在媒體公關餵食策略上亦可看出美國政府早做準備而打算大顯身手的情形[5]。

美國學者 Kellner（2003a,2003b）認為，9・11 事件後的美國媒體，幾乎淪為美國政府與軍方用來給民眾洗腦的工具，電視充斥著戰爭宣傳，成為大眾歇斯底里症的始作俑者。美國傳播學者班內特（L.Bennett）亦指出，自 9・11 以來，審查及自我審查將美國非常危險的轉變為「一個國家，一種思想（One Nation, One Mind）」（轉引自趙月枝，2003）。童靜蓉（2006）在對 2003 年波斯灣戰爭及 2004 年後續的電視新聞報導研究中，更強調「電視戰爭」是在意識形態操縱下的一種仿真（simulacra）。

德國愛爾福特大學教授 Hafez 在〈媒體操控了伊戰？〉（裴廣江譯，2005）的研究中，比較了美英德 3 國的媒體報導，指出國家軍事行動會使主流媒體站在政府一方，戰時的媒體將助政府一臂之力，同時對媒體遵循公正客觀原則的質疑明顯存在，尤其是美國這個國家。

他的結論指出英美兩國情形的差別，在英國，政府、媒體和公眾輿論的關係模糊不清。在美國則完全不同，戰爭期間雖然軍方是主角，但三者之間的關係卻比英國的緊密多了，因為許多美國主流媒體以及大部分讀者和觀眾都將他們的多樣性和自主權「移交」給政府。

---

[5] 早在戰爭爆發之前的 2002 年 10 月，在華府一間知名酒吧酒酣耳熱之際，美國公共事務助理部長克拉克（V. clarke）女士，就曾向 3 家電視台媒體女性主管透露，為因應戰爭開打，正著手草擬媒體隨軍計畫（劉得詮譯，2005：1）。

五、政府人員比新聞人員更熟練於媒體操作？

美國政府與軍方，在公共關係或公共外交上的經營，是經過長期努力且得之不易的，特別是在越戰的慘痛教訓以後更加緊從民間學習（參閱第七章），因而具備極高的媒體操作熟悉度。

一方面，美國電視與主流媒體的新聞範式包括：易接近性（accessibility）、圖像質量、戲劇性與動作性、閱聽眾興趣、主題包裝（thematic encapsulation）等（Altheide, 1995），而美國政府作為消息來源最重要的掌控者，已經非常熟悉媒體新聞工作的表述方式、作業程序與邏輯。

另方面，早有研究指出，美國政府擅於汲取主流媒體作業模式與經驗，進入自己對事件策劃與構建的過程當中，而能將被報導的言論或刻意製造出的事件，都運用與新聞從業人員所使用的相同標準，甚且經常比被利用的對象（即媒體）更加老練（Schlesinger et al., 1983；Altheide & Snow, 1991：x-xxi；Paletz & Schmid, 1992）。

2003 年波斯灣戰爭之後，不乏 Knight（陳敏、李理譯，2005）所指戰爭好萊塢化的看法。西方絕大部份的電視新聞報導，將這場戰爭處理得像極了電子或網路遊戲，而如此神奇效果，卻來自於政府對媒體制度與運作狀況的學習與熟悉，以及對媒體需求的掌握。

六、弱勢媒體國家必然受制於強勢媒體國家？

2003 年波斯灣戰爭在武力戰之外，也是一場弱勢媒體國家與強勢媒體國家的戰爭。伊拉克固然曾向國際社會宣傳完全遵守聯合國的協議，也有偏向阿拉伯世界的媒體撐腰，新聞部長薩哈夫推出海珊電視講話，否定美方言論，並採取哀兵政策，與西方媒體大打新聞戰與心理戰，但結果仍是「寡不敵眾」。

從上文的分析，在戰爭中的美國媒體上，伊拉克人民幾乎「不見了」。聖塔克魯茲加州大學電影及數位媒體教授哈斯泰說：「當我看著電視新聞，好像沒有人被殺或沒有人面臨喪生的危險，甚至好像沒有人住在伊拉克。」（馮克芸，2003 年 3 月 24 日）

顯然的，在媒體競爭框架上，伊拉克吃了敗仗。伊拉克在這場戰爭中是弱勢國家，也是弱勢媒體國家，卻無法突破強勢媒體國家的封鎖，其受制與失敗是必然的，但敗因之最，當是伊國人民被蒸發了，伊國人民受戰爭殘害曾經由親伊媒體外送，但給親美媒體蓋了過去。倘若小國人民可以發聲，其結果能否翻轉，這又是戰爭傳播可以持續探討的問題。

七、「他們的新聞」淹沒了「我們的新聞」？

前已言及，當政治或社會菁英製造媒介議題，媒體報導關注特定議題時，必然使其它議題遭受排擠，以致影響民眾對外在世界的認知，以及及公眾議題的發展，此在議題設定與議題建構的研究裡早有揭示。

2003 年 10 月，美國馬里蘭大學的國際政策態度計畫（Program on International Policy Attitudes）公佈一項關於此次戰爭的研究，內容包括美國人對於戰爭的態度、對議題的認知，以及收看了那些媒體等。研究結果顯示收看商業電視的戰爭報導愈多，他們所關心其它主題則越少，且傾向支持小布希政府的戰爭立場[6]。

---

[6] 在 2003 年波斯灣戰爭中，蓋洛普民意測驗顯示，戰前小布希的支持率大約

McChesney（2004）認為上述媒體收視行為，對照於德國二次大戰時的納粹宣傳幾乎一致，當人們消費媒體資訊愈多，就愈不能明辨事情，也愈加支持傳播者。這種議題設定令人產生關注或支持的行為，而對其它議題發生排擠作用，在中國大陸學者李希光（2005）的研究中獲得進一步證實。

當此次戰爭爆發不久，SARS 隨即由中國大陸南方向外流竄，不論中國大陸的媒體或全球性媒體，都將焦點投注在戰爭上，並沒有為這個嚴重的流行病大聲疾呼，全球反恐的議題超越了其它議題，李希光（2005）指出，「他們的戰爭」展開媒體轟炸，以致忽略與公眾利益相關的「我們的新聞」。

就美國政府或小布希的立場而言，「自己的新聞」必須淹沒「對方的新聞」，美國的與美軍的新聞曝光一定要勝出對手。但當全世界主流媒體被戰爭新聞所攻佔時，其它的貧窮、污染、疾病、生態破壞等議題同時也被忽略與排擠。當然，和平與反戰的呼聲，也被壓制了，世界上有許多國家和地區的民眾，以及美國社會中相當重要的社群，都反對小布希政府的反恐政策與好戰行為，但是在戰爭時美國媒體上根本看不到聽不到這些呼聲[7]。如以後者或公眾利益的角度來看，當然是「他們的新聞」淹沒了「我們的新聞」。

只有 50%，但後來 76%美國人都成了小布希的支持者，戰後由於傷亡或伊拉克重建，小布希的支持度又開始走低。

7 美國媒體在布希尚未決定戰事之前，和戰雙方言論大範圍的接受討論，但開戰之後，焦點轉向以支持美軍、作好戰後伊拉克重建等為主。反戰言論在戰局已成之後，無法成為關注重點（蕭美蕙，2003 年 4 月 6 日）。

陸、結語

本章以電視媒介為主要研究對象，針對 2003 年波斯灣戰爭的傳播現象進行研究。全文涵蓋 3 大部分：美伊雙方的媒體操控、美伊雙方的媒體框架爭奪，以及全球戰爭傳播現象反映出那些值得省思的問題。

全球傳播從上個世紀 80 年代開始建立，90 年代成型。2003 年波斯灣戰爭的全球傳播已躍為戰爭傳播最基本特徵之一。有別於以往的國際傳播，尤其美伊雙方在這次戰爭中，所呈現的武力及傳播力量均顯不對稱，對於媒體操控與框架競爭亦有差別。

在媒體操控上，美國政府與美軍由於經過長期的經營、學習與改善，在公共外交、媒體公關及新聞管制上，無論對國際社會或全球性媒體的輿論，或在國內的政府、媒體及公眾間的緊密度，均有特殊且遊刃有餘的表現。美國在聯軍攻伊戰爭中首度採行開放的「陽光政策」，與全球資訊交流，以爭取更多認同，但對隨軍採訪卻有軟硬兩種措施。伊拉克則自 1991 年戰爭中學得教訓，採取比以前更靈活的媒體操控策略，但呈現絕對「人治」色彩，只對友善及反戰媒體表示歡迎，對絕大多數媒體都施以嚴格管制，實際上無法從這些全球性媒體獲得實際助益。

本章並分析美伊雙方的媒體框架競爭，為了爭奪媒體框架，美伊雙方互有爭鋒相對的議題設定，這包括：釐清指控問題 vs.擴大問題面向、恫嚇 vs.威脅、凸顯速勝印象 vs.製造敵方心理恐慌、嚴禁傷亡戰俘曝光 vs.勾串戰爭歷史傷痕；也在宣傳戰手法上充分運用並激烈交鋒，如美化自己與污名化對方、欺騙性宣傳交錯攻防、設計一些操弄媒體的議題等。

美伊雙方在媒體操控與媒體框架競爭上的策略與作法，都是著眼於塑建不利於敵、有利於己的作為，但在這些戰爭傳播現象與情景之外，不能只站在功能分析、科技決定論的角度，必須參考其它不同的解讀。因而，本章最後歸納出 7 項全球戰爭傳播現象，這些現象均先以問題型式出現，再經過綜合一些學者意見後作出回答。

這些值得吾人加以留意的傳播現象是：媒體在戰爭中的獨立角色令人質疑；經濟理性促使美國主流媒體成為順從共謀；新聞學理論在戰爭中是無法成立的；並非媒體操控戰爭，而是政府操控媒體，媒體淪為洗腦工具；美國政府之所以能操控媒體，得力於對媒體制度與運作狀況的學習與熟悉；弱勢媒體國家若人民無從發聲，必然受制於強勢媒體國家，以及媒介議題間會產生排擠作用，媒體被戰爭新聞所攻佔同時，其它的貧窮、污染、疾病、生態破壞等議題也被忽略。

第九章　新型態戰爭傳播的反應：中國大陸與台灣的例子

壹、前言

冷戰之後整體國際戰略情勢的轉變、各種高科技戰爭思維的提出，以及繼 1991 年波斯灣戰爭後，又經歷科索沃戰爭、美國 9．11 事件、阿富汗戰爭及 2003 年波斯灣戰爭等重大衝突事件，凡此皆對國際體系間的政治互動、軍事戰略思維、國家安全觀念有著莫大的衝擊。

由於歷史因素，以及迄今仍未排除以武力作為最後解決方式的關係，存在於台灣海峽兩邊的中國大陸（中共）與台灣，一直是感受國際環境變化至為敏感的一員。尤其中國大陸自江澤民起，轉為積極參與國際事務，倡論大國外交，其對美國的單邊主義（unilateralism）與新干涉主義（neo-interventionism）充滿戒心，一再提醒美國：「中國不是南聯盟（Federal Republic of Yugoslavia），台灣也不是科索沃」，希望美國不要介入台海爭端（林文程，2004）。

不論基於對台灣終極統一的要求，或躍居世界大國的思考，或因戰爭、新傳播科技所帶來的刺激與挑戰，2003 年波斯灣戰爭打完之後的中國大陸出現一些非常關鍵性的變化。例如「和平崛起論」（其後演變為「三和戰略」）是對長程歷史與國家形象重塑的反省；信息戰（Information Warfare, IW）是進一步對「高技術戰爭」概念的深化。

還有，「三戰」——即輿論戰、心理戰、法律戰的提出，雖在中共內部列為「戰時政治工作」的重點，但在台灣的解讀及政府的因應作為上，則認為其具有「以敵為師」（向美軍學習）的作用，更有指向台海戰場的強烈針對性（沈明室，2004 年 9 月 26 日）。

對於戰爭型態的巨大變化，台灣自 1991 年波斯灣戰爭後，已逐步調整國防戰略及建軍方向為以軍事防衛作為重點的全民國防觀念，尤在長期培蓄的「平時即戰時」的觀念下，並於中共高舉「三戰」之際，立即有「反制三戰」的提出。

相對於其它國家或地區，台海之間的「三戰」與「反制三戰」，可說是經 2003 年新型態戰爭傳播刺激的明顯案例。此對本書而言，具有一定意義，以此兩例為研究對象，可作為上章的接續研究。

就研究範圍來說，「三戰」與「反制三戰」所觸及領域，雖均與戰爭傳播有關，且三戰彼此相關，但事實上卻各涉專業，為聚焦故，「輿論戰」與「反輿論戰」遂為本章所欲探究的核心與重點。

惟須先予說明的，中國大陸的「輿論戰」顯然是受到新型態戰爭傳播刺激後所做的反應，但在呈現相關論述時卻諱言其中關係，並將論述範圍擴及古今中外，而台灣的「反制輿論戰」則係因應中國大陸的「輿論戰」而來，但其參考範例仍為「美國模式」。因而，就目前發展演變來看，「輿論戰」與「反輿論戰」均可視為對新型態戰爭傳播的反應。

本章在前言之後，先敘述中國大陸輿論戰與台灣反制輿論戰的提出，再以此兩個實例分別就對新型態戰爭傳播的認知及借鑒取法作比較分析探討，最後作出綜合比較的結論。

貳、輿論戰與反制輿論戰的提出

任何反應的形成，都是經年累月，絕非一夕之變化，在探查有關新型態戰爭傳播的反應時，亦應非一事一時的前後因果關係而已。但是，對於 2003 年波斯灣戰爭媒體戰的特殊表現，中國大陸與台灣在這塊領域均顯得特別重視，以致有「輿論戰」與「反制輿論戰」的提出。

此外，本節有待交代的，中國大陸在官方指導下，並非僅因美軍之媒體戰刺激而有「輿論戰」而已，而是分從「三戰」的視野予以解讀，而有三戰相互為用的三合一觀點，台灣亦對媒體戰多有研究，並持有政治作戰的觀點。

一、輿論戰的提出

中國共產黨能夠撐起一片天，不單是靠軍事武裝，第二章已提及毛澤東所說的槍杆子（軍事上的狂轟爛炸）與筆杆子（宣傳上的口誅筆伐）。中共對槍杆子與筆杆子都非常靈敏，這幾乎是中國共產黨建黨以來的傳統。早期毛澤東等共產黨員進行無產階級革命時，就是透過傳單、布告、宣言等簡單的宣傳形式，來發動群眾、動員人民。不過，那時代稱為「宣傳戰」（朱金平，2005：12）。

到了 1999 年，中共解放軍兩位空軍大校喬良、王湘穗所撰著的《超限戰》（此書曾引起廣泛注意，形成一股討論風潮），曾論及戰爭的 24 個戰法[1]，則已論及「媒體戰」與其它戰法如何搭配。

---

[1] 詳參喬良、王湘穗著《超限戰》繁體版（2004）。該書已提及「三戰」，其名稱在不同時空環境下並不一致，「輿論戰」稱「媒體戰」；「法律戰」稱「法規戰」；「心理戰」的名稱則相同（吳恆宇，2004：186-187）。這 24 個戰法

2003 年波斯灣戰爭期間的媒體戰現象，無疑是中共官方、學界與新聞界的觀察重點，唯當時使用的術語紛雜不一，常見的有「媒體戰」、「傳媒戰」、「新聞宣傳」、「軍事新聞傳播」等，應未曾有「輿論戰」之名出現。

「輿論戰」究竟如何醞釀與形成，迄今仍乏資料可考。比較確切訊息是於 2003 年 12 月，由當時中共軍委主席江澤民提出，修訂《中國人民解放軍政治工作條例》，正式明文將「三戰」——輿論戰、心理戰及法律戰，列為「戰時政治工作」的重點。

過了 3 個月，《解放軍報》刊載一則新聞，標題說：「輿論戰悄然進課堂」，內文報導中共軍隊唯一的新聞專業系——南京政治學院軍事新聞傳播系增設一門新課程——輿論戰，該門 60 學時的新課程已經納入新聞傳播理論課程教學體系之中（衡曉春、鄒維榮，2004 年 3 月 22 日）。

中共「輿論戰」的誕生，似甚突然，其實若與其「宣傳戰」一貫基礎銜接來看，並不令人訝異。只是其由上而下的貫徹方式，又避談受新型態戰爭傳播的刺激關係，以致中國大陸在此領域的專家學者隨後逕以「輿論戰」為題撰文卻不作相關說明，甚是普遍。甚且，2003 年波斯灣戰爭傳播現象，似順理成章的成為「輿論戰」課題下探論的例子或研究對象，例如胡全良與賈建林（2004）合著

包括軍事的、超軍事的及非軍事的三大類：（一）軍事的：原子戰、常規戰、生化戰、生態戰、太空戰、電子戰、游擊戰、恐怖戰；（二）超軍事的：外交戰、網路戰、情報戰、心理戰、技術戰、走私戰、毒品戰、虛擬戰；（三）非軍事的：金融戰、貿易戰、資源戰、經援戰、法規戰、制裁戰、媒體戰、意識形態戰。

的《較量：伊拉克戰爭中的輿論戰》，以及朱金平（2005）的《輿論戰》等均是。

二、反制輿論戰的提出

溯及辛亥革命或國軍初建時期，本來就有重視宣傳的傳統，然如本書第六章所提到的，遷台後國軍的傳播政策與做法係以媒體的公共關係為主，未曾將新聞戰、媒體戰或輿論戰付諸戰備整備的具體行動。

「宣傳戰」曾經一度出現，那是遷台初期，先總統 蔣公在談論對中共作戰戰術時，將「宣傳戰」與心理戰、組織戰、情報戰、謀略戰等戰法並列，但自民國 50 年起，則不再提宣傳戰，而換為思想戰（洪陸訓，2006）。如果說有比較明顯的改變，那應該是自民國 94 年起有關針對中國大陸「三戰」的「反制三戰」中提出「反制輿論戰」。

在《中華民國 93 年國防報告書》中，中共三戰業已正式出現我官方文書報告上，起初國防部的回應是「以心理戰與謀略戰克制共軍對我非武力三戰——法律戰、輿論戰、心理戰之攻擊」（國防部國防報告書編纂委員會，2004：83）。

迨民國 94 年 7 月，首次出現「反制三戰」。當時國防部總政戰局局長胡鎮埔接受英國《金融時報》專訪時，指出國軍全面性的組織改造工程中，政治作戰將統合現有能量，與未來建軍規劃相互接軌，建置反制中共「三戰」的總體戰力（蔡偵祥，2005 年 7 月 29 日）。

隔年 4 月，政治作戰學校軍事社會科學研究中心出版「反三戰系列」三書。其中《反三戰系列之一：中共對台輿論戰》的前言，特別對中共聲稱對台文宣要做到入島、入戶、入腦[2]，提出「兩岸一個新戰爭時代已經來臨」的警惕，並說到：「為了因應這樣一個新戰爭時代的來臨，我國如何知己知彼，並建構一套『輿論戰』的戰爭準則，是本書的主要研究旨趣。」

就此資料來看，所謂的「反制輿論戰」，即對特定目標而行反制，不對任何其它國家或地區的傳播源，只針對中國大陸對我行動而做反制，若究其實質，「反制輿論戰」即是輿論戰。

三、同中有異的觀點

中共乃藉宣傳起家，宣傳戰在其竄起過程中擔任至為重要角色，且自 1991 波斯灣戰爭後在心理戰研究亦累積不少成果[3]。但很明顯的，中國大陸對 2003 年波斯灣戰爭期間有關戰爭傳播的觀察，在其原本較具基礎的宣傳戰、心理戰方面所感受的刺激頗為強烈，卻仍未具備輿論戰整體觀念，尤其鮮少法律戰的觀念[4]，但經

---

2 中共從未放棄以非和平手段犯台，自胡錦濤上台之後的對台統戰工作更全面轉型，強調「硬的更硬，軟的更軟」，對台文宣要做到「入島」、「入戶」、「入腦」。

3 中國大陸對心理戰的研究十分豐富，如蔣傑（1998）的《心理戰理論與實踐》、王振興等（2001）的《高技術條件下心理戰概論》、杜波等（2001）的《現代心理戰研究》、郭炎華（2002）的《外軍心理訓練研究》、韓秋鳳等（2003）編《心理訓練理論與實踐》、劉志富（2003）的《心理戰概論》、羅忠潘（2003）的《心理戰教育演練指南》；在 2003 年底中共官方提出三戰之後的著述有，韓秋鳳等（2004）的《古今中外心理戰 100 例》、郝唯學（2004）的《心理戰 100 例》、魯杰（2004）的《美軍心理戰經典故事》、楊旭華（2004）的《心戰策》、謝作炎（2004）編的《信息時代的心理戰》、周永才等（2004）編的《心理中心戰》、郭炎華（2005）編的《心理戰知識讀本》、郝唯學等（2006）的《心理戰講座》。

4 例如柯醍褚（2003 年 7 月 16 日）曾提到「法律手段」，那是指美國對新聞

由中共官方修訂《中國人民解放軍政治工作條例》，使能集中學術與新聞等界視野於「三戰」，而且相關研究的著述、專書正持續蓬勃發展。

唯值得一提的，中國大陸學者在三戰各領域雖各自立論，卻亦甚強調「三戰」並非三種戰法，而是「三合一」的戰法，同時領略三戰起於平時的媒體戰場，是使用非軍事手段的一種積極方法，由此可證中共對於「第二戰場」的重視程度。如李習文、劉欣欣（2004）認為，「三戰」領域的對抗，主要在媒體與媒體之間展開；共軍海軍指揮學院副教授、大校林榮林（2004）則明確指出，三戰之間的區分具有相對性，在理論上三者互相包含、相互滲透，在實際操作中三者又互為條件、互為支援；又各有其獨立性，其地位與作用不同：輿論宣傳是基礎，法律運用是保證，心理謀略是核心。

台灣對於新型態戰爭傳播現象的探討，大抵可分為 3 大類[5]：（一）媒體攻防；（二）心理作戰；（三）政治作戰。但據國防大學

輿論的硬管控，運用反間諜法、煽動罪法、第一戰爭權利法等法律法規來管理媒體與掌控輿論，與其後中共官方所提「法律戰」的內涵殊異。中共官方的「法律戰」，乃是希望能夠掌握軍事主動，主導國際法或戰爭法內涵的詮釋權，作為獲得軍事效益的途徑，爭取軍心民意的利器，以及鞏固戰爭成果的保障。

[5] 台灣在媒體攻防方面，主要從美伊雙方如何運用新聞控管與媒體宣傳，以達贏得戰爭目的。例如吳建德與鄭坤裕（2003）的媒體運用策略分析、周茂林（2003）的新聞管制措施研究、余一鳴（2003）的新聞管制研究、劉振興（2003）的軍事媒體報導研究、張梅雨（2003b）的新聞策略運用研究、康力平（2005）的新聞處理與運用研究，以及方鵬程（2006b）的全球傳播現象分析、胡光夏（2003、2004a、2004b、2005b）的新聞處理、電視戰爭、網路新聞報導、廣播運用等研究均是。另如樓榕嬌、謝奇任、謝奕旭、蔡貝侖、喬福駿（2004）的〈台澎防衛作戰新聞策略之研究〉，乃鑒於 2003 年波斯灣戰爭新型態戰爭傳播演變及中國大陸可能運用國際宣傳而做，經

政治作戰學院政治系教授洪陸訓的看法，以上 3 類均可視為政治作戰的範圍之內，可統稱「政治作戰戰法」，而不受限於「六戰」[6]或「三戰」（洪陸訓，2006）。

洪陸訓（2006：31）認為政治作戰的意義，可從「非暴力的抗爭行為」與「非武力性或非戰爭性、非戰鬥性的作戰行動」此兩個面向來探討，前一種界定適用於軍事行動，也適用於非軍事行動的政治、外交、經濟、文化、社會、科技、心理、法律、媒體等抗爭活動，此是非戰爭性的非軍事行動；後者是特指武裝部隊在扮演國家安全角色和執行軍事任務時所從事的行動，可包括「六戰」、「三戰」和資訊戰、電子戰、點穴戰等各種戰法，而有戰略、戰役、戰術不同層次上的運用。

對於新型態戰爭傳播的探討，可能由於解讀觀點（perspective）的不同而呈現差異狀況，就中國大陸與台灣這兩個例子來說，則是出現同中有異的情形。至目前為止，中國大陸呈現以「輿論戰、心理戰、法律戰」為主的三合一觀點，而台灣主要是訴諸政治作戰的

採德菲法蒐集 10 位來自學界、媒體及軍隊專家的意見後所呈現的各方觀點，則多以危機傳播為主。

在心理作戰方面，著重於美伊運用媒體以遂心理作戰得失的評析，如有張梅雨（2003a）的以新聞做心戰分析、謝奕旭（2003）的心戰廣播分析、許如亨（2003b）的心理戰研究、王俊傑（2004）的美軍心戰傳單內容分析、謝鴻進與賀力行（2005）的資訊心理戰研究等。

在政治作戰方面，即依據國軍所建構的 6 大戰法來研析美伊雙方作為得失，如藍天虹（2003）的政治作戰研究、李智雄（2003）政治戰略分析、沈明室（2003）的精神戰力與士氣分析、聞振國（2003）的群眾戰（傳媒運用決定國民意志之強弱）研究等。

[6] 國內自政府遷台後，在政治作戰學校（現已改制為國防大學政治作戰學院）長期發展政治作戰，有所謂的 6 大戰法，即思想戰、謀略戰、組織戰、心理戰、情報戰、群眾戰。

型態，但兩方則均深刻理解新聞戰與媒體戰等概念超乎以往的重要性與必要性，此由以下接續的探討可略窺梗概。

參、對新型態戰爭傳播的認知

中國大陸與台灣對於新型態戰爭傳播的認知，較具代表性見解如表 9-1 所列舉。其中又可分 3 單元來加以檢視：對於「第二戰場」的認識、對於新型態戰爭傳播的理論探討，以及對新型態戰爭的期許。經由表列對照之後比較雙方面的看法，雖無大幅差異，但在反應的幅度上或關注重點則有不同。

表 9-1：對新型態戰爭傳播的認知

檢視項目	中國大陸方面	台灣方面
對「第二戰場」的認識	•「戰爭是一種被傳播的訊息景觀」，使得戰爭的傳播本身成為事件的中心（陳衛星，2003：233）。 •從內容看，媒體戰是運用信息的戰爭；從實質看，媒體戰是征服敵人心理的戰爭（周偉業，2003：116）。 •媒體戰中國與國之間的媒體，槍口一致對外，用自己的聲音，來對付對手的聲音（姜興華，2003：27）。 •新聞宣傳作為實施心戰的重要武器，運用於戰爭全過程，借助虛實結合、真偽難辨的宣傳輿論信息，在兵戎相見的戰爭中開闢	•藉由製造假新聞，使對方誤判形勢，形成物理及心理環境優勢（余一鳴，2003：137）。 •媒體的競爭及交戰雙方運用媒體等，形成另一個戰場（徐瑜，2003：323） •美伊戰爭不僅是一場現代軍事科技武器的戰爭，也是一場媒體戰與新聞戰（胡光夏，2004a：424）。 •美軍開闢兩個戰場，一是傳統的真實戰場，另一是以現代資訊科技為主的想像戰場（王崑義，2006：27-28）。 •軍事作為是充分條件，而非必要條件，如能加上「傳播戰」作為，

	了「軟殺傷」戰場（黃文濤，2003：112）。 • 美國就是把輿論宣傳與武力的阻嚇和進攻有機地結合起來，做到「文攻武嚇」（朱金平，2005：241）。	當更能凝聚民心，鞏固軍心（陶聖屏，2003：338-339）。 • 相關研究成果充分運用提升全軍「傳播戰」的概念（康力平，2005：137）。
對新型態戰爭傳播的理論探討	• 輿論戰與心理戰各有不同的功能機制（王林、王貴濱，2004年6月8日）。 • 宣傳戰、輿論戰、心理戰既是軍事謀略研究的範圍，又需要研究其中的謀略運用（劉雪梅，2004年2月10日）。 • 美軍的輿論戰略已見成效，必須研究制定具有本國特色的輿論戰戰略，健全輿論戰預案（徐周文，2004：41）。	• 從框架理論看，戰爭中敵對雙方均透過主觀的詮釋架構，選擇有利於己的訊息；台灣在中共威脅下，應結合學界與軍方，關注戰爭與傳播之間關聯性議題的研究，研擬我宣傳內容與宣傳管道（閻振國，2003：155）。 • 全美有3千多所大專院校設有傳播相關科系，從不同理論基礎研究傳播媒體；國軍應以科學精神與實證的方法深入研究探討（陶聖屏，2003：339）。
對新型態戰爭的期許	• 傳媒戰作為一種對人施加影響的非暴力手段，在戰爭中的地位日益提高（鄭瑜、王傳寶，2003年12月16日）。 • 新聞傳媒的戰略威脅作用明顯提高，資訊正部分地代替人與武器的作用，充斥社會和戰場（郝玉慶、蔡仁照、陸惠林，2004年5月17日）。 • 在資訊時代高技術戰爭中，新聞傳媒已成為戰爭機器的一隻關鍵性輪子，成為高技術戰爭中的一支「新軍」（洪和平，2003年8月26日）。	• 媒體在戰爭中扮演著關鍵性角色，不但從事新聞的報導，更主導與營造有利環境，促使戰力有效發揮（劉振興，2003：85）。 • 美軍戰場媒體運用戰略扮演政治、心理、外交戰略等多種功能，對軍事戰略與行動有加乘作用（吳建德、鄭坤裕，2003：258）。

資料來源：作者自行整理。

一、對「第二戰場」的認識

如第二章所言，「第二戰場」就是「筆杆子」、「虛幻現實」、「心理精準度」，或所謂的「內心戰爭」。在理論上尋求與新傳播科技相銜接，並建構可行做法，是中國大陸刻正發展的輿論戰的特色，但迄今仍無權威整合的定義。

思今等在〈輿論戰：信息化戰爭的一大奇觀〉中，就是將輿論戰等同於「第二戰場」，藉以涵蓋以下存在於中國大陸的多種不同認識（思今、侯寶成、李金河、楊繼成，2004）：

第一種認識，認為輿論戰是心理戰的一部分，即所謂宣傳心理戰：這是透過大眾傳播媒體宣傳，對敵人施加壓力及影響，以期達到改變敵方觀念和意識形態，弱化敵方士氣和瓦解敵軍的作戰方式。

其次，是新聞輿論戰：是交戰雙方依託新聞媒體展開的全方位攻心伐謀的特殊作戰樣式，強調要與心理戰、信息戰高度融合，謀略化地運用新聞傳播的技巧。

再者是宣傳輿論戰：係由政府及軍隊的宣傳機構，以媒體操控與框架競爭的作為，進行壓制對手、贏得公眾的較量。

第四種可說是政治作戰（中國大陸有時也使用此一名詞）的觀點：即平日經由各式媒體傳播，有計畫的散播選擇性信息，主導輿論與議題建構，影響民意歸向，以改變敵我雙方整體力量對比的無形戰力。

彼等還歸納輿論戰在現代化戰爭的作用有：（一）製造戰爭藉口，增取民眾支持；（二）醜化宣傳對手，極盡挑唆攻訐；（三）激發戰志，凝聚軍心；（四）削弱敵方士氣，力爭瓦解敵軍（思今等，2004）。

大體上，台灣對於「第二戰場」有著完整認知。如胡光夏（2004a）曾指出傳播媒體已成為進行宣傳戰、心理戰和謀略戰的有效工具，具體作為包括：國際媒體宣傳戰、心戰廣播與電視、心戰傳單、戰術心戰喊話和資訊心理戰（網際網路、傳真、行動電話等）。

但與中國大陸著重於理論建構與做法相比較，台灣在相關研究意見的顯現上，則著重於對此領域重要性的揭示與提醒。如「軍事作為是充分條件，而非必要條件，如能加上傳播戰作為，當更能凝聚民心，鞏固軍心」（陶聖屏，2003：338-339）；「鼓勵相關研究發展，建立全軍傳播戰觀念」（康力平，2005）等。

基本上，中國大陸與台灣兩方面對此均有深刻體認，都了解在軍事武力戰場之外的「第二戰場」的重要性。但台灣比較重視認知新聞或媒體是一戰爭的場域，而中國大陸除強烈表現於「征服」、「對付」、「殺傷」及「文攻武嚇」等字眼的使用外，並積極從事輿論戰的理論建構與做法研議。

二、對新型態戰爭傳播的理論探討

在中國大陸方面，顯現出直接訴諸理論建構，且寄予輿論戰克敵制勝的高度興趣，此可以下所舉徐周文重視健全輿論戰預案、王林與王貴濱的輿論戰功能機制、劉雪梅提出新聞輿論戰謀略等 3 例為代表。

徐周文（2004）強調輿論戰預案的研究要項包括：研究各主要國家民眾、政治家的文化特徵；確立何時發布什麼新聞才能引導輿論；研究通過何種形式、在什麼地點來滿足各類媒體的信息需求，達到媒體為我所用；研究如何管理各國媒體，輿論戰如何與媒體相處；研究我方媒體如何獲取戰場信息，用何種手段傳播信息等問題，使我始終處於輿論戰的主導地位（徐周文，2004：41）。

王林、王貴濱（2004 年 6 月 8 日）指出輿論戰的功能機制在於：（一）注重時空的全維性，兵馬未動，輿論先行，武鬥已止，舌戰不停；（二）對客體社會文化深層結構上長期滲透，改變敵方民眾的認知和信念；（三）運用大眾傳媒及其它較為顯性的信息媒介，進行信息作戰；（四）不僅要與敵方直接「交火」，還要對自己的友方、敵國的盟友、中立方進行輿論引導、滲透；（五）在作戰主體方面，包括軍隊特定的輿論作戰人員、軍隊媒體民間的新聞工作人員、大眾傳媒，以及各種能夠承擔信息傳輸的組織均是。

又如劉雪梅（2004 年 2 月 10 日）認為傳播對社會的影響是分層次的，只有對閱聽眾不同的族群、文化、知識、智能、價值、態度、行為，做出對應性、分層次的傳播，才能顯現效果；她曾就美軍在伊拉克媒體戰作為，整合成新聞輿論戰的 7 大謀略（見表 9-2）。

表 9-2：新聞輿論戰的謀略

直接性謀略	通過投其所好、及時褒貶、恐懼訴求等信息傳播方式刺激接受者的心理。
間接性謀略	通過典型示範、示假隱真、聲東擊西、指桑罵槐等信息傳播方式，進行有效的心理暗示。
連續性謀略	經過選擇的、連續不斷的報導，壟斷公衆注意力，營造出特定的意見環境，引導公衆輿論。
積累性謀略	找準接受者的特點，以相應的種族、信仰、文化宣傳為突破口，進行長期滲透，最後使接受者不知不覺地接受施謀者的觀念與主張。
時機性謀略	通過控制議程、控制時間、抓住時機、創造時機等方式，牢牢地把握住信息公開的最有利時機，削弱不利因素的影響。

定位性謀略	通過傳播內容的個性化，增強傳播的針對性與有效性，潛移默化地影響受眾。
預防性謀略	通過事先向某些受眾者灌輸或提供警示性訊息，增強其抵禦負面訊息的心理承受能力，強化反宣傳效果。

資料來源：整理自劉雪梅（2004 年 2 月 10 日）。

相對於中國大陸訴諸理論建構，國內學者則比較重視方法論或研究方法的採用，從研究中理出正反面意見及值得參採借鏡的建議。如劉振興（2003）以政治傳播學為分析架構，內容分析為方法，得出媒體會考慮專業立場，並未出現一面倒情形；聞振國（2003）就群眾戰的觀點加以研究，雖肯定掌握媒體宣傳攻勢的必要性，但提出「杜絕戰爭藉口」的重要性，呼籲台灣不可成為「戰爭製造者」；劉秋苓（2004）則從國際公共關係途徑，分析美國在戰爭面的勝利與戰略面的挫折，提出不同的視野。

胡光夏的多篇研究（2003、2004a、2004b、2005b），曾對 2003 年波斯灣戰爭新聞處理、廣電與網路運用等進行分析，採用文獻與歷史分析法，依據的分析架構各分別為媒體與戰爭、軍隊公共關係、國際政治傳播、宣傳研究、網路傳播等。例如其在〈2003 年美伊戰爭新聞處理之研究〉中，即是對美軍開放隨軍採訪同時做利與弊之分析，而建議國軍應再以座談等開放方式，汲取各方經驗作為研擬戰爭新聞處理的參考。

美軍在伊拉克戰場上的傳播作為及帶給世界的影響，中國大陸與台灣均曾從傳播學理論上加以審視探討，並從中整合出較適自己發展的建議、策略或謀略，但由上觀之，兩者各有不同的探論旨趣與取向。

三、對新型態戰爭的期許

依據鄭瑜、王傳寶（2003 年 12 月 16 日）的看法，在信息化戰爭條件下，以往軍事武力決定戰場勝負的情況已發生極大變化，他們認為傳媒戰的地位已日益提高。

徐州文（2004）也是站在信息化戰爭條件立論基礎上，認為戰爭雙方在傳播領域進行的鬥爭，已經發展成信息戰的重要組成部分，新聞傳播媒體由過去戰略附屬部分上升為戰略主導部份，在戰爭中具有突出的地位與作用，在和平時期也顯得特別重要。

洪和平（2003 年 8 月 26 日）還有「新軍」之論。他認為戰爭決策者應不再滿足傳媒在機械化戰爭中僅擔任戰況報導服務，以及僅僅作為傳統意義上的戰爭配角，而是從戰略上對傳媒的作用進行整體謀劃，使傳媒成為信息時代戰爭機器的一隻關鍵性輪子，成為高技術戰爭中的一支「新軍」。

然而在台灣，由於已有國軍心戰大隊的建制，因而在心理戰這方面才有「資訊化心戰」的提議（謝鴻進、賀力行，2005），此亦是國軍現階段軍事革新重點目標之一，但從整體性或戰略性層面檢視新型態戰爭傳播的意見，並未形成。台灣看見的是媒體在戰爭中的關鍵性角色，對戰力提升或軍事戰略與行動具有效作用與加乘作用，至於反制輿論戰能否形成戰略性考量的發展，仍有待觀察。

在對新型態戰爭傳播的期許上，中國大陸賦予傳媒戰、新聞戰或輿論戰具戰略威脅性，日益提高的地位，甚且是高技術戰爭中的一支「新軍」；反觀台灣，則較肯定其對戰力發揮具「有效」作用與「加乘」作用。

肆、對新型態戰爭傳播的借鑒取法

本節繼續探論中國大陸與台灣對新型態戰爭傳播的借鑒取法，除表 9-3 所列舉見解外，另一併探討政府或軍隊一些已經付諸行動的作為。本節分以下 3 單元來加以檢視：對「大傳媒」的建構、對媒體操控的構思，以及因應新型態戰爭傳播的準備。

表 9-3：對新型態戰爭傳播的借鑒取法

檢視項目	中國大陸方面	台灣方面
對「大傳媒」的建構	• 建立廣泛的統一戰線，在很大程度上都需要藉助國家傳媒來進行，加大向世界各國的新聞傳播與輻射程度。構建具國際影響力的強勢傳媒，發揮影響輿論的主渠道作用，才能爭取國際輿論（徐周文，2004：43）。 • 要形成輿論優勢，就必須創辦具有國際影響力的媒體，搶佔重大新聞的首播權（思今等，2004：6）。 • 中華民族要自立於於世界民族之林，要成為世界強國，必須在國際傳播領域取得一定的地位，牢牢佔領傳媒這塊陣地（胡全良等，2004：337）。	• 透過傳媒爭取國際支持、鼓舞民心士氣，及適度必要的管制措施，為心戰與新聞整合之重要課題（李智雄，2003：51）。 • 對電子科技的研發及新聞策略運用技巧上，也應加強投入，平時能在國際媒體提高知名度，戰時能主動出擊，在國際媒體贏得一席之地（張梅雨，2003b：335）。
	• 美軍採取隨軍記者做法，是現代政府公關與軍事心理戰的一大進步，雖採取貌似開放的互利方式，其實利於傳播者一方的議題設定（張巨岩，2004：76）。 • 新聞輿論戰的組織實施具有複雜	• 美方雖核准隨軍採訪，但許多國際媒體仍設法自尋管道進入伊拉克採訪（胡光夏，2003）。 • 新聞報導與溝通具「雙面刃」特性，可能成為軍事行動的助力，也可能是阻力，軍隊必須尋求輿

對媒體操控的構思	性，必須牢固樹立控制新聞輿論權就是掌握戰爭主動權的觀念（孔英，2004 年 6 月 1 日）。 • 一方面，要建立健全戰時新聞輿論組織協調指揮機構，並制定戰時新聞管理法規，建立軍事新聞發佈制度，以此構建戰時新聞輿論管控體制。另一方面，則要注意現代戰爭中新聞輿論交戰的新變化和新特點，研究軟調控的方法，提高戰時新聞輿論管理的藝術性和有效性（柯醍褚，2003 年 7 月 16 日）。 • 在未來戰爭中，我們也要在以嚴格的法規規範有關媒體及記者報導的同時，實行有效的管控檢查，以保證所有的從我方發出的報導，不影響我軍的戰略意圖，並更好的維護國家的戰略利益，促進戰爭進程向有利於我方的方向發展（朱金平，2005：281-282）。	論支持與軍隊安全之間最適切的位置（余一鳴，2003：138）。 • 重視「國家安全」、「新聞獨立自由報導」、「人權價值」的三角互動關係，以為國家頒定新聞管制措施的評估因素（周茂林，2003：22）。 • 在平時須與媒體保持良好關係，在戰時尋求媒體主管、意見領袖的配合，爭取媒體輿論的支持，最重要的是應誠實的主動發布消息（樓榕嬌等，2004：327）。
因應新型態戰爭傳播的準備	• 及早制定戰時新聞管控法或戰時新聞管制實施辦法，使有法可依，有章可循（朱金平，2005：281）。 • 試行戰時新聞傳播機構，為未來戰爭累積經驗（胡全良等，2004：338）。 • 在國防與軍隊中加強輿論戰投資，將輿論戰經費納入國防預算，激發官兵提升輿論戰的攻防能力（思今等，2004：6）。 • 面對未來戰爭，必須用創新的思	• 在強調高科技武器、高素質人力的同時，能否建立完整戰時新聞作業體系，值得我們深思（龔瓊玉，2003：326）。 • 我國媒體正在蓬勃發展中，未來萬一遇到戰爭，美伊兩國戰時新聞管制作為，殊值吾人借鏡（戈思義，2003：328）。 • 國軍如何強化公共事務理念與做法，結合媒體文宣力量，深化全民國防，積蓄總體戰力，為今後努力方向（劉慶元、段復初，

	路和辦法構建戰時新聞研究與人才培訓機構，對我軍戰時新聞部門與人員的職能重新定位（胡全良等，2004：338）。 • 再好的輿論戰的戰略戰術，如果沒有合適的人去實施，只能是空談而已，從現在起就須重視人才隊伍的建設，納入整個戰略通盤考慮（朱金平，2005：286）。	2006：216-217）。 • 在不妨害新聞自由的前提下，研擬有限度的新聞管制措施（樓榕嬌等，2004：328）。 • 建立完整的戰時新聞作業體系及媒體動員規劃與應變措施及演練，充分掌握宣傳的主動能力，戰時方能渠引國家整體力量的發揮（聞振國，2003：155）。 • 融入國防施政之專業公關人才培養與長期耕耘至為重要，必須妥善規劃（方鵬程、延英陸、傅文成，2006：496）。 • 開設政治作戰學院新聞博士組，培養可長可久的研究能量及輿論戰力（陶聖屏，2007：16）。

資料來源：作者自行整理。

一、對「大傳媒」的建構

「大傳媒」一詞可以用來觀察對新型態戰爭傳播的反應情形。所謂「大傳媒」，在這裡給予的粗略界定是指一個國家所擁有影響國際視聽的媒體規模必須大或加大，俾利於爭取國際輿論的領導權或解釋權[7]。中國大陸與台灣對此均有不同程度的取法美國的行動。

中國大陸的「大傳媒」運動，早自新舊世紀交替之際為迎向WTO就已開始，2001年成立中央級的中國廣播影視集團[8]，並與美

7 趙曙光、張小爭、王海（2002）曾合撰《大傳媒烈潮》，介紹中國大陸在影視、網路、報紙、雜誌及出版等媒體大規模重組與劇烈變革的發展現況與趨勢。本章此處借用其「大傳媒」一詞，並做狹義之界定。

8 中國廣播影視集團於2001年12月6日掛牌成立，旗下包括中國中央電視

國線上時代華納進行頻道交換，在美轉播全天候英語發音的中央電視台第九台節目，到了 2003 年波斯灣戰爭之後的反應尤烈，如表 9-3 所列舉的見解均是。

朱金平在《輿論戰》中論及學習他人的輿論戰經驗時，就指出「美國擁有許多世界級的媒體[9]，其輿論影響力也是國際性的。」（朱金平，2005：263-264）。中共國家廣電總局局長徐光春曾指出，中國廣播影視集團將與中國大陸其它有影響力的媒體合作，「形成與國外媒體競爭的大型國家級傳媒集團，爭取早日實現國家主力、亞洲和世界一流傳媒的目標，把中國的聲音傳向世界各地。」（趙曙光、張小爭、王海，2002：4）

由於媒體制度與經營環境的不同，台灣雖未出現像中國大陸建立大傳媒的構想與行動，但如李智雄（2003）、張梅雨（2003b）等則有透過傳播媒體爭取國際支持之議。

另方面，為增強反制中共三戰新聞傳播效能，國防部軍事發言人室已朝兩個重點做努力：（一）建置可發揮新聞傳播指管效率的資訊系統，作為形塑傳播優勢，增取輿論支持與國際奧援的重要設施；（二）規劃於民國 97 至 100 完成「新聞衛星傳送系統」，強化

台、中央人民廣播電台、中國國際廣播電台、中國電影集團公司、中國廣播電視傳輸網路與中國廣播電視互聯網站等，員工 2 萬多人，年收入超過百億人民幣，被稱之為中國版的「媒體航空母艦」。

[9] 朱金平（2005：264）列舉美國的世界級媒體，包括美聯社每日發稿超過 100 萬字，向 100 多個國家地區的新聞機構供稿；美國全國廣播公司，有自營的 5 家電視台和 8 家廣播電台，影響遍及國內外的 500 多家附屬的電視台與電台；有線電視新聞網在全世界各地派有 1700 多名記者，其節目經由 5 個人造衛星向全世界播放，有 90 多個國家、120 家電視台長期購買它的轉播權；美國之音每日用 43 種語言不間斷的廣播；紐約時報有工作人員 5000 多名，每日出版 3 或 4 次，每份報紙一般為 450 多頁。

新聞文宣效能，於平時、戰時將國軍即時新聞及有利戰訊傳送國內外媒體運用（熊念慈，2006 年 12 月 21 日）。

由此來看，中國大陸取法美國、朝向世界一流傳媒的目標非常確定，而台灣在於強化新聞文宣效能，以增取國內輿論支持與國際奧援。

二、對媒體操控的構思

中國大陸並非不了解媒體操控的複雜性，但如表 9-3 所列舉，重視「傳播者」機制的意見顯得十分普遍。例如孔英（2004 年 6 月 1 日）是少數關注到媒體操控複雜性的一位，認為戰爭一旦打響，必然形成記者雲集、輿論滿天飛的局面，而且媒體立場不同，戰場「聲音」難統一，但他亦強調必須經過謀劃，營造有利戰場的輿論環境，最大限度地利用輿論為戰爭服務。

另，美軍的隨軍採訪乃軍隊公共事務制度經長期運作後，在媒體公關策略執行上的改進，徐周文亦強調類此機構設置的必要性：「可把輿論戰納入國防動員體制，依託國家與社會，建立平戰一體、權威高效、關係順暢、反應快速的組織領導機構。」（徐周文，2004：41）

類似以上的言論，在台灣是不易出現的。例如余一鳴（2003）強調運用媒體的「雙面刃」特性；周茂林（2003）重視「國家安全」、「新聞獨立自由報導」、「人權價值」的三角互動關係。

在台灣這個較為自由多元的社會中，媒體並不為政府機構或任何階級做特別服務，反而政府機構、企業或非營利團體等須留意經營媒體關係。康力平（2005）即認為，當前國軍正在推行軍務革新與組織精簡，在無法透過增設單位或人員的情況下，有待整合政戰工作力量，建立整體性公共事務的執行機制。

以樓榕嬌等幾位學者所做〈台澎防衛作戰新聞策略之研究〉為例，他們雖提出國軍軍事發言人室位階無論平時、戰時均應提升，以利協調統合資訊的看法，但同時更強調傳播者在平時須與媒體保持良好關係，在戰時「尋求媒體主管、意見領袖的配合，爭取媒體輿論的支持」（樓榕嬌等，2004：327）。

類似重視媒體的言論亦出現在反制中共輿論戰的探討上，陳津萍（2005）對國內電子媒體雖冀望甚深，但亦僅認為「使媒體自覺為國家安全服務，先發制人，向國際社會發聲」，是為首選的方法。

2003 年波斯灣戰爭中美國進行空前規模的隨軍採訪，實是「傳播者」實踐戰爭傳播行為的特殊表現（張巨岩，2004），此帶給中國大陸莫大程度上的刺激，反應於「傳播者」在中國大陸的角度亦比較強烈，相對的，對台灣則較顧及「媒體」的自主性與主動配合性。

三、因應新型態戰爭傳播的準備

對黨國一體的中共而言，由於官方高舉「輿論戰」的號召，類如制定戰時輿論戰管控法（朱金平，2005），建立戰時新聞傳播機構（胡全良等，2004），在國防與軍隊中加強輿論戰投資，激發官兵提升輿論戰的攻防能力（思今等，2004），已是無須經過協調的共識，做好輿論戰準備已成中共上下動員的重點工作，並被認為是未來戰爭的必備條件。

在台灣，有關建立戰時新聞作業體系、研擬有限度的新聞管制措施等（參閱表 9-3）猶處於提議階段。目前較具體的行動在於研修國防部「戰時新聞中心」及聯戰指揮中心「作戰中心－新聞傳播小組」的戰時任務、執掌與人力裝（設）備。

雖然，國軍可藉由全民國防、國防結合民生等機制，擴大結合民間力量，但在相關因應準備上，仍以國軍內部作為為主。國軍各級政戰人員一直是國軍內部面對面傳播任務的主力，運用視聽媒體或各項集會時機，說明與剖析中共輿論戰意圖及我因應作為，藉以提高敵我之辨、憂患意識，即是現階段的重點工作[10]。

然就輿論戰或反制輿論戰而言，人力素質攸關所有準備成效，因而在此方面的提議與做法益形重要。大體說來，因應新型態戰爭傳播的發展，中國大陸與台灣均積極從事人才培育與整合。

于海江（2004）認為，新聞戰是交戰雙方新聞人員素養的較量，強化新聞戰技能是政工幹部的責任；政工幹部得掌握新聞戰的基本技能，利用各種手段對新聞加工整理，有效的獲取新聞、利用新聞，提高新聞的效用與戰鬥力。

思今等（2004）呼籲盡快建設一支「打贏高技術條件下輿論戰的人才隊伍」，這支人才隊伍包括 4 種輿論人才：新聞發言人、公共事務官員、輿論權威及戰地記者。胡全良等（2004）還倡議分批培訓軍事新聞記者，並利用平時重大和突發性軍事事件實施「實戰」演練。

---

10 國軍視聽、平面媒體與莒光日教學亦充分加強宣導，藉訪問專家學者呈現觀點，並鼓勵基層官士兵發表意見，形成互動交流。以《青年日報》為例，就曾以社論、專論、專欄、意見心聲等方式，民國 95 年 10 月開闢的「認清中共三戰，鞏固全民心防」系列，更深入探討過台生優惠措施暗藏陷阱、農業統戰、開放觀光、拉攏醫界、坐視偷渡、逼商促統、宗教交流等主題。

過去，中共軍隊習於戰場喊話、宣傳標語、傳單等的運用，但現在的輿論戰手段則是在傳統方法上，銜接新傳播科技的發展與活用，南京政院軍事新聞傳播系除開設「輿論戰」課程，並擔任「軍事新聞理論研究」、「軍事傳播理論研究」、「現代戰爭與大眾傳媒」這 3 個「國家級科研課題」的研究任務，以促進新聞輿論戰教學研究的科學化及系統化（衡曉春、鄒維榮，2004 年 3 月 22 日；吳恆宇，2004；馬振坤，2004）。

台灣方面主要藉由軍文交流，針對「媒體戰」、「反制輿論戰」辦理學術研討會，相關整合意見運用在漢光演習中驗證，以測定新聞專業培育經管做法。國防大學政治作戰學院新聞研究所及國軍現役新聞傳播相關科系碩、博士人力，另以任務編組整合具理論與實務經驗人才，執行專案研究。

又，國軍新聞傳播人才培育管道是多元開放的，除政治作戰學院新聞研究所外，更多有分赴國內外大學深造獲得碩博士學位者，對於西方傳播理論與科技發展掌握與運用的能力甚高，晚近亦有在政治作戰學院新聞研究所開設博士班之議（陶聖屏，2007）。

伍、「啓發型」與「探究型」：綜合比較與結語

由於冷戰之後整體國際戰略情勢的轉變、各種高科技戰爭思維的提出，在歷史因素，以及迄今中共仍未排除以武力解決台灣問題的環境背景下，中國大陸（中共）與台灣，一直是感受國際環境變化至為敏感的一員。相對於其它國家或地區，台海之間經 2003 年新型態戰爭傳播刺激後的「三戰」與「反制三戰」的提出與反應，

可說是探論戰爭傳播的很好案例，但為聚焦故，本章將探究的重點擺在「輿論戰」與「反輿論戰」上。

中共「輿論戰」於 2003 年波斯灣戰爭結束後提出，看似突然，其實若與其「宣傳戰」一貫基礎銜接來看，並不突然。國軍本來在大陸時期就具有重視宣傳的傳統，遷台後的傳播政策與做法係以媒體的公共關係為主，未曾將新聞戰、媒體戰或輿論戰付諸戰備整備的具體行動，「反制輿論戰」的提出係因中共「輿論戰」的關係，而就其本質，「反制輿論戰」即是「輿論戰」。唯在解讀上，中共的輿論戰係與心理戰及法律戰相聯繫，而有三戰相互為用的三合一觀點，台灣則持有政治作戰的觀點。

本章主要以中國大陸與台灣為例，分別就對新型態戰爭傳播反應的兩項層面——認知及借鑒取法做比較分析探討。其中對新型態戰爭傳播的認知又分（一）對於「第二戰場」的認識、（二）對於新型態戰爭傳播的理論探討、（三）對新型態戰爭的期許 3 大項；對新型態戰爭傳播的借鑒取法，則分（一）對「大傳媒」的迷思、（二）對媒體操控的構思，以及（三）因應新型態戰爭傳播的準備加以檢視。

對於「第二戰場」的認識上，中國大陸與台灣對此均有深刻體認，都體認在軍事武力戰場之外的「第二戰場」的重要性，但台灣比較重視認知新聞或媒體是一戰爭的場域，而中國大陸除強烈表現於「征服」、「對付」、「殺傷」及「文攻武嚇」等字眼的使用外，並積極從事輿論戰的理論建構與做法研議。

對於新型態戰爭傳播的理論探討，中國大陸與台灣均曾從傳播學理論上加以審視探討，並整合出建議、策略或謀略，但兩者的探論旨趣與取向各有不同。中國大陸顯現出直接訴諸理論建構且寄予輿論戰克敵制勝的高度興趣，台灣則比較重視方法論或研究方法的採用，從中理出正反面意見及值得參採借鏡的建議。

在對新型態戰爭傳播的期許上，中國大陸賦予傳媒戰、新聞戰或輿論戰具戰略威脅性，日益提高的地位，甚且是高技術戰爭中的一支「新軍」；反觀台灣，則較肯定其對戰力發揮具「有效」作用與「加乘」作用。

對「大傳媒」的建構，中國大陸與台灣有著不同程度的行動。前者取法美國、朝向世界一流傳媒的目標非常確定，而台灣在於強化新聞文宣效能，以增取國內輿論支持與國際奧援。

對媒體操控的構思，中國大陸強烈反應於「傳播者」的角度，重視「傳播者」機制的作為，相對的，對台灣則較顧及「媒體」的自主性與主動配合性。

因應新型態戰爭傳播的準備，中國大陸與台灣均有建立戰時新聞作業體系及新聞管制措施等的研議，前者還有國防與軍隊中加強輿論戰投資的看法，做好輿論戰準備已成中共上下動員的重點工作，台灣則猶處於提議、研修階段。唯在傳播人力培植與整合上，形同另一種競賽，攸關輿論戰或反制輿論戰的發展。

從以上的比較分析，可以了解新型態戰爭傳播在中國大陸與台灣形成反應的大致情形，此二實例由於彼此尚存在生存競爭的對抗，在理論探討與戰備整備的需求下，均對新型態戰爭傳播投以較大的注意與借鏡，甚且顯現出部份雷同的關注情境，然畢竟兩者因政治體制與社會結構的差異，以及各自學術研究在方法論與研究方法的差異，對於新型態戰爭傳播的反應幅度或可以致力的重點及層面則有不同。

大致而言，中國大陸呈現出「啟發型」的反應型態，是由美軍的作為開啟出自己可有應有的作為，顯現直接訴諸理論謀略建構且寄予輿論戰克敵制勝的高度興趣；台灣則是「探究型」的反應型態，注重於探討美軍的作為究竟有何功效，正反面意見並陳，從中參採適合自己現狀的借鏡，至於如何化為具體行動，必須假以較長時間與一定程序，透過政治體系整合各次級體系，始能發揮預期的功效。

又，中國大陸提出輿論戰本具強烈針對性，台灣即是其主要假想敵之一，旨在於平時及必要時期取得「攻台」正當性，而台灣的「反制輿論戰」，雖係以其人之道還治其人之身，但目的則在反制中尋求化解中國大陸獲致正當性過程中可能的輿論攻擊。

綜觀此兩種類型，相互之間的競爭與對峙持續活躍著，對於新型態戰爭傳播的反應亦暫不終止，兩者雖皆屬輿論戰，都是戰爭傳播行為，然究其本質、思考方向與進行動態，則有殊途發展的差異情形。唯深值世人留心的，其是否可以作為對戰爭傳播理論建構的不同範式，兩者之間是否可能具有互補性，彼此均可取人之長補己之短，或應再尋求超越，或再增益和平的論述等等，正留待人們思考戰爭傳播的無限空間。

第十章　戰爭傳播的未來
：對話及其可能的啟示

自有人類以來，戰爭一直相隨至今，戰爭未曾在人類社會中斷過。根據統計，在距今 4 千多年的歷史中，只有 300 年左右的和平時期，其餘時間則征戰連連（董子峰，2004：7）。另有一說，從 1945 至 1990 年的 2340 個星期中，全球只有 3 個星期是真正無戰火的日子（張桂珍，2000：223）。

不論如何，由上可以看出：和平的日子若與戰爭的時間相比，誠乃微小得不成比例。因此，有些學者難免認為過去所從事的「和平研究」，常常是從戰爭研究中產生出來的（李巨廉，1999），他們的重點或篇幅多用在探討戰爭，而非和平（Durgan, 1989；葉德蘭，2003）。

雖是如此，避免戰爭或追求和平，卻一直具嚴肅性，乃是本書所觀照的核心問題。因此，由前頭諸章依序論述下來，尤其上一章討論到新型態戰爭傳播的回應，本章乃將重心置於探論如何以戰爭傳播的作為，預防、治療、緩和造成人類或國際體危害的戰爭。

正如本書所持的歷史研究態度，在理性、客觀之外，還得「要進入歷史之中」，所以在此先就中國大陸刻正頗受議論的「和平崛起」論述予以解讀，並從歷史中找尋相關的借鏡，從而提出一些思考的方向與意見，以表達對戰爭傳播未來發展的期待。

壹、和平崛起的解讀

中國大陸經長期對外封閉之後，於 1997 年首次公開宣佈要「做國際社會中負責任的大國」，從此逐步展開作為世界大國地位的戰略部署。2002 年 11 月 8 日，江澤民在中國共產黨第 16 次代表大會，以前所未有的篇幅，論述中國發展的戰略選擇與戰略目標。

2003 年 11 月博鰲亞洲論壇，中共國務院總理溫家寶率先使用「亞洲崛起」的概念，又於該年年底訪美期間，在哈佛大學首度向國際社會鄭重闡明中國和平崛起的信念與決心，同一時間，中共國家主席胡錦濤在紀念毛澤東 110 週年座談會上，公開提及要堅持和平崛起的道路。

然自「和平崛起」概念提出後，中共內部曾引發各種不同的理解（王崑義、蔡裕明，2005；王崑義，2006 年 7 月 23 日），亦對避免國際間猜疑多所關注[1]，「和平崛起」遂為「和平發展」所代替，而胡錦濤更於 2005 年 9 月，在聯合國成立 60 週年元首會議上提出「和諧世界」的說法。

隨著中國自上個世紀末葉的發展崛起，「中國威脅論」就未曾間斷過，尤其來自美國的質疑，雖被視為係部份鷹派人士的渲染，但中共從不間斷的武力擴充，無非是造成這些疑慮的主因之一。

中國大陸的武力擴張，所造成區域緊張的氣氛始終未曾緩解過，對準台灣的飛彈持續累增或不定時舉行的武裝演習，更是長期以來遭受我政府嚴重抗議而充斥媒體的議題。甚且，在 2005 年 6

---

[1] 例如劉行芳（2006）在〈論和平崛起理念下的國際傳播〉即指出，在中國走向和平崛起的今天，更需要及時而有效的國際傳播，來消除一些國家的擔心。

月初，當時美國國防部長倫斯斐訪問新加坡時，即曾質問：並沒有國家威脅到中國的國家安全，中國為何處心積慮的整軍經武，大量在軍事與武器方面投資？《中國時報》駐美特派員傅建中（2005年6月30日）舉這個例子說：「中國自是有其假想敵，而這個假想敵人可以斷言是美國，另一個目標則是針對台灣，雖然倫斯斐沒有明言，但已是呼之欲出。」

中國的和平崛起，必是一項有待長期經營的鉅大工程，而且對外說詞接連修正，即使在它提出一年半後，美國仍在擔心「中國威脅」。傅建中曾這麼形容：「『中國威脅』之說充斥美國的新聞版面，幾無日無之，好像即將大禍臨頭一般。」（同前註）

不論說法如何改變包裝，「和平崛起」或「和平發展」、「和諧世界」之間有著一種共同的意涵，亦即「中國要站起來了」。但是，中國要重新站起，不免要克服的問題之一，是如何消除西方國家潛藏於心裡對於「黃禍」[2]的疑慮，對此北京當局一直在小心翼翼處理著。

另一方面，中國大陸自改革開放以來，即使加速進步的腳步從未稍緩，但遭遇的難題也從未間斷。從官吏貪污、銀行呆帳、貧富差距、區域失衡、能源消耗、生態惡化，以及在大陸各地推動民主試點工作，乃致遲早需要面對的法制化與民主化等問題，都在考驗此一社會主義國家今後如何與國際社會接軌。

---

[2] 成吉思汗於13世紀在蒙古草原崛起，曾率蒙古鐵騎　掃歐亞大陸，建立人類有史以來最龐大的帝國。有些西方歷史學者將這次蒙古騎兵的西征，稱之為「黃禍」。最早使用此一名詞的是希爾（Matthew Phipps Shiel），他在1898年發表系列短篇小說，後來集結以《黃禍（The Yellow Peril）》之名出版。

中國和平崛起牽涉政治、經濟、軍事及外交種種層面問題，此處無法一一論述，但歷史學者、哈佛大學中國史終身教授杜維明對此有一針見血的評論，值得注意的是他由歷史視野，提到了西方人認為中國人會有的一些心態：

> 「西方媒體提出『中國威脅論』的理由是：他們認為經過一個多世紀的內部紛爭或外部帝國主義的屈辱，中國人常有兩種心態，一個是報復，一個就是奪權。中華民族再生就是這兩種心態最強。具體講，第一個心態即我們現在站起來了，以前『人為刀俎，我為魚肉』，現在再也不能受外國的欺負了，甚至你打我一拳，我回敬你三拳。另外就是我們現在能發言了，我的聲音儘管不一定比你大，但我一定要發出聲音，不讓我發言我不甘。因此，對比中國發達的國家，懷有一種羨憎之情，就是又羨慕又痛恨，又媚外又仇外。這情緒非常壞，卻又相當普遍。對不比中國發達的國家，則又出現一種傲慢和無知。」（杜維明，2005：89）

中國正在崛起，究竟她的崛起，為其周邊地區及世界帶來究竟是和平、威脅或可能是災禍，對台灣的未來前途會有何影響，全在於對「和平」一詞的體會與真誠的程度，自目前有限資料看來，和平崛起是一種戰爭傳播絕無疑義，關鍵在於其進行此一傳播是為戰爭做準備，還是為避免戰爭做準備。

貳、美國與羅馬帝國的鏡子

自鴉片戰爭迄今，中國好不容易重新站起，在世界棋局上擔任舉足輕重的地位，但所要跨出的又是什麼步伐？雖然國情與發展程度頗有不同，但美國的經驗仍可作為中國的一面鏡子。

歷史常會經歷一些奇妙的匯流，中國以「朝代國家」的統治型態維繫幾千年，一直自以為是世界的中心，當今的美國就頗有中國以前的「天朝型模」的世界觀，以為「美國」就等於是「世界」（莫耕駱，1987）。中國若步美國的後塵，與返回傳統的中國又有何不同？

哈佛大學教授杭廷頓（S.P.Huntington）在 1996 年出版《文明的衝突與世界秩序的重建》，嘗試對冷戰後全球政治演變做出解釋時，即指出當代世界文明衝突的來源主要有 3（周琪等譯，1999：2）：西方的傲慢、伊斯蘭的好戰，以及中國對自身文化的伸張，這 3 股力量極有可能會衝撞在一起。

所謂「西方的傲慢」，杭廷頓是指以美國為主的西方國家，以為其民主政治與自由市場適合且應施行於全人類，這種普世主義的想法與做法，將會激發兩種的可能情形：（一）使西方和伊斯蘭發生直接的文明衝突；（二）甚至遭致「儒教與伊斯蘭教」聯手的對抗[3]。

---

[3] 杭亭頓（周琪等譯，1999：202）認為，伊斯蘭文明和中華文明在宗教、文化、社會結構、傳統、政治和生活方式的基本觀念上，存在著根本的不同，但在政治上，共同的敵人將產生共同的利益，都會視西方為對手，彼此合作來反對西方，甚至會像同盟國與史達林聯手對付希特勒一樣的行事。

9・11 事件的發生及以後的幾場戰爭，可說是應驗杭廷頓的第一種說法，第二種說法無疑是舉世一直共同關注的問題。

但是，9・11 事件也讓美國人突然發現，長期以來他們多麼忽略伊斯蘭世界，也讓他們回想起冷戰時期應對蘇聯的方法。華盛頓最初及後來的反應，是沿襲美國之音與自由歐洲電台的冷戰模式，針對阿拉伯人、伊朗及阿富汗等成立衛星電視台，只是伊斯蘭基本教義派構成的威脅不同於共產集權主義，冷戰模式的文化外交與媒體操控模式仍然適用於今？

依 2003 年波斯灣戰爭演變迄今的情形看，答案似是否定的，本書第八章已做了部分的回答。套句杭士基（N.Chomsky）的話，美國媒體是大型商業機構，是涉入有計劃集體屠殺的「噤聲共犯」（王菲菲譯，2004：148）。這樣的國家與媒體可以贏得一場漂亮的戰爭，卻無助益於整體國際情勢的改善。

從與印地安人的戰爭（1622-1890 年）、獨立戰爭（1776-1783 年）開始，到第二次世界大戰、冷戰、越戰，以致於波斯灣戰爭為止，以戰爭為解決衝突的手段，貫穿了一部美國的歷史。尤自二次大戰以來，美國國力不斷增長，由美蘇兩強對抗演變成今日獨霸一尊的局面，借用柏格（P. Berger）的用語，美國不僅是一個國家社會而已，它更是威鎮四海的「帝國強權」（蔡啟明譯，1981：179）。基本上，這個「帝國強權」向來都是她去打其他國家，沒有人打入她的本土，除了 9・11 事件之外。

柏格還指出，美國與成長的神話之間，一直有並存的關係。美國自認是現代化與進步的具體實現，不僅僅是技術與經濟上，在社會、政治及文化制度上也有著非凡成就，認為自己業已獲得其他國家人民才剛要努力追求的東西，而且急欲強行推廣於其他國家人民身上來共享，而這種奇妙心理的內涵乃是樂觀主義、自信及類似乎「傳教士的信念」。佔領日本時期所推行的政策，便是這方面最顯著的例證。

專研美國史的德國學者施萊（N.Schley）亦指出：「隨著時間的推移，美國的自我意識發展到了極端。在某種程度上，人們的印象似乎是她很願意扮演世界警察的角色。同時，她還想要單獨裁定孰是孰非……，無論過去還是現在，美國都打著捍衛民主與自由的旗號——特別是經過兩次世界大戰之後。但是無論過去還是現在，經濟的、殖民主義的和世界霸權政治的利益常常是美國發動戰爭的動機。」（陶佩云譯，2006：2）

以上對美國所做的各種分析，或許與中國的情形未盡相符，但因中國正在「崛起」，是當今世界在整體國力上可能與美國平起平坐的唯一國家，因而美國曾經犯下的錯誤，更值得中國引以為戒，作為他山之石。

從歷史中找借鏡，經常有令人出乎意料的發現。

西元前 1 世紀後半葉，凱撒獲得羅馬帝國的獨裁控制權，這時他對羅馬發展的大戰略做了重大改變，即他所謂的「平定全世界（the orbis terrarum）」（時殷弘、李慶四譯，2005：73），這是一種出於宣傳目的或重塑國家形象的全新的國家目標，而羅馬人的「平定」概念則隱含順從羅馬的意志，經征伐後愛戴讚頌新的統治者（即征服者）。

湯恩比在 1953 年所撰《世界與西方》一書中，就將美國看成是歷史上的羅馬帝國，並質問道：「美國帝國的疆界，究竟要劃在那裏？」（果仁譯，1977：99）湯恩比的出發點，就是籲請美國不要重蹈覆轍，同樣的，中國亦可以不必重蹈美國或羅馬帝國的覆轍。

依據湯恩比的觀點，羅馬帝國的權力基礎，建立在羅馬的統治階級（它擁有一支無敵於天下的武裝力量），以及羅馬所征服的外國的富有的少數派間的一項聯盟關係上，彼此結合以剝削地中海區域各民族。但在本書第五章的分析中，可知羅馬帝國在武力的強盛外，另在軍事傳播方面，更有獨領風騷的技巧與能力，亦即她不僅僅只憑武力去征服而已，更懂得非武力的傳播力量。然而，後來又如何呢？

湯恩比給美國的提醒是：「羅馬的統治階層發現他們無力征服日耳曼人、波斯人和阿拉伯人。數世紀之後這些未被征服的鄰居們，便變成活力充沛的民族。他們對羅馬帝國發動了反攻，終於使羅馬帝國崩潰了。」（同前註）

美國人的歷史不長，不知他們能否從其他國家或帝國的歷史學得教訓，反觀中國歷史太悠久了，自己領域內類似羅馬帝國分合興衰的經驗已輪番上演好幾回，總應該孕育出一些他人所不及的智慧吧！

參、軟性權力就夠嗎？

對於美國的警示或辯論，幾乎每隔一段時間就進行一次。除了前述的羅馬帝國，大英帝國亦是時常拿出來類比的例子。美國是否會如歷史上的各個強權一樣，不免走向衰敗的道路？

著名的奈伊（J.S.Nye）教授是其中絞盡腦汁的一員，他強調美國既擁有傳統的「硬式權力資源（hard power resources）」，又有「軟性權力資源（soft power resources）」，不致於像大英帝國最後趨於沒落，只要美國人民願意接受挑戰，足以領導世界。

奈伊相關論述見諸於 1990 年《Bound to Lead（責無旁貸的領導）》、2002 年《The Paradox of American Power（美國霸權的矛盾與未來，蔡東杰譯，2002）》及 2004 年《Soft Power（軟性權力）》等 3 書，但他都不曾對軟性權力有十分明確的界定[4]。

其在《美國霸權的矛盾與未來》一書中，曾提出「三度空間棋局」模式，此一模式的最上層是「軍事力量」，呈現單極的現象；中層為「經濟力量」，呈現混合式的多極體系；下層是「跨國關係」，呈現權力高度分散的狀態。前兩者雖可視為國家「硬性權力」的指標，但「跨國關係」之改善則有賴「軟性權力」。

奈伊認為硬性權力與柔性權力的關係，類似誘因（胡蘿蔔）與威脅（棒子）的組合，因而，「硬性權力」係指控制他國的能力，至於「軟性權力」，則是引發他國願意追隨、欽慕其價值觀、學習其發展歷程及渴望達到相同發展的吸引力（蔡東杰譯，2002：53）。奈伊所列舉的軟性權力，包括本書第三章提到的公共外交或文化外交，以及對世界政治的議題設定及吸引力、留學與學術交流、矽谷的吸引力、生活方式及流行文化等等（同前註：145-151；Nye, 2004）。

4　軟性權力與硬性權力有點類似於中國人所講的王道與霸道。奈伊認為軟性權力即是「吸引力」，願為共同信仰的價值、信念及責任戮力（Nye,2004）。一般以為軟性權力的定義不夠清楚，不妨可以參考以下兩種說法：（一）舉凡非軍事性或非懲罰性的力量都可以包括在內。包括一個國家的文化、制度、教育、意識形態、經濟觀、經濟競爭力、科技創造力、資訊社會的開放性、對外投資及經濟援助都屬於軟性力量（林碧炤，2004 年 5 月 12 日）；（二）軟性實力是一種正面力量，展現在制度組織上（如民主、法制）、生活方式上（如多元、開放）、政策推動上（如環保、消滅貧窮）、文化的分享與互動上（如藝術、音樂），因其展現了吸引力，使別人樂意仿效、學習、嚮往（高希均，2006 年 3 月 1 日）。

奈伊也在台灣《蘋果日報》的〈在文化上戰勝恐怖份子〉，舉了蘇聯這個實例，說明軟性權力：

> 在 1958 年至 1985 年期間，大約 5 萬名蘇聯作家、記者、官員、音樂家、舞蹈家、運動員和學者訪問了美國。亞歷山大・亞科夫列夫 1958 年在哥倫比亞大學進修期間深受影響。他後來成為政治局委員和對戈巴契夫自由化影響的關鍵人物。後來成為格別烏高官的卡留金則在 1997 年回憶說：「交流成為蘇聯的特洛伊木馬，在侵蝕蘇聯制度上發揮了重要作用。」（奈伊，2005 年 11 月 7 日）

美蘇冷戰經歷了半個世紀，美國動員了大量物資、科技、人才，透過美國之音、自由歐洲電台、學術交流及刊物發行，持續與蘇聯長期對抗。在恐怖平衡的國際情勢下，意識形態、軍備、經援、情報等方面的競賽，代替熊熊炮火。的確，最後美國之所以能夠贏得冷戰，柔性權力的力量不可忽視，功不可沒，但對俄國人而言，卻是「侵蝕蘇聯制度」的「特洛伊木馬」，是美國制度「吃掉」了蘇聯制度。

誠如奈伊所言，硬性權力與軟性權力是相互為用的。一個國家的文化與意識形態很吸引人，其他國家就比較願意追隨，可是到底是什麼使文化與意識形態具有吸引力呢？答案當然是軟性權力建立在硬性的軍事與經濟力量的基礎上，才能彰顯其力量。但軍事與經濟力量的追求與擴張，與舊帝國主義有何區別？軟性權力難道與新式帝國主義毫無關係，能逃脫「文化帝國主義」、「傳播帝國主義」的交相指責？

奈伊的理論的分析範疇，與本書第三章所做界定，應無甚差別。如果有差別的話，應是前者比較適用於大國，或應說是專為美國這個國家立論的。

奈伊的理論果真只適用於大國？

抑或適用於任何大小國家？

就第一項問題來說，如果僅適用於大國或其一向為之辯護的美國，如此只不過是延續1950年代與1960年代初，美國一批社會科學家所創立的現代化理論、發展理論或整合理論的聚合（convergency）觀點而已。

就第二項問題來說，它適用於任何大小國家嗎？奈伊曾舉過包括法國、英國、蘇聯、日本、中國，甚至於梵蒂岡的教宗等為例。林碧炤（2004年5月12日）認為不論國家大小，新加坡也是軟性力量的成功使用者。但若以杭亭頓西方文明與非西方文明彼此消長、不協調的觀點（周琪等譯，1999：199-202），軟性權力的對抗是否引發硬性權力的衝突，是必須關注的一項重點。

中國大陸的和平崛起論可說是「脫美國化」的一項典型，其所欲從事「低耗能、高效率、再循環」的和諧新經濟，或有別於過去美國人的做法。但是在當前社會主義制度下的媒體制度固與美國殊異，其操控媒體更是黨國一體且貫穿民間的（徐蕙萍，2004、2006；何清漣，2006），如果檢視其為宣示「中國重新站起」，於2001年與美國線上時代華納進行頻道交換，在美轉播全天候英語發音的中央電視台第九台節目的作為，豈不一樣步上美國之音、自由歐洲電台，以及對伊斯蘭世界的文化宣傳手法的老路？制度雖異，卻「百慮一致，殊途同歸」，世界上頂多再增一個相互爭雄的霸權而已，亦為軟性權力是否裨益世界和平的疑慮再添一例！

美國獨立宣言的起草者、第三及四任總統傑佛遜曾言，如果在「有政府而無報紙」與「有報紙而無政府」之間作一選擇，他無疑的將選擇後者，這段話因一再被引用而傳誦久遠。

傑佛遜另一句比較不為人們熟悉的話，是在 1799 年擔任美國副總統時，對於有關軍事傳播的說明：「你們的國人有權去充分的知道對他們關係重大的軍中消息，戰爭花費的是他們流汗賺來的錢，戰場上流的也是他們的血。」（夏定之譯，1975：5）這無異對軍事傳播是醍醐灌頂的金玉良言，亦是憲政民主體制國家確立軍事新聞工作的重要基礎。

然而，時間推移至 1968 年，當時美國國防部長克利福德（C.M.Clifford）在美國國家安全工業協會（National Security Industrial Association）的一項會議上，有這麼一段重要講話：「國防部是世界上最大的教育家之一，而且應該是世界上最好的教育家之一。」（轉引自 Schiller，王怡紅譯，1996：73）

前後兩段引用的話，箇中涵意截然不同，後者見解無須多做闡釋，其中道理不言已明。美國傳播學者 Schiller（王怡紅譯，1996）對美國這樣現象的發展，就曾以「思想管理者（mind managers）」這個名詞來加以形容[5]。

如果從上述「教育」或「思想管理」的角度出發，不免要碰觸到人文及社會科學中廣受關注的議題，那是關於所謂「他者（the

---

[5] Schiller（王怡紅譯，1996：73-92）在《思想管理者》中揭露美國官僚體制、國防部及大企業三者合流主宰資訊流通，決定美國人民的信仰、態度及行為。他認為，故意製造與社會存在現實不符的訊息時，他們便成為思想管理者；凡是有意創造虛假現實感、製造令人無法理解的或蓄意否認現實生活狀況的意識之訊息，即是操縱性訊息（manipulative messages）。

others)」的研究。「他者」有各種不同的面向，可能是一個人、一群人或一個族群、一些國家等，他者在結構上居於少數、邊際、外來、弱勢的位置，在媒體中被反對、被歸類、被區隔、被支配或被排斥[6]。

發生在美國本土的 9・11 事件，就是長期以來飽受壓抑的「他者」的反撲。美國不因此反思對他者的宰制作為，反而視他者為恐怖份子，高舉反恐大旗來鎮壓他者，以致 2003 年波斯灣戰爭後，恐怖攻擊非但未受遏止，卻連續有 2004 年馬德里的連環火車爆炸案、2005 年 8 國高峰會開幕之後的倫敦爆炸案等，幾是冤冤相報，層出不窮。

Hallin（1994）曾指出，大部分的美國電視新聞，都是由他們所宣稱的「冷戰框架」所構成，1960 及 1970 年代越戰的新聞報導提供世人的媒體真實，即是「好與壞」的區分，亦即代表「好的」美國與代表「壞的」蘇聯之間的戰爭。

劉昶（1990：8-9）的研究更指出，自二次世界大戰開始，西方對於大眾傳播的研究，首先是以改進一次大戰中宣傳技巧的經驗，以期更有效的利用傳播媒介反對敵人。從那時起，許多傳播研究都圍繞一個主題：「反對誰」。例如 30 年代，反對納粹迫害猶太人；40 年代，反對德國與日本進行戰爭；再往後，也許出於對蘇聯不同社會制度的恐懼與不滿，不少研究以強烈的反共產主義為基調（包括一些對貧窮國家的傳播研究）。

---

6 「他者」的議題觸及了繁複的理論糾葛，如整合論中的「他者」可能是待啟蒙、待同化的對象；認同論中的「他者」可能是鞏固我群想像的對照；功能論中的「他者」可能是社會偏差行為的來源，詳參倪炎元（2003）。

此兩位學者的看法，或有進一步議論餘地，但在此加以引用，僅僅只為突顯一個課題：一味的「教育誰」或「反對誰」，真能重建世界的秩序，獲致最後的和平，終能為人類解決問題？

事實證明，恐怖主義與反恐戰爭只是一種冤冤相報的循環，雙手沾滿鮮血的反恐戰爭只會換來恐怖主義不定時、不知何時會發生的攻擊行動，恐怖分子與以正義為包裝形象的「好戰國家」在本質上根本無任何不同，甚且，不論以戰制暴，抑或是以暴制戰，最大犧牲者都是無辜的平民百姓。此見諸於西方世界與伊斯蘭世界的衝突如此，難道台海兩岸的對峙或他日任何地方可能的流血戰爭，又會有所例外？

肆、訊息流通與輿論動員的預警機制

除了軟性權力之外，近來還有一些新著或學說引人注目，例如《世界是平的》的「戴爾衝突防制理論」（朱學恒譯，2005），《藍海策略（Blue Ocean Strategy）》的「你談戰爭，我談和平」（朱博湧，2006），或 2005 年諾貝爾經濟學獎得主謝林（T.C.Schelling）與奧曼（R.Aumann）的賽局理論等，都是解釋衝突、化解戰爭的上乘作品，甚且，戴爾衝突防制理論還以台海兩岸作為測試考驗，台灣 823 炮戰亦是謝林 1960 年出版《衝突的策略》的案例，他們的理論當然有許多值得參採之處。

另依據吳春秋（1998：208）的整理，自二次大戰後興起一系列為決策服務的科學，對複雜決策過程進行定性、定量、定時分析，此包括未來學所使用方法與技術，不下 200 種之多（如類比法、趨勢外推法、關聯樹法、時序法、型態法等）。專門運用於軍事預測的，亦有軍事戰略預測、作戰戰術預測、軍事經濟預測及軍事技術預測。此外，還有許多從事衝突理論、危機理論、國家行為的研究，以及運用數學模型方法研究戰略偽裝等，都取得重大成果。例如美國預測蘇聯人造衛星升空的誤差日期，只有兩週而已。

以上各領域的研究進展，並無誰高誰下的問題，重要的是如何裨益預防、治療、緩和戰爭，此均有待全人類有志之士戮力以赴，促使這戰爭與和平的天平上的和平這一端「穩重」一些。對此，站在戰爭傳播研究的角度上，似可由一國之內或國與國之間，對於訊息流通與輿論動員的觀察來掌握，這應是一個值得努力的方向。

Frederick（1993）指出過去已有一些研究，例如 Deutch（1962）、Singer （1965）、McClelland（1977）等，特別關心傳播與戰爭時期動員的關聯性，而且其研究成果可供作為國際性衝突的預警參考。這些重要的看法包括：（一）一國國民心理準備的形成與否，可從媒體內容的統計分析中分辨出來，如若媒體訊息的煽動性成份，透露或超越國際間相互認可的臨界點，即對戰爭發起提供了預警訊號。（二）預警系統可以經由監察情報與新聞流通情形發展出來，藉供了解協商或衝突的分野。（三）對報章、雜誌、期刊、廣播及電視長期系統性監督，協助確認一國對限武或裁軍的遵循或規避程度。

Abshire 曾以多年時間研究國際廣播，發現蘇聯由於幅員廣闊，長久以來藉著短波宣傳其教條，因而允許附庸國短波接收之故，使短波廣播得以在東西歐人民間作為傳播通道，而蘇聯東歐人民可以接收外國廣播，避免媒體壟斷局面，允為幸事。他指出：「世界和平的基礎，根源於彼此有共同的音訊、共同的了解。如果世界的民眾對真實事務沒有共同激賞的感情，彼此沒有堅強的關係，那麼，世界和平不啻是種奢望。」（洪瓊娟摘譯，1881：112）

Davison（張錦華譯，1979：28）強調，如果和平這一個目標確屬重要，那任何努力都值得嘗試。他曾舉美國戰時新聞局（Office of War Information）曾經飽受批評為浪費國家資源為例，「但是若能經由宣傳，即使縮短戰事僅只一天，一切的努力卻值回票價。」他認為大眾傳播媒介所能致力於促進國際了解、和平解決爭端的工作有六項：（一）增加國際傳播的量；（二）改進國際傳播的質；（三）對於可能導致衝突的情況，及早提出警告；（四）鼓勵各國多加運用和平解決衝突的技巧，如媾和、調停、仲裁等；（五）創造有利氣氛，以利於和平方式解決衝突；（六）動員關心國際和平者形成組織，並影響民意，建立祥和氣氛。

若此，各式傳媒作為戰爭傳播的通路，委實有責擔負起引導國際輿論、形成和平共識的義務。袁志華、王岳（2002：143）即認為傳媒要將包括正義、非正義及戰爭的徹底屬性揭露於國際社會，進而形成一種有利於遏止戰爭的國際輿論。吾人對此當然深有期許，亦堅信傳媒朝此方向的努力必能對人類和平做出最大貢獻，但從本書第五章及第八章所論述媒體在戰爭傳播中的角色扮演，以及第八章對全球戰爭傳播的 7 項省思來看，倘若傳媒在戰爭傳播中不存在獨立角色，而是傳播者的順從共謀，那又將如何？訊息流通與輿論動員的預警機制又絕對值得信賴嗎？

伍、「對話」的全新意識

對於訊息流通與輿論動員的監測，其功用當僅在於提供預警而已，正如先前所提到軟性權力等理論，或有預防衝突或化解戰爭的可能性，但通往和平的穩定之路，並非奠基於談判桌上、棋盤推演間，抑或如何運用威脅、恐怖平衡、恐嚇對方或相互嚇阻，而在於消解對立之後有一個全新的開始與過程。基於此，吾人選擇「對話（dialogue）」，以作為本書接近尾聲的交代與寄語。

不妨先從一種未曾存在的動物說起。中國社科院研究員滕守堯曾對兩岸人民最衷心喜愛的一種合成動物──「龍」（牠雖然不曾存在於地球，卻活在世世代代多少人的心中[7]），做過如下的解釋：

> 「它生有鹿的角，卻又長著一張獅子的血盆大口；它有鷹的爪子，卻有蛇的身子。鹿是溫順的動物，獅子是兇猛的化身，兩者本來是吞吃和被吞吃、征服和被征服的關係，可是在龍的身上和平相處了。鷹與蛇本是相剋的動物，如今卻在龍的身上獲得共生；從種屬上說，蛇本來只在地上爬行，鷹則飛翔天空，兩者在龍身上奇妙結合成一體了。」（滕守堯，1995：71-72）

這個例子，告訴人們一種對話的道理。很奇妙的，中國人就有這種智慧創造這麼神奇的接合動物，遠比本書第三章曾經提及的臉

---

[7] 龍在中國人的圖騰地位屹立數千年，但在中國崛起後亦對牠多有議論。2006年由上海市公共關係協會副會長吳友富主導的「重建中國國家形象品牌」研究中，指出龍的英文名字 dragon 在西方被視為具霸氣與攻擊性的動物，應另擇祥和象徵標誌代之。唯該訊息一出，即遭反彈，譏諷為「唯西方馬首是瞻」、「難道中國人要變成熊貓的傳人？」

朝著兩個不同方向的兩面人——羅馬門神 Janus，更具創造力，更引人入勝。

在滕守堯看來，「龍」的例子及「對話」的全新意識，就是要與非對話式的形而上學徹底決裂。對話必須先要消解兩者對立，從相互作用與相互肯定中，「生發」出某種既與兩者有關，又與兩者不同的全新東西。而形而上學所信奉的「對立價值」，如物質與精神、有限與無限、善與惡、好與壞、敵人與朋友等一極消滅另一極，以及只能站在勝利者視野所見到的東西，都要全然予以拋棄（同前註：24）。

也有學者視對話為傳播學的核心問題，認為宣傳、勸服、形塑、協調溝通之類的任何行為務須落實到對話的層次上，才不致於是獨白，才有生命力，甚至如 Grunig & Hunt 所主張的雙向對等的溝通模式，都應邁進到「對話傳播」（羅貽榮，2006）。

杜維明對「對話」，也有非常好的說明。他認為，「對話首先不是要去傳自己的道，其次也不是要利用這個機會要把自己的道理說清楚。」（杜維明，2005：13）這個觀點幾乎是決定所有對話能否成立的前提，亦道出對話絕非爾虞我詐，或想一方吃掉另一方。

那麼對話是什麼呢？杜維明說：「是要增加自我反思的能力，同時要了解別人，通過了解使自己的視域能夠擴展……。對話是通過分享對方的價值而建立相互理解並共同創造一種嶄新的生活意義，如果迫使他者皈依的意識壓倒了傾聽和學習的必要性，對話便會陷入困境。」（同前註）

很清楚的，對話意識或哲學迥異於形而上學、軟性權力、衝突理論、博奕理論、談判學之類的學問與方法，同時，對話絕不容易進行。杜維明已說過，如果迫使他者皈依的意識壓倒了傾聽和學習的必要性，對話便會陷入困境。雖是如此，並不代表對話是空想或根本不存在，反而像「龍」一樣，龍本身不曾活過，卻活在許多人的心裏。

陸、如果拿破崙看到那個動畫

如同上文所言，對話活在許多人的心裏，因而它絕不是摸不著的東西，還有，我們在第一章導論時也提過「止戈為武」、「不戰而屈人之兵」的思考，這些都有助於跳脫為勝利、為和平、為嚇阻而戰的枷鎖。

怎麼說對話的全新意識，並不是不存在？遠的不說，但看愛爾蘭。她曾經有被英國統治 800 年的悲情，建國之後又付出一世紀炸彈威脅的殺戮代價，如今南北愛雖然統一之路仍然漫長，但北愛共和軍已經放下仇恨，放下了武器。

長期以暴力手段爭取愛爾蘭南北統一的愛爾蘭共和軍，於 2005 年 7 月 28 日宣佈，以民主的方式結束與英國長年的武裝鬥爭。在北愛爾蘭長達 30 幾年的衝突中，愛爾蘭共和軍曾被指責製造了 1800 起謀殺事件、15000 餘次爆炸案。

愛爾蘭人更從歐洲窮國，成為歐洲經濟成長最快的「塞爾克之虎」，國民所得已經超過曾經統治他們的英國。北愛和平進程中，最難突破的是如何讓向來自以為比愛爾蘭優越的英國，同意與都柏林政府共解決北愛問題。

1985 年與英國首相柴契爾夫人達成簽署「英愛協定」的愛爾蘭前總理費茲傑羅（G. FitzGerald）認為：「持續溝通，不斷對話，是解決歧見的基本法則。」（江靜玲、陳一姍，2006 年 2 月 6 日）

他指出，1972 年來，都柏林政府花費了許多時間，但很難說服英國政府，因為面對的是一個大國，大國很難了解小國的心思，反之，小國必須要了解大國，以求生存。

以前的愛爾蘭被視為是一個「仇恨」、「沒有希望」之島，正因為這樣，他們選擇和平的決心，以及從不放棄任何對話，俾使人民不再生活於暴力恐懼之中，種種作為格外引人注目。

台灣與愛爾蘭的歷史與所需面對國內外環境形勢雖不全然相同，但此一歐洲小國的和平演變，所生發出超乎原來英國與愛爾蘭「兩者」的全新格局，而且愛爾蘭亦不再是被區隔、被支配的「他者」，特別對台海兩岸具有相當啟迪作用。

其中一項的啟迪應是：給和平一個成長擴張的機會。

如果和平與戰爭是個「晴雨表」，那人是擁有主動權的（不像天候無法控制），是可以讓和平「放晴」，戰爭「下雨」。

致力於將傳播學、社會學及犯罪學結合一起，以探知和平與非暴力為何得不到媒體青睞的傳播學者 Altheide（1995：chap.3）曾指出，戰爭幾乎滿足所有的新聞報導的範式原則，而和平總是被看成是「戰爭的缺席」或「戰爭中的短暫間隔」。當今世界普遍現象就是如此，雨多，晴少，情亦少。

從西方的學術研究、理論與媒體實務衍生的新聞價值（news values），無不以衝突，特別是戰爭，才最符合新聞選取的標準。愛爾蘭在走過殘暴不仁、殘民以逞之後，放下仇恨與悲情，無疑予西方主流媒體迎頭痛擊，少了一個引發戰爭的機會。

值得再三強調的，人對於和戰是握有主動權的。1991 年的波斯灣戰爭，當所有的目光都被新武器、新戰法等有形的表現所吸引時，卻在戰略思想上產生了一個新的理論——「戰略主動」。

所謂的戰略主動就是指「掌握戰爭的主動權」，就是和戰那一瞬間決定是否要付諸一戰的主導權（劉湘濱，2004）。以 1991 年波斯灣戰爭來說，1990 年底盟軍蓄勢待發，此時戰爭的主動權握在盟軍手裡，但當盟軍要求海珊於 1991 年 1 月 16 日之前撤軍時，戰爭主動權則回到海珊身上，打或不打全憑海珊決定。

這個理論純然是戰爭理論，但在戰爭傳播的角度，不全然是這樣。戰爭傳播講究的是媒體、軍隊及政府國家之間如何中介衝突、戰爭或善意、和平，這個中介期長或短，不同於戰爭決策者瞬間的主動與否。因而，吾人願意相信，媒體是一各方意見充斥的公共領域，是一個意義爭雄的場域，更是一種對內、對外、對全世界開放的對話領域。如果這個對話領域中和平是「晴多雨少」的展開，則容不得「戰爭出席」。

如若這般，戰爭傳播對握有「戰略主動」的傳播者毫無影響力？其實也不然，傳播科技的發達，或許能改變一切。李家同的〈我的故事〉，反映了現代新傳播時代的一個可能。

李家同在〈我的故事〉中有一段結語：「如果拿破崙在發動戰爭之前，有人給他一個戰爭的動畫，而那個在前線死掉的小兵是他的兒子，也許他就不會發動戰爭了。」（李家同，2005 年 5 月 13 日）此一假設性語言透露出「以前不能，現在可能」，但這種「可能」無法代表絕對，例如毛澤東的兒子就真的陣亡於韓戰，假若毛澤東先看了兒子陣亡的動畫，果能挽回那一場戰爭？或許亦有可能？

然而，這個「故事」的可貴或具有可能的潛在性，並不在於握有戰略主動權者看不看那個動畫，他的兒子上不上戰場或有否陣亡？而是應在於文中所展現的對話意識。

〈我的故事〉所描述的是一位叫「老張」的人物，這位主角「老張」小時就很喜歡看電影，當時二次世界大戰才結束，有很多歌頌戰爭的電影，他的媽媽在他央求之下，帶他去看了一部叫作《轟炸東京記》的電影。以下這段母子的對話，不應是世界上所有傳播者與傳媒通路所應積極開展的對話意識？

> 「電影裡當然有彈如雨下的鏡頭，老張當時覺得這種炸彈落地，濃煙四處冒起的鏡頭很令他興奮，但他媽媽在旁邊提醒他，一定要記得地上是有人的。電影結束以後，他媽媽叫他好好想像地上的老百姓遭遇到轟炸時的情況。」（同前註）

「轟炸東京記」裡的事件地點，可能在任何時間做更換，或巴格達，或都柏林，或上海，或台北等等其它全球化的都會，但若有對話的意識與心靈，世界或將隨著不同。

參考書目

中文書目

丁榮生（2001 年 10 月 30 日）。〈拿破崙擅用媒體〉，《中國時報》（台北），第 13 版。

卜大中譯（1992）。《第八類接觸》。台北：時報文化。（原書 Pool ,Ithiel de Sola.〔1990〕.Technologies Without Boundaries：On Telecommunications in a Global Age. Cambridge, MA：Harvard University Press.）

于海江（2004）。〈政工幹部要提高打贏新聞戰能力〉，《政工導刊》，200：17。

戈公振（1964）。《中國報學史》。台北：學生書局。

戈思義（2003）。〈良好新聞管制有助作戰決策判斷〉，軍事社會科學叢書編輯部（編）《美伊戰爭中無形戰力解析》，頁 327-328。台北：政治作戰學校軍事社會科學研究中心。

文崇一（1982）。〈經驗研究與歷史研究：方法和推論的比較〉，瞿海源、蕭新煌（編）《社會學理論與方法》，頁 135-154。台北：中央研究院民族學研究所。

方鵬程（2004）。〈我國軍隊形象塑建之研究：公共關係取向的探討〉，《復興崗學報》，82：145-168。

方鵬程（2005a）。〈第 1 章 導論〉，樓榕嬌等著《軍事傳播：理論與實務》。台北：五南。

方鵬程（2005b）。〈第 2 章 軍事傳播的沿革〉，樓榕嬌等著《軍事傳播：理論與實務》。台北：五南。

方鵬程（2005c）。〈第 3 章 軍事傳播的理論基礎〉，樓榕嬌等著《軍事傳播：理論與實務》。台北：五南。

方鵬程、游中一、洪怡君（2005）。〈經國先生對軍事新聞教育的構念與期望〉，「第八屆國軍軍事社會科學學術研討會」論文。台北，政治作戰學校軍事社會科學研究中心。

方鵬程、徐蕙萍、胡光夏、潘玲娟、蔡貝侖（2005）。〈從國軍軍官軍事新聞工作認知論軍聞教育精進做法之研究：以政治作戰學校研究班、正規班受訓學員為例〉，「政治作戰學校軍事社會科學研究中心專案研究」論文。台北，政治作戰學校。

方鵬程（2006a）。〈媒體是「社會亂源」：新聞倫理的思索與對話〉，「E 世代新聞倫理學術研討會」論文。新竹，玄奘大學資訊傳播學院。

方鵬程（2006b）。〈全球傳播的媒體操控與框架競爭：以 2003 年波斯灣戰爭為例〉，《復興崗學報》，88：71-96。

方鵬程、延英陸、傅文成（2006）。〈國軍媒體事件處理指標建構之研究：危機傳播之觀點〉，國防大學政治作戰學院政治系（編）《第九屆國軍軍事社會科學學術研討會論文集》，頁 461-503。台北：國防大學政治作戰學院政治系。

方鵬程（未出版 a）。〈軍事新聞的理論基礎〉，徐惠萍、胡光夏、方鵬程編著《軍事新聞學概論》。桃園：陸軍總部準則會。

方鵬程（未出版 b）。〈我國軍事新聞政策〉，徐惠萍、胡光夏、方鵬程編著《軍事新聞學概論》。桃園：陸軍總部準則會。

王文方、邱啟展（2000）。〈透視美軍公共事務真相〉，《軍事社會科學學刊》，6：71-101。

王冬梅（2000）。〈科索沃危機中的新聞戰〉，劉繼南（編）《國際傳播：現代傳播文集》，372-381 頁。北京：北京廣播學院。

王玉東（2003）。《現代戰爭心戰宣傳研究》。北京：國防大學出版社。

王石番（1995）。《民意理論與實務》。台北：黎明。

王沖（2003 年 4 月 9 日）。〈美國政府愚弄主流媒體〉，《青年參考》。2006 年 7 月 15 日，取自：http://www.sina.com.cn。

王怡紅譯（1996）。《思想管理者》。台北：遠流。（原書 Schiller ,H.I.,〔1973〕. The Mind Managers.Boston: Beacon.）

王林、王貴濱（2004 年 6 月 8 日）。〈輿論戰與心理戰辨析〉，《解放軍報》（北京），第 6 版。

王洪鈞（1975）。〈中國公共關係的回顧與前瞻〉，《報學》，5（4）：2-8。
王洪鈞（1998）。〈綜論〉，王洪鈞（編）《新聞理論的中國歷史觀》，頁 1-74。台北：遠流。
王洪鈞（1999）。《公眾關係》。台北：中華電視公司。
王洽南譯（1991）。《戰爭論》。台北：國防部史政編譯局。（原書 Carl P. G. von Clausewitz .On War.）
王振興、呂登高（2001）。《高技術條件下心理戰概論》。北京：軍事科學出版社。
王崑義、蔡裕明（2005）。〈和平崛起：轉型中的中國國際戰略與對台戰略思考〉，《全球政治評論》，9：43-84。
王崑義（2006）。《反三戰系列之一：中共對台輿論戰》。台北：政治作戰學校軍事社會科學研究中心。
王崑義（2006 年 7 月 23 日）。〈中共當前外交戰略思維研析〉，《青年日報》（台北），第 3 版。
王凱（2000）。《數字化部隊》。北京：解放軍出版社。
王菲菲譯（2004）。《權利與恐怖：後 9/11 演講與訪談錄》。台北：商周。（原書 Chomsky,N.〔2003〕.Power and Terror：Post 9/11 Talks and Interviews. New York：Seven Stories Press.）
王嵩音譯（1993）。《傳播研究里程碑》。台北：遠流。（原書 Lowery ,S. A., &De Fleur ,M. L.〔1988〕. Milestones in Mass Communication Research. New York : Longman .）
孔英（2004 年 6 月 1 日）。〈透視信息化戰爭中的新聞輿論戰〉，《解放軍報》（北京），第 6 版。
田思怡（2005 年 9 月 10 日）。〈2003 年聯合國演說 鮑爾：永遠是汙點〉，《聯合報》（台北），第 a13 版。
任念祖（1987）。〈我對建立三民主義新聞理論的初步淺見〉，《報學》，7（8）：103-111。
朱立（1978）。〈開闢中國傳播研究的第四個戰場〉，《報學》，6（1）：20-27。
朱金平（2005）。《輿論戰》。北京：中國言實出版社。

朱博湧（2006）。《藍海策略台灣版》。台北：天下文化。

朱雲漢（1997 年 7 月 14 日）。〈十年崩解，十年重建〉，《中國時報》（台北），第 11 版。

朱傳譽（1969）。〈抗戰時的報業〉，曾虛白（編）《中國新聞史》，頁 403-450。台北：國立政治大學新聞研究所。

朱傳譽（1974）。《中國民意與新聞自由發展史》。台北：正中。

朱傳譽（1979）。〈宋代傳播媒介研究：朝報、邸報與小報〉，李瞻（編）《中國新聞史》，頁 1-50。台北：學生書局。

朱傳譽（1988）。《中國新聞事業研究論集》。台北：台灣商務。

朱學恒譯（2005）。《世界是平的》。台北：雅言文化。（原書 Friedman, T. L.〔2005〕. The World is Flat: A Brief History of the Twenty-first Century. New York: Farrar, Straus, and Giroux.）。

江靜玲、陳一姍（2006 年 2 月 6 日）。〈以小事大 永不放棄對話〉，《中國時報》（台北），第 a2 版。

江麗美譯（2003）。《媒體操控》。台北：麥田。（原書 Chomsky,N.〔2002〕.Media Control : The Spectacular Achievements of Propaganda. New York: Seven Stories Press.）

何清漣（2006）。《霧鎖中國：中國大陸控制媒體策略大揭密》。台北：黎明。

余一鳴（2003）。〈美伊戰爭中的新聞管制〉，軍事社會科學叢書編輯部（編）《從政治作戰構面析論美伊戰爭》，頁 111-138。台北：政治作戰學校軍事社會科學研究中心。

吳子俊（1985）。〈政工與抗戰〉，國防部史政編譯局（編）《抗戰勝利四十週年論文集（上冊）》，頁 329-436。台北：國防部史政編譯局。

吳庚（1993）。《韋伯的政治理論及其哲學基礎》。台北：聯經。

吳明杰（2005 年 4 月 15 日）。〈軍種發言人提升為中將〉，《中國時報》（台北），第 a13 版。

吳建德、鄭坤裕（2003）。〈媒體出擊：美伊戰爭美軍媒體運用策略〉，吳建德、沈明室（編）《美伊戰爭與台海安全》，頁 231-265。台北：時英。

吳恆宇（2004）。〈中共媒體心理戰之理論與實際〉，政治作戰學校軍事社會科學研究中心（編）《軍事社會科學專題研究：九三年專題研究彙編》，頁 157-198。台北：政治作戰學校軍事社會科學研究中心。
吳春秋（1998）。《大戰略論》。北京：軍事科學出版社。
吳恕（1992）。《激盪與調和：政府、官員與新聞界的關係（美國事例的驗證）》台北：正中。
吳福生譯（2001）。〈數位時代的軍隊與媒體關係〉，《數位戰爭：前線觀點》，頁 323-362。台北：國防部史政編譯局。（原書 Bateman Ⅲ,R. L.Ed.〔1999〕.Digital War：A View from the Front Lines. Novato, California: Presidio Press.）
呂志翔（1993）。〈從波斯灣戰爭看政府與新聞媒體的關係〉，《報學》，8（7）：99-103。
呂亞力（1992）。《政治發展與民主》。台北：五南。
宋岑（1958）。〈我國古代之輿論〉，《報學》，2（3）：16-18。
李巨廉。《戰爭與和平：時代主旋律的變動》。上海：學林。
李守孔（1977）。《中國現代史》。台北：三民。
李希光（2005）。〈從「他們的戰爭」到「我們的戰爭」〉，李希光（編）《全球傳媒報告[Ⅰ]》，頁 25-39。上海：復旦大學出版社。
李希光、孫靜惟（2002）。《全球新傳播》。廣州：南方日報出版社。
李希光、劉康等（1999）。《妖魔化與媒體轟炸》。南京：江蘇人民出版社。
李明水（1985）。《世界新聞傳播發展史：分析、比較與評判》。台北：鴻儒堂。
李金銓（1987）。《傳播帝國主義》。台北：久大文化。
李金銓（1993）。《大眾傳播理論》。台北：三民。
李炳炎（1986）。《中國新聞史》。台北：陶氏出版社。
李美華等譯（1998）。《社會科學研究方法》。台北：時英。（原書 Babbie, E. The Practice of Social Research.）
李茂政（1985）。〈國際宣傳與國際瞭解〉，《報學》，7（4）：123-127。
李家同（2005 年 5 月 13 日）。〈我的故事〉，《聯合報》（台北），第 e7 版。
李習文、劉欣欣（2004）。〈中國特色軍事變革視野中的軍事新聞改革〉，《南京政治學院學報》，117：113-115。
李智雄（2003）。〈美國攻打伊拉克政略之研析〉，軍事社會科學叢書編輯部（編）《從政治作戰構面析論美伊戰爭》，頁 31-53。台北：政治作戰學校軍事社會科學研究中心。
李敬一（2004）。《中國傳播史論》。武昌：武漢大學出版社。
李道平等（2000）。《公共關係學》。北京：經濟科學出版社。
李慶山（1994）。《文明的毀滅與孕育：深刻影響人類社會的 76 次戰爭》。北京：中國青年出版社。
李慧（1997）。〈分析中國時報、聯合報對國軍新聞的報導：民國七十五年七月至七十七年六月〉，《復興崗學報》，62：215-228。
李黎明（2001）。《轉軌：變遷中的戰略思維》。台北：時英。
李瞻（1969）。〈新聞通訊事業〉，曾虛白（編）《中國新聞史》，頁 565-599。台北：國立政治大學新聞研究所。
李瞻（1981）。〈三民主義新聞政策之研究〉，台北，中華民國中山學術會議論文研討集，第一冊（總論組）。
李瞻（1984）。〈國父與總統 蔣公之傳播思想〉，台北，中華民國歷史與文化討論集，第三冊（文化思想史）。
李瞻（1986）。〈國父與先總統 蔣公傳播思想與現代傳播思潮〉，《報學》，7（7）：3-6。
李瞻（1986）。《世界新聞史》。台北：三民。
李瞻（1991）。《新聞學》。台北：三民。
李瞻（1992）。《政府公共關係》。台北：理論與政策雜誌社。
李瞻、賴秀峰編譯（1985）。《美國政府公共關係》。台北：台北市新聞記者公會。（原書 Steinberg, C.S.The Information Establishment：Our Government and the Media.）
李瞻編（1979）《中國新聞史》。台北：學生書局。
杜波、王振興（2001）。《現代心理戰研究》。北京：解放軍出版社。
杜維明（2005）。《對話與創新》。桂林：廣西師範大學出版社。
杜維運（1979）。〈史學態度與史學方法〉，《近代中國》，13：143-146。

杜維運（1998）。〈史官制度及歷史記載精神〉，王洪鈞（編）《新聞理論的中國歷史觀》，頁 125-168。台北：遠流。

沈明室（2003）。〈美伊不對稱戰爭精神戰力與士氣對台海安全啟示〉，吳建德、沈明室（編）《美伊戰爭與台海安全》，頁 11-47。台北：時英。

沈明室（2004 年 9 月 26 日）。〈反制共軍三戰威脅策略論析〉，《青年日報》（台北），第 3 版。

沈偉光（2000）。《傳媒與戰爭》。杭州：浙江大學出版社。

汪涵（2005）。〈謊言亦可攻心〉，盛沛林等（編）《輿論戰：經典範例評析》，頁 41-43。北京：解放軍出版社。

谷玲玲（1999）。〈學界對國軍形象塑建之評介與建議〉，《國軍發言人講習專家、學者講演輯錄》。台北：國防部軍事發言人室。

邢頌文（1979）。〈《前線日報》回憶錄〉，李瞻（編）《中國新聞史》，頁 427-446。台北：學生書局。

卓南生（1998）。《中國近代報業發展史 1815-1874》。台北：正中。

周永才、劉林福（編）（2004）。《心理中心戰》。北京：國防大學出版社。

周茂林（2003）。〈二次波灣戰爭美國的新聞管制措施〉，吳東林（編）《二次波灣戰爭專題研究論文（四）》，頁 17-23。台北：國防大學戰略研究中心。

周侍天譯（1967）。《說服技術：從宣傳至洗腦》。台北：政工幹部學校。（原書 Brown ,J.A.C. 〔1963〕. Techniques of Persuasion：From Propaganda to Brainwashing. London: Penguin Books.）

周偉業（2003）。〈論媒體戰的形式、內容與實質〉，《南京政治學院學報》，110：114-116。

周湘華、揭仲（2001）。《技術擊倒 TKO：戰具演變與創新》。台北：時英。

周琪、劉緋、張立平、王圓譯（1999）。《文明的衝突與世界秩序的重建》。北京：新華出版社。（原書 Huntington,S.P.〔1996〕.The Clash of Civilizations and the Remaking of World Order. New York：Simon & Schuster.）

周聖生（1957）。〈我國軍報掃蕩報的發展史略〉，《報學》，2（2）：86-87。
奈伊（J.S.Nye）（2005 年 11 月 7 日）。〈在文化上戰勝恐怖份子〉，《蘋果日報》（台北），第 a16 版。
果仁譯（1977）。《世界與西方》。台北：牧童。（原書 Toynbee ,A.〔1953〕.The World and the West. London: Oxford University Press.）
林文程（2004）。〈伊拉克戰爭對中共之衝擊：兼論對台灣及日本之影響〉，《中共研究》，38（6）：47-68。
林大椿（1965）。〈國父在宣傳戰中的成就〉，《報學》，3（5）：119-123。
林大椿（1981）。〈中華民國新聞學會第一位榮譽委員：蔣總統經國先生的新聞觀〉，《新聞尖兵》，7：4-10。
林文琪譯（2001）。《傳播與溝通》。台北：韋伯文化。（原書 Rosengren ,K. E. 〔2000〕.Communication：An Introduction. CA：Sage Publications.）
林怡馨譯（2004）。《新世紀大眾媒介社會史》。台北：韋伯文化。（原書 Goman ,L., &Mclean,D.〔2001〕. Media and Society In the Twentieth Century：An Historical Introduction. Blackwell Publishers.）
林東泰（1999）。《大眾傳播理論》。台北：師大書苑。
林添貴譯（1998）。《解讀媒體迷思》。台北：正中。（原書 Fallows,J.〔1996〕.Breaking The News：How the Media Undermine American Democracy. New York: Pantheon Books.）
林綠譯（1978）。《歷史的研究》。台北：源成。（原書 Toynbee ,A. A study of history.）
林博文（1994 年 11 月 15 日）。〈五、六十年代「中國遊說團」縱橫捭闔廿餘年〉，《中國時報》（台北），第 23 版。
林毓生（1990）。《政治秩序與多元社會》。台北：聯經。
林萬億（1994）。《福利國家：歷史比較的分析》。台北：巨流。
林榮林（2004）。〈政治工作作戰功能的直接體現：兼論輿論戰、心理戰、法律戰〉，《中國軍事科學》，17（4）：91-95。
林碧炤（2004）。〈導論：台灣安全的環境因素〉，丁渝洲等（編）

《台灣安全戰略評估 2003-2004》，頁 11-21。台北：財團法人兩岸交流遠景基金會。
林靜伶（2000）。《語藝批評：理論與實踐》。台北：五南。
孟繁宇（2006）。〈論析輿論戰與戰爭之關係〉，《復興崗學報》，86：87-114。
邱志強（2004 年 12 月 21 日）。〈文康書籍充實官兵精神生活〉，《青年日報》（台北），第 3 版。
邱志強（2005 年 6 月 9 日）。〈編實心戰部隊 反制中共「軟打擊」〉，《青年日報》（台北），第 3 版。
花建（2006）。《文化＋創意＝財富》。台北：帝國文化。
門相國（2003）。〈戰爭直播催生的非線式新聞戰〉，《南京政治學院學報》，110：109-111。
俞力工（1994）。《和平與戰爭：後冷戰時期國際縱橫談》。台北：桂冠。
姜敬寬（1993）。《時代七十年》。台北：天下文化。
姜敬寬（1997）。《新聞反思集：一個時代周刊資深記者的心路歷程》。台北：時報文化。
姜興華（2003）。《高技術條件下局部戰爭軍事新聞傳播論》。北京：長征出版社。
姚朋（1981）。〈造破敵之勢，操必勝之權：三民主義的文化宣傳工作〉，台北，中華民國中山學術會議論文研討集，第二冊（民族組）。
思今、侯寶成、李金河、楊繼成（2004）。〈輿論戰：信息化戰爭的一大奇觀〉，《政工導刊》，212：4-6。
施順冰（2005）。《媒體解碼：美伊戰爭之探索》。台北：鼎茂圖書。
柯醍褚（2003 年 7 月 16 日）。〈從伊拉克戰看現代戰爭中的新聞輿論戰〉，《光明日報》。2006 年 7 月 15 日，取自：http://www.sina.com.cn。
柳瑞仁（2002）。《國軍基層領導型態與溝通滿足、工作滿意度之關聯性研究：以海軍陸戰隊連級軍官為例》。台北：政治作戰學校新聞研究所碩士論文。

洪和平（2003 年 8 月 26 日）。〈伊拉克戰爭中的傳媒戰給我們的啟示〉，《解放軍報》（北京），第 6 版。

洪陸訓（1997）。《軍事社會學與文武關係的理論和研究途徑：兼論軍事社會學對政戰制度的作用》。台北：政戰學校軍事社會科學研究中心。

洪陸訓（2006）。〈新世紀政治作戰的意義與範圍初探〉，國防大學政治作戰學院政治系（編）《第九屆國軍軍事社會科學學術研討會論文集》，頁 1-34。台北：國防大學政治作戰學院政治系。

洪陸訓、莫大華、李金昌、邱啟展（2001）。《軍隊公共事務研究》。台北：政治作戰學校軍事社會科學研究中心。

洪漢鼎譯（1993）。《真理與方法：哲學詮釋學的基本特徵》。台北：時報文化。（原書 Gadamer ,Hans-Georg.Wahrheit und Methode: Grundzuge einer Philosophischen Hermeneutik.）

洪瓊娟摘譯（1881）。〈國際廣播：西方外交的新籌碼〉，《報學》，6（6）：112-119。（原書 Abshire,D.M.International Broadcasting：A New Dimension of Western Diplomacy.）

皇甫河旺（1998）。〈辛亥革命報刊之新聞及言論精神〉，王洪鈞（編）《新聞理論的中國歷史觀》，頁 273-326。台北：遠流。

胡光夏（2000）。〈我國軍隊的公共事務：軍隊與媒體關係之探討〉，「第三屆國軍軍事社會科學學術研討會」論文，頁 67-91。台北：政治作戰學校軍事社會科學研究中心。

胡光夏（2001）。〈軍事發言人角色之研究：以國軍軍事發言人室為例〉，軍事社會科學研究專輯編輯部（編）《政治作戰學校建校五十週年軍事社會科學研究專輯》，頁 75-94。台北：政治作戰學校。

胡光夏（2002）。〈軍隊與媒體〉，洪陸訓、段復初（編）《軍隊與社會關係》，頁 99-117。台北：時英。

胡光夏（2003）。〈2003 年美伊戰爭新聞處理之研究〉，《復興崗學報》，78：193-220。

胡光夏（2004a）。〈美伊戰爭中「框架」的爭奪戰：電視就是戰爭工具〉，軍事社會科學叢書編輯部（編）《軍事社會科學的功能與運用（上）：第七屆國軍軍事社會科學學術研討會論文集》，頁397-474。台北：政治作戰學校軍事社會科學研究中心。

胡光夏（2004b）。〈網路新聞學發展的契機與轉機：第二次波斯灣戰爭中網路新聞報導之研究〉，《復興崗學報》，80：15-42。

胡光夏（2005a）。〈軍隊的社區關係〉，樓榕嬌等著《軍事傳播：理論與實務》。台北：五南。

胡光夏（2005b）。〈廣播運用於政治與軍事衝突之研究：以兩次波斯灣戰爭為例〉，《復興崗學報》，83：89-115。

胡全良、賈建林（2004）。《較量：伊拉克戰爭中的輿論戰》。北京：軍事科學出版社。

胡祖慶譯（2002）。《全面公關時代－打造企業公關的新形象》。台北：麥格爾・希爾。（原書 Haywood,R.〔1994〕.Managing Your Reputation. McGraw-Hill.）

胡鳳偉、艾松如、楊軍強（2004）。《伊拉克戰爭心理戰》。瀋陽：白山出版社。

倪炎元（2003）。《再現的政治：台灣報紙媒體對「他者」建構的論述分析》。台北：韋伯文化。

唐 棣（1994）。〈美軍公共事務工作的理念與做法〉，《復興崗學報》，53：183-200。

唐 棣（1996）。〈公共事務的發展與作法〉，《復興崗學報》，58：163-174。

唐維敏等譯（1994）。《文化、社會與媒體：批判性觀點》。台北：遠流。（原書 Gurevitch,M.,Bennett, T.,Curran,J., & Woollacott,J.（Eds.）〔1982〕.Culture,Society and the Media.）

夏定之譯（1975）。《軍聞工作指導》。台北：政治作戰學校。（原書 Headquarters,Department of the Army.〔1968〕. Army Information Officers' Guide.）

孫中山（1989）。《國父全集》第三冊。台北：近代中國出版社。

孫秀蕙（2000a）。〈網路時代的企業公關－格魯尼模式的理論重構〉，《廣告學研究》，15：1-25。

孫秀蕙（2000b）。《公共關係：理論、策略與實例》。台北：正中。

孫治本譯（2003）。《全球化危機：全球化的形成、風險與機會》。台北：商務。（原書 Beck,U.〔1999〕.Was Ist Globalisierung？The Commercial Press,Ltd.）

孫敏華、許如亨（2002）。《軍事心理學》。台北：心理出版社。

孫隆基譯（1980）。Nivison,D.S.等著。《儒家思想的實踐》。台北：台灣商務。

宮玉振（1997）。〈軍事傳播〉，孫旭培（編）《華夏傳播論：中國傳統文化中的傳播》，頁 316-326。北京：人民出版社。

展江（1999）。《戰時新聞傳播諸論》。北京：經濟管理出版社。

徐周文（2004）。〈輿論戰實施之基本要點〉，《西安政治學院學報》，17（5）：41-43。

徐詠平（1970）。〈東京民報：國父領導革命成功的主力〉，《報學》，4（5）：79-90。

徐詠平（1979）。〈中國國民黨中央直屬黨報發展史略〉，李瞻（編）《中國新聞史》，頁 315-340。台北：學生書局。

徐瑞媛、魏玉棟（2003）。〈信息全球化過程中的文化帝國主義〉，蔡幗芬、徐瑞媛（編）《國際新聞與跨文化傳播》，頁 132-143。北京：北京廣播學院。

徐瑜（2003）。〈戰場宣傳戰媒體扮要角〉，軍事社會科學叢書編輯部（編）《美伊戰爭中無形戰力解析》，頁 323-324。台北：政治作戰學校軍事社會科學研究中心。

徐蕙萍（2004）。〈中國大陸體制下報業集團化之析探〉，《復興崗學報》，82：169-186。

徐蕙萍、樓榕嬌、方鵬程、康力平、蔡貝侖、彭志偉、張志誠（2004）。《我國軍隊政治教育內容及效果之分析》。台北：國防部。

徐蕙萍（2006）。〈新聞媒體在中共當前政治發展策略下扮演的角色與作用〉，《復興崗學報》，87：1-26。

時殷弘、李慶四譯（2005）。《戰爭與和平的大戰略》。北京：世界知識出版社。（原書 Kennedy,P.〔1991〕.Grand Strategies in War and Peace.）

祝基瀅（1986）。《傳播・社會・科技》。台北：台灣商務。

祝基瀅（1990）。《政治傳播學》。台北：三民。
紐先鍾（1999）。《二十一世紀的戰略前瞻》。台北：麥田。
郝唯學（2004）。《心理戰 100 例》。北京：解放軍出版社。
郝唯學、趙和偉（2006）。《心理戰講座》。北京：解放軍出版社。
翁秀琪（1994）。〈消息來源與新聞記者的自主性探討：談新聞記者聯誼會的功能〉，臧國仁（編）《新聞學與術的對話》，頁 25-42。台北：國立政治大學新聞研究所。
翁秀琪（2000）。《大眾傳播理論與實證》。台北：三民。
翁秀琪等譯（1994）。《民意：沉默螺旋的發現之旅》。台北：遠流。（原書 Noelle-Neumann,E.〔1991〕.Öffentliche Meinung：Die Entdeckung der Schweigespirale.Berlin：Verlag Ullstein GmbH.）
袁志華、王岳（2002）。《一場新的軍事革命：軍事科學技術》。珠海：珠海出版社。
郝玉慶、蔡仁照、陸惠林（2004 年 5 月 17 日）。〈信息時代的新聞輿論戰〉，《學習日報》。2006 年 8 月 9 日，取自：www.studytimes.com.cn。
馬星野（1982）。〈中國國民黨與大眾傳播現代化〉，楊亮功（編）《中國國民黨與中國現代化》，頁 83-88。台北：中央月刊社。
馬振坤（2004）。〈美伊戰爭對中共軍隊建設之影響〉，軍事社會科學叢書編輯部（編）《軍事社會科學的功能與運用（下）：第七屆國軍軍事社會科學研討會論文集》，頁 169-245。台北：政治作戰學校軍事社會科學研究中心。
高希均（2006 年 3 月 1 日）。〈台灣的出路：以「軟性實力」立足世界〉，《聯合報》（台北），第 a15 版。
國防部史政編譯局譯（1993）。《政治作戰與心理戰》。台北：國防部史政編譯局。（原書 Lord,C., & Barnett,F.R.〔1989〕.Political Warfare and Psychological Operations.National Defense University Press & National Strategy Information Center.）
國防部軍務局（編）（1998）。《八二三台海戰役》。台北：國防部軍務局。
國防部國防報告書編纂委員會（2000）。《中華民國 89 年國防報告書》。

台北：國防部。
國防部國防報告書編纂委員會（2002）。《中華民國 91 年國防報告書》。台北：國防部。
國防部國防報告書編纂委員會（2004）。《中華民國 93 年國防報告書》。台北：國防部。
國防部國防報告書編纂委員會（2006）。《中華民國 95 年國防報告書》。台北：國防部。
國防部總政治作戰部（1993）。《國軍政戰制度研析與探討》。台北：國防部總政治作戰部。
國防部總政治作戰部譯（1998）。《心理作戰》。台北：國防部總政治作戰部。（原書 Géré,F.〔1997〕.La Guerre Psychologique.Economica.）
國防部總政治部（1960）。《國軍政工史稿（上）》。台北：國防部總政治部。
國防部總政戰部（1997）。《國軍新聞處理手冊》。台北：國防部軍事發言人室。
郭炎華（2002）。《外軍心理訓練研究》。北京：國防大學出版社。
郭炎華（編）（2005）。《心理戰知識讀本》。北京：國防大學出版社。
崔寶瑛（1966）。《公共關係學概論》。台北：台北市新聞記者公會。
常函人、萬鋌（2003 年 4 月 10 日）。〈阿拉伯媒體戰爭中讓西方刮目相看〉，《環球時報》。2006 年 7 月 5 日，取自：http://www.sina.com.cn。
張世民（2003 年 6 月 7 日）。〈從新聞學觀察美伊大戰資訊症候群〉，《中央日報》（台北），第 12 版。
張巨岩（2004）。《權力的聲音：美國的媒體和戰爭》。北京：三聯書店。
張巨青、吳寅華（1994）。《邏輯與歷史》。台北：淑馨。
張玉法（1993）。《先秦的傳播活動及其影響》。台北：台灣商務。
張在山（1978）。《公共關係學》。台北：正中。
張在山（1997）。〈大起大落的台灣公共關係〉，《公關雜誌》，19：19-22。

張延廷（2004 年 10 月 10 日）。〈共軍輿論戰運用策略析論〉，《青年日報》（台北），第 3 版。
張季鸞（1979）。《季鸞文存》。台北：台灣新生報社。
張宗棟（1984）。〈抗日戰爭前夕的廣播事業〉，《報學》，7（2）：162-166。
張昆（2003）。《簡明世界新聞通史》。武昌：武漢大學出版社。
張威、鄧天穎譯（2004）。《獲取信息：新聞、真相和權力》。北京：新華出版社。（原書 Glasgow University Media Group.〔1993〕.Getting the Message：News,Truth and Power.）
張茂柏（1991）。〈美國新聞界對波斯灣戰爭報導的反省〉，《報學》，8（5）：124-129。
張洁、田青譯（2003）。《世界大戰中的宣傳技巧》。北京：中國人民大學出版社。（原書 Lasswell,H.〔1927〕. Propaganda Technique in the World War Ⅰ.）
張桂珍（2000）。《國際關係中的傳媒透視》。北京：北京廣播學院。
張梅雨（2003a）。〈以新聞做心戰 美媒體攻勢凌厲〉，軍事社會科學叢書編輯部（編）《美伊戰爭中無形戰力解析》，頁 329-331。台北：政治作戰學校軍事社會科學研究中心。
張梅雨（2003b）。〈美國對伊作戰之新聞策略運用〉，軍事社會科學叢書編輯部（編）《美伊戰爭中無形戰力解析》，頁 332-336。台北：政治作戰學校軍事社會科學研究中心。
張梅雨（2005）。〈隨軍記者〉，樓榕嬌等著《軍事傳播：理論與實務》。台北：五南。
張錦華（1990）。〈傳播效果理論批判〉，《新聞學研究》，42：103-121。
張錦華（2001）。《傳播批判理論》。台北：黎明。
張錦華摘譯（1979）。〈大眾傳播與世界和平〉，《報學》，6（2）：27-39。（原書 Davison,W.P.Mass Communication and Conflict Resolution：The Role of the Information Media in the Advancement of International Understanding.）
曹定人譯（1993）。《帝國與傳播》。台北：遠流。（原書 Innis ,H. A.〔1972〕. Empire and Communications. University of Toronto Press.）

曹雨（2005）。〈伊拉克戰爭：美倒薩輿論四步曲〉，盛沛林等（編）《輿論戰 100 例》，頁 254-258。北京：解放軍出版社。

曹國維（2003 年 3 月 24 日）。〈伊公佈戰俘畫面〉，《聯合報》（台北），第 1 版。

梁在平、崔寶瑛譯（1967）。《公共關係的理論與實務》。台北：中國公共關係協會。（原書 Canfield,B. R. Public Relations：Principles, Cases and Problems.）

盛沛林（2000）。《軍事新聞學概論》。北京：解放軍出版社。

盛沛林等（編）（2005）。《輿論戰：經典案例評析》。北京：解放軍出版社。

習賢德（1996）。〈軍事新聞發布的表象與真相：以 1950-1992 年中華民國空軍官兵公隕名單的調查分析為例〉，「媒介與環境學術研討會」論文。台北，輔仁大學。

莫耕駱（1987）。〈洞穴文化的陷阱〉，《中國論壇》，280：1。

許如亨（2000）。《解構另類戰爭：心理戰的過去、現在與未來》。台北：麥田。

許如亨（2003a）。〈美伊國際宣傳激烈交鋒〉，軍事社會科學叢書編輯部（編）《美伊戰爭中無形戰力解析》，頁 321-322。台北：政治作戰學校軍事社會科學研究中心。

許如亨（2003b）。〈美伊戰爭心理戰之評析〉，軍事社會科學叢書編輯部（編）《美伊戰爭中無形戰力解析》，頁 35-61。台北：政治作戰學校軍事社會科學研究中心。

康力平（2005）。〈戰爭時期新聞處理與運用：美軍與媒體關係演進歷程對國軍之啟示〉，《復興崗學報》，83：117-142。

陳正杰、郭傳信（2003）。《媒體與戰爭》。台北：匡邦文化。

陳玉箴譯（2005）。《媒介與傳播研究法指南：質性與量化方法論》。台北：韋伯文化。（原書 Jensen,K.B.〔2002〕.A Handbook of Media and Communication Research：Qualitative and Quantiative Methodologies. Routledge.）

陳希平譯（1973）。《論戰爭》。台北：三軍大學。（原書 Leckie, R. Warfare. 〔1970〕. New York: Harper & Row.）

陳希林（2003 年 3 月 26 日）。〈戰情陽光化〉，《中國時報》（台北），第 9 版。
陳依凡（2004）。《國防部國會事務公共關係研究：理論與實務分析》。台北：政治作戰學校新聞研究所碩士論文。
陳芸芸、劉慧雯譯（2003）。《特新大眾傳播理論》。台北：韋伯文化。（原書 McQuail ,D.〔2000〕. Mass Communication Theory. CA：Sage Publications.）
陳紀瀅（1977）。〈遷漢初期的掃蕩報〉，《報學》，5（8）：116-119。
陳津萍（2005）。〈從二次波灣戰爭探討共軍「輿論戰」之發展與影響〉，《國防雜誌》，20（2）：52-64。
陳哲三（1982）。〈鄒魯與廣東革命基地的建立〉，張玉法（編）《中國現代史論集（第七輯：護法與北伐）》，頁 3-36。台北：聯經。
陳敏、李理譯（2005）。〈戰爭的好萊塢化：媒體對伊拉克戰爭的處理〉，《全球傳媒報告[Ⅰ]》。上海：復旦大學出版社。（原文 Knight, A.Hollywoodization of War：Media Treatment of the 2003 Iraqi War.）
陳敏譯（2005）。〈全球化和跨國媒體在東歐的影響：對五個新獨立國家的觀點調查〉，《全球傳媒報告[Ⅰ]》。上海：復旦大學出版社。（原文 Gher,L.A., & Bharthapudi, K.T.The Impact of Globalization and Transnational Media on Eastern Europe-Opinion Surveys in Five Newly Independent Countries.）
陳雪雲（1982）。〈大眾傳播的理論基礎〉，《報學》，6（9）：63-66。
陳雄勳（1973）。〈孔子的輿論觀〉，《報學》，7（1）：45-52。
陳聖士（1969）。〈漢唐邸報至清末官報〉，曾虛白（編）《中國新聞史》，頁 61-124。台北：國立政治大學新聞研究所。
陳衛星（2003）。〈美伊戰爭的傳播膨脹〉，陳衛星（編）《國際關係與全球傳播》，頁 222-234。北京：北京廣播學院出版社。
陳衛星譯（2005）。《世界傳播與文化霸權》。北京：中央編譯出版社。（原書 Mattelart, A.La Communication-monde.）
陳錫藩（2003 年 4 月 28 日）。〈媒體監督的權利與權力（下）〉，《中央日報》（台北），第 9 版。

陸以正（2005 年 7 月 25 日）。〈從國際宣傳到公共外交〉，《中國時報》（台北），第 a10 版。

陶佩云譯（2006）。《美國的戰爭：一個好戰國家的編年史》。北京：三聯書店。（原書 Schley, N., &Busse,S.〔2003〕.Die Kriege der USA：Chronik Einer Aggressiven Nation.）

陶聖屏（2003）。〈美善用媒體創機造勢振奮軍心〉，軍事社會科學叢書編輯部（編）《美伊戰爭中無形戰力解析》，頁 337-339。台北：政治作戰學校軍事社會科學研究中心。

陶聖屏（2007）。〈中共對台「輿論戰」之理論建構〉，「反三戰－輿論戰論壇」論文。台北，國防大學。

傅建中（2005 年 6 月 30 日）。〈中國威脅論與台灣自處之道〉，《中國時報》（台北），第 a13 版。

傅凌譯（1994）。《新戰爭論》，台北：時報文化。（原書 Toffler, A. &Toffler ,H.〔1993〕. War and Anti-War：Survival at the Dawn of the 21st Century. London: Little, Brown.）

喬良、王湘穗（2004）。《超限戰》。台北：左岸文化。

彭芸（1986）。《政治傳播：理論與實務》。台北：巨流。

彭芸（1991）。《國際傳播與科技》。台北：三民。

彭家發（1994）。〈報業制度理論之流變：一個歷史觀點〉，《報學》，8（8）：14-37。

彭懷恩（1997）。〈國家機關與媒體制度〉，彭懷恩（編）《90 年代台灣媒介發展與批判》，39-62 頁。台北：風雲論壇。

彭懷恩（2004）。《政治傳播與溝通》。台北：風雲論壇。

曾虛白（1969）。〈總論〉，曾虛白（編）《中國新聞史》，頁 1-28。台北：國立政治大學新聞研究所。

曾虛白編（1969）《中國新聞史》。台北：國立政治大學新聞研究所。

游梓翔、吳韻儀譯（1994）。《人類傳播史》，台北：遠流。（原書 Schramm, W.〔1988〕. The Story of Human Communication. HarperCollins College.）

程之行（1996）。《新聞傳播史》。台北：亞太。

程之行譯（1993）。《傳播理論》，台北：遠流。（原書 Littlejohn ,S. W.

〔1989〕. Theories of Human Communication.Wadsworth Publishing.）
程其恆（1944）。《戰時中國報業》。桂林：銘真出版社。
鈕先鍾（1996）。《孫子三論：從古代兵法到新戰略》。台北：麥田。
馮克芸（2003 年 3 月 24 日）。〈淨化過的戰場〉，《聯合報》（台北），第 4 版。
喻國明（2001）。《解構民意：一個輿論學者的實証研究》。北京：華夏出版社。
童靜蓉（2006）。〈仿真、模擬和電視戰爭：媒體人類學對電視戰爭的解讀〉，《傳播學研究集刊》，4：173-181。
黃文濤（2003）。〈攻心奪志：戰爭新聞宣傳的主題〉，《解放軍報》，110：112-113。
黃明堅譯（1885）。《第三波》。台北：聯經。（原書 Toffler,A.The Third Wave.）
黃建育（2003 年 3 月 30 日），〈媒體唱反調 倫斯斐火大〉，《中國時報》（台北），第 10 版。
黃懿慧（1999）。〈西方公共關係理論學派之探討：90 年代理論典範的競爭與辯論〉，《廣告學研究》，12：1-37。
楚崧秋（1985）。〈蔣公對新聞輿論的器重〉，《報學》，7（5）：51-54。
聞振國（2003）。〈群眾戰之運用對美伊雙方作戰之影響〉，軍事社會科學叢書編輯部（編）《從政治作戰構面析論美伊戰爭》，頁 139-157。台北：政治作戰學校軍事社會科學研究中心。
楊民青（2003 年 9 月）。〈現代戰爭與大眾傳媒〉，中國網，2004 年 9 月 28 日，取自：http://www.china.org.cn/chinese/zhuanti/bjjt/396366.htm。
楊永生譯（2003）。《網路及網路戰》。台北：國防部史政編譯室。（原書 Arquilla,J., & Ronfeldt,D. 〔2001〕.Networks and Netwars：The Future of Terror,Crime,and Militancy. RAND.）
楊旭華（2004）。《心戰策》。北京：國防大學出版社。
楊祖珺譯（2000）。《傳播及文化研究主要概念》。台北：遠流。（原書 O' Sullivan,T.,Hartley, J.,Saunders,D.,Montgomery,M., & Fiske,J.

〔1994〕.Key Concepts in Communication and Cultural Studies.）

楊國樞（1982）。《開放的多元社會》。台北：東大。

楊國樞（1991）。〈台灣社會的開放化與多元化〉，《二十一世紀雙月刊》，5：54-56。

楊連仲、謝豐安譯（2001）。《使用非致命性武器的未來戰爭》。台北：國防部史政編譯局。（原書 Alexander,J.B.〔1999〕.Future War：Non-Lethal Weapons in Twenty-First-Century Warfare.St.Martin' s Press.）

楊富義（2001）。《國軍公共關係部門之研究：以軍事發言人室之媒體關係為例》。台北：政治作戰學校新聞研究所碩士論文。

楊湘鈞（2002 年 7 月 17 日）。〈歷史研究的方法〉，《聯合報》（台北），第 39 版。

楊意菁、陳芸芸譯（2001）。《媒體原理與塑造》。台北：韋伯文化。（原書 Grosseerg, L.,Wartella, E., & Whitney, D.C.〔1998〕. Mediamakig：Mass Media in a Popular Culture. CA：Sage Publications.）

楊意菁等譯（2002）。《淺說大眾媒介與社會》。台北：韋伯文化。（原書 Jones,
M., & Jones ,E.〔1999〕. Mass Media. Macmillan Press LTD.）

楊瑪利（2002）。〈弱智媒體〉，《天下雜誌》，251：110-125。

楊繼宇（2005 年 4 月 15 日）。〈軍種發言人改由政戰主任擔任〉，《青年日報》（台北），第 3 版。

聞娛、張翅（2006）。〈媒介・型態・功能：先秦傳播文化探悉〉，《傳播學研究集刊》，4：90-97。

葉德蘭（2003）。〈傳播為和平之推手：論傳播對和平研究之貢獻〉，《中華傳播學刊》，4：215-235。

賈士蘅譯（2003）。《知識社會史：從古騰堡到狄德羅》。台北：麥田。（原書 Burke,P.〔2000〕.A Social History of Knowledge：From Gutenberg to Diderot.Blackwell Publishers Ltd.）

鄒中慧（1997）。〈軍聞報導與消息來源初探：以 85 年 3 月中共軍事演習期間報紙報導為例〉，《復興崗學報》，61：135-192。

鄒中慧（1998）。〈記者處理軍聞報導方式與取向之探討：以《中國時報》87 年 3 月國華空難事件與國軍相關新聞報導為例〉，《復興崗學報》，65：209-227。

趙曙光、張小爭、王海（2002）。《大傳媒烈潮》。台北：帝國文化。

臧國仁（1989）。〈公關的原理與概念〉，孔誠志（編）《公關手冊：公關原理與本土經驗》，頁 19-41。台北：商周文化。

臧國仁（1999）。《新聞媒體與消息來源：媒介框架與真實建構之論述》。台北：三民。

臧國仁（2001）。〈公共關係研究的內涵與展望：十字路口的觀察〉，《廣告學研究》，17：1-19。

蔣傑（1998）。《心理戰理論與實踐》。北京：解放軍出版社。

裴廣江譯（2005）。〈媒體超控了伊戰？：西方媒體和公共輿論中的伊拉克戰爭〉，《全球傳媒報告[I]》。上海：復旦大學出版社。（原文 Hafez,K.Media Control the Iraqi War？：The Iraqi War in the Western Media and Public Opinion.）

樓榕嬌、謝奇任、謝奕旭、蔡貝侖、喬福駿（2004）。〈台澎防衛作戰新聞策略之研究：軍事衝突時國軍的危機傳播策略〉，《第七屆國軍軍事社會科學學術研討會》。台北：政治作戰學校。

熊念慈（2006 年 12 月 21 日）。〈強化媒體運用能量 反制中共輿論戰〉，《青年日報》（台北），第 3 版。

趙心樹、沈佩璐譯（1995）。《媒介與權勢 I》。台北：遠流。（原書 Halberstam,D.〔1979〕.The Powers That Be.）

趙月枝（2003）。〈帝國時代的世界傳播：國家、資本和非政府組織力量的重新部局〉，陳衛星（編）《國際關係與全球傳播》，頁 1-28。北京：北京廣播學院。

趙雪波（2000）。〈大眾媒介在現代國際關係中的作用〉，劉繼南（編）《國際傳播：現代傳播文集》。北京：北京廣播學院。

趙雪波（2003）。〈大眾傳播影響國際關係之研究〉，陳衛星（編）《國際關係與全球傳播》，頁 67-80。北京：北京廣播學院出版社。

趙碧華、朱美珍譯（2001）。《研究方法：社會工作暨人文科學領域的運用》。台北：學富。（原書 Rubin,A. , &Babbie,E. 〔1997〕.

Research Methods for Social Work. New York: Brooks/Cole.）
劉方矩譯（1978）。《劍與筆》。台北：國防部史政編譯局。（原書 Hart,A.L.Ed.〔1976〕.The Sword and the Pen. Thomas Y. Crowell Company.）
劉世忠（1992a）。〈美國多元主義的根源：麥迪遜式社會多元論之探討（上）〉，《美國月刊》，7（7）：120-129。
劉世忠（1992b）。〈美國多元主義的根源：麥迪遜式社會多元論之探討（下）〉，《美國月刊》，7（8）：40-47。
劉行芳（2006）。〈論和平崛起理念下的國際傳播〉，《傳播學研究集刊》，4：106-113。
劉志富（2003）。《心理戰概論》。北京：國防大學出版社。
劉秋苓（2004）。〈美伊戰後的美國國際公共關係：國際輿論與國家形象的分析觀點〉，軍事社會科學叢書編輯部（編）《美軍推翻海珊後政權重建之政治作戰研究（一）》，頁 357-379。台北：政治作戰學校軍事社會科學研究中心。
劉屏（2003 年 3 月 23 日）。〈媒體險中求全〉，《中國時報》（台北），第 14 版。
劉振興（2003）。〈美伊戰爭中軍事媒體報導模式之研究〉，軍事社會科學叢書編輯部（編）《美伊戰爭中無形戰力解析》，頁 63-88。台北：政治作戰學校軍事社會科學研究中心。
劉建明（2002）。《社會輿論原理》。北京：華夏出版社。
劉泉（2005）。〈伊拉克戰爭：無聲的議程設置〉，盛沛林等（編）《輿論戰 100 例》，頁 239-241。北京：解放軍出版社。
劉昶（1990）。《西方大眾傳播學：從經驗學派到批判學派》。台北：遠流。
劉得詮譯（2005）。《縮短鴻溝：軍媒關係與伊拉克戰爭》。台北：國防部總政治作戰局軍事發言人室。（原書 Shepard,A.C. Narrowing the Gap：Military,Media and the Iraq War.）
劉雪梅（2004）。〈高技術條件下新聞輿論戰的內涵及啟示〉，《南京政治學院學報》，115：114-117。
劉雪梅（2004 年 2 月 10 日）。〈新聞輿論戰的策略與謀略〉，《解放軍報》（北京），第 6 版。
劉森偉（1952）。〈總統對新聞事業的指示〉，《報學》，3：18-22。
劉湘濱（2004）。〈追求全方位的國防安全〉，丁渝洲等（編）《台灣安全戰略評估 2003-2004》，頁 231-246。台北：財團法人兩岸交流遠景基金會。
劉慶元、段復初（2006）。〈中美兩國軍隊公共事務制度之比較研究〉，國防大學政治作戰學院政治系（編）《第九屆國軍軍事社會科學學術研討會論文集》，頁 189-217。台北：國防大學政治作戰學院政治系。
劉麗真譯（2000）。《戰爭心理學》，台北：麥田。（原書 LeShan ,L.〔1992〕. The Psychology of War ：Comprehending its Mystique and its Madness. Rye Field Publishing.）
潘重規（1984）。〈中國古代最偉大的新聞記者〉，《報學》，7（2）：173-177。
魯杰（2004）。《美軍心理戰經典故事》。北京：團結出版社。
滕守堯（1995）。《對話理論》。台北：揚智。
滕淑芬譯（1992）。《大眾傳播的恆久話題》。台北：遠流。（原書 Dennis,E.E.,Ismach,A.H., & Gillmor,D.M. Enduring Issues Mass Communication.）
蔡文輝（1989）。《比較社會學》。台北：東大。
蔡東杰譯（2002）。《美國霸權的矛盾與未來》。新店：左岸文化。（原書 Nye,J.S. Jr.〔2002〕.The Paradox of American Power : Why the World's Only Superpower Can't Go it Alone. Oxford, UK: Oxford University.）
蔡松齡（1999）。《公關趨勢》。台北：遠流。
蔡啟明譯（1981）。《發展理論的反省：第三世界發展的困境》。台北：巨流。（原書 Berger ,P.〔1974〕.Pyramids of Sacrifice：Political Ethics and Social Change. New York: Basic Books）。
蔡儨祥（2005 年 7 月 29 日）。〈政戰工作以官兵為中心〉，《青年日報》（台北），第 3 版。
諸葛蔚東譯（2004）。佐藤卓己著。《現代傳媒史》。北京：北京大學出版社。
鄭貞銘（1985）。〈知行合一的革命宣傳：論中山先生對宣傳的體認與實現〉，《報學》，7（5）：96-109。
鄭貞銘（1989）。《人類傳播》。台北：正中。
鄭瑜、王傳寶（2003 年 12 月 16 日）。〈傳媒戰的地位日益提高〉，《解放軍報》（北京），第 6 版。
鄧翔鳴譯（2003）。〈不對稱作戰時代對媒體控制的爭奪〉，《國防譯粹》，30（5）：57-62。台北：國防部史政編譯室。（原文 Hills,M., &Holloway ,R.〔2002〕.Competing for Media Control in an Age of Asymmetric Warfare in Jane' s Intelligence Review,May/2002.）
蕭美蕙（2003 年 4 月 6 日）。〈戰爭新聞與宣傳〉，《聯合報》（台北），第 15 版。
賴光臨（1978）。《中國新聞傳播史》。台北：三民。
賴光臨（1980a）。《中國近代報人與報業（上冊）》。台北：台灣商務。
賴光臨（1980b）。《中國近代報人與報業（下冊）》。台北：台灣商務。
賴光臨（1984）。《新聞史》。台北：允晨文化。
賴澤涵（1982）。〈歷史學與社會學的互補性與合流的可能性〉，瞿海源、蕭新煌（編）《社會學理論與方法》，頁 155-172。台北：中央研究院民族學研究所。
衡曉春、鄒維榮（2004 年 3 月 22 日）。〈輿論戰悄然進課堂〉，《解放軍報》（北京），第 8 版。
閻沁恒（1960）。〈漢代民意的形成與其對政治之影響〉，《報學》，2（7）：24-51。
閻紀宇（2003 年 3 月 18 日）。〈海珊揚言將把戰爭帶到全世界〉，《中國時報》（台北），第 10 版。
龍冠海（1963）。〈社會學在中國的地位與職務〉，《台灣大學社會學刊》，1：1-22。
戴俊潭（2003）。〈當新聞成為武器之後：伊拉克戰爭與當前軍事新聞傳播現象的理論思考〉，《南京政治學院學報》，111：111-114。

戴郁軌譯（1990）。《心理的戰爭》。台北：國防部總政治作戰部。（原書宣東植，《心理的戰爭》）

戴華山（1980）。《新聞學理論與實務》。台北：學生書局。

戴豐（1979）。〈《掃蕩報》小史〉，李瞻（編）《中國新聞史》，頁 421-426。台北：學生書局。

韓秋鳳、劉勇、王明山（編）（2003）。《心理訓練理論與實踐》。北京：國防大學出版社。

韓秋鳳、杜波（編）（2004）。《古今中外心理戰 100 例》。北京：解放軍出版社。

謝作炎（編）（2004）。《信息時代的心理戰》。北京：解放軍出版社。

謝奕旭（2003）。〈美國對伊拉克的心理作戰：心戰廣播〉，軍事社會科學叢書編輯部（編）《美伊戰爭中無形戰力解析》，頁 1-33。台北：政治作戰學校軍事社會科學研究中心。

謝然之（1982）。〈台灣新聞教育之開拓：從復興崗經木柵到華崗的創建歷程〉，《報學》，6（9）：31-36。

謝鴻進、賀力行（2005）。〈高科技戰爭下資訊心理戰之發展〉，《陸軍月刊》，41（474）：69-83。

鍾蔚文（1992）。《從媒介真實到主觀真實》。台北：正中。

藍天虹（2003）。〈美伊戰爭政治作戰作為之研析〉，軍事社會科學叢書編輯部（編）《從政治作戰構面析論美伊戰爭》，頁 1-30。台北：政治作戰學校軍事社會科學研究中心。

薩孟武（1977）。《中國政治思想史》。台北：三民。

羅貽榮（2006）。《走向對話：文學・自我・傳播》。北京：中國社會科學出版社。

羅協廷等譯（1996）。史泰赫（F. J.Stech）撰，〈為日益增加的 CNN 新聞戰作準備〉，《戰略論文選譯（II）》，頁 137-162。台北：國防部史政編譯局。（原書 Petrie,J. N.（Ed.）〔1994〕.Essays on Strategy（XII）.The NDU Press.）

羅家倫主編，黃季陸、秦孝儀增訂（1985）。《國父年譜》增訂本下冊。台北：中國國民黨中央黨史會。

邊明道（2004）。〈媒體產業結構〉，成露茜、羅曉南（編）《媒體識讀：一個批判的開始》，頁 47-58。台北：正中。

關世杰（1995）。《跨文化交流學》。北京：北京大學出版社。

關紹箕（1989）。《溝通 100：中國傳播故事》。台北：遠流。

關紹箕（1998）。〈先秦傳播思想探析〉，王洪鈞（編）《新聞理論的中國歷史觀》，頁 75-124。台北：遠流。

顧國樸（1988）。《軍事採訪學》，北京：國防大學。

龔瓊玉（2003）。〈美伊善用媒體宣傳提振民心士氣〉，軍事社會科學叢書編輯部（編）《美伊戰爭中無形戰力解析》，頁 325-326。台北：政治作戰學校軍事社會科學研究中心。

英文書目

Abercrombie, N., Lash, S., & Longhurst, B. (1992). Popular Representation Recasting Realism.In Friedman, J.et al. (Eds.), *Modernity and Identity*.Oxford: Blackwell.

Allcock, J. B. (1975). Sociology and History: the Yugoslave Experience and Its Implications.*The British Journal of Sociology*, 26: 486-500.

Altheide , D. L. (1995). *An Ecology of Communication: Cutural Format of Control*.New York: Walter de Gruyter.

Altheide, D. L., & Snow, R.P. (1991). *Media Worlds in the Postjournalism Era*.Hawthorne, New York: Aldine de Gruyter.

Altschull, J. H. (1995). *Agents of Power: The Role of the News Media in Human Affairs.* White Plains, NY: Longman.

Badsey, S. (2000). The Boer War as a Media War. In Dennis, P., & Grey , J.(Eds.), *The Boer War:Army,Nation and Empire*(pp.79-83). Canberra : Army History Unit,Department of Defence.

Baudrillard, J. (1995). *The Gulf War did not Take Place.*Sydney: Power Publications.

Bennett, W. L. (2003). *News: The Politics of Illusion* .New York: Longman.

Berlo, D. K. (1960). *The Process of Communication: An Introduction to Theory and Practice.*New York: Holt, Rinehat and Winston.

Bernays, E. (1961). *Crystallizing Public Opinion.*Norman: University of Oklahoma Press.

Blummer, H. (1966). The Mass, the Public and Public Opinion.In Berelson, B., &Janowitcz ,M.(Eds.),*Readers in Public Opinion and Communication.*New York:The Free Press.

Bruce, B. (1992). *Images of Power: How The Image Makers Shape Our Leaders.* London: Kogan Page.

Bumpus, B., &Skelt, B. (1985). *Sevently Years of International Broadcasting*. Paris: UNESCO.

Carruthers, S. L. (2000). *The Media at War: Communication and Conflict in the Twentieth Century.* NY: St. Martin's Press Inc.

Cate, H. C. (1998). Military and Media Relations.In Sloan, W.D.,& Hoff, E.E. (Eds.),*Contemporary Media Issues*(pp. 105-119).Northport, AL:Visim Press.

Charon,J.M.（1979）. *Symbolic Interactionism.*Engiewood Cliffs,N.J.：Prentice-Hall.

Chen, S., & Payne,R.(1946).*Sun Yat-sen,A Portrait.* New York: John Day.

Cherwitz,R.A.(1978).Lyndon Johnson and the "crisis" of Tonkin Gulf:A President's Justification of War.*Western Journal of Speech Communication*, 41, 93-104.

Cook, T. E. (1994). Domesticating a Crisis:Washington Newsbeats and Network News after the Iraq Invasion of Kuwait.In Bennett, W.L.,&Paletz, D.L.(Eds.), *Taken by Storm:The Media,Public Opinion,and U.S.Foreign Policy in the Gulf War.*Chicago:The University of Chicago Press.

Cummings, B. (1992). *War and Television.*London:Verso.

Cutlip, S.M., Center A.H.,&Broom,G.M.(1994).*Effective Public Relations.*

New Jersey: PrenticeHall.

Davison, W. P. (1965). *International Political Communication.* New York: Praeger.

Defleur , M. L .,& Ball-Rokeach, S. (1989). *Theories of Mass Communication.* London；New York:Longman.

Dennis , E. E. , Stebenne, D., Pavlik, J., Thalhimer ,M., LaMay ,C., Smillie, D., FitzSimon, M., Gazsi, S.,&Rachlin ,S.(1991).(Eds.),*The Media at War:The Press and the Persian Gulf Conflict.*New York:Gannett Foundation Media Center.

Dennis, E. E. (1991). Introduction. In Dennis , E.E. , Stebenne, D., Pavlik, J., Thalhimer , M., LaMay ,C., Smillie, D., FitzSimon, M., Gazsi, S.,&Rachlin ,S. (Eds.),*The Media at War:The Press and the Persian Gulf Conflict*(pp.1-5).New York:Gannett Foundation Media Center.

Deutch, K. W. (1962). Communications, Arms Inspection, and Nation Security.In Q. Wright, W.Evan,& M.Deutsch（Eds.）, *Preventing World War Ⅲ.*（pp.62-73）New York：Simon＆Schuster.

Dominick, J .R. (1999). *The Dynamics of Mass Communication.* New York: McGraw-Hill.

Donovan, R.J., & Scherer, R.(1992).*Unsilent Revolution.*New York: Cambridge University Press.

Durgan, M. A. (1989).Peace Studies at the Graduate Level. *The Annals of the American Academy of Political and Social Science*, 504,72-79.

Ellul, J. (1965).*Propaganda:The Formation of Men's Attitudes.*New York:Vintage Books.

Feierabend , I.K.,Feierabend ,R. L.,& Nesvold, B.A. (1971). Social Change and Political Violence: Cross National Patterns. In Finkle, J.L. , &Gable ,R.W.(Eds.), *Political Development and Social Change.* New York: John Wiley & Sons.

Fialka, J. J.(1991).*Hotel Warriors:Covering the Gulf War.* Washington,

DC:Woodrow Wilson Center Press.

Fortner, R. S. (1993). *International Communication: History, Conflict, and Control of the Global Metropolis*. Belmont, CA: Wadsworth.

Frederick, H. H. (1993). *Global Communication & International Relations*. Belmont, Calif.: Wadsworth Pub. Co.

Fuller,J.F.C.(1961).*The Conduct of War:1789-1961*.London:Rutgers.中譯本見鈕先鍾譯(1996)。《戰爭指導》。台北:麥田。

Golding, P. (1981). The Missing Dimensions:News Media and the Management of Change. In E.Katz, &T. Szecskb (Eds.), *Mass Media and Social Change*.London: Sage.

Graebner, N.A. (2001). Myth and Reality: America's Rhetorical Cold War.In M. J. Medhurst, & H.W.Brands (Eds.), *Critical Reflections on the Cold War: Linking Rhetoric and History*.College Station, TX: Texas A&M University Press.

Grunig, J. E., & Hunt, T.(1984).*Managing Public Relations*. New York: Holt, Rinehart and Winston.

Grunig, J. E., & Hunt ,T.(1992).Models of Public Relations and Communication. In Grunig, J. (Ed.), *Excellence in Public Relations and Communication Management* (pp. 285-325). Hillsdale, NJ:Lawrence Erlbaum Associates.

Grunig, J. (2001).Two-way Symmetrical Public Relations:Past,Present,and Future.In R.L.Heath(Ed.).*Handbook of Public Relations*. Thousand Oaks, CA : Sage.

Hachten, W. A. (1996).*The World News Prism:Changing Media of International Communication. Ames,* IA: Iowa State University Press.

Halberstam, D. (1979). *The Powers That Be*. New York: Alfred A. Knoff.

Hale, J. (1975). *Radio Power*.Philadelphia: Temple University Press.

Hall, S., Critcher, C., Jefferson, T., Clarke, J., &Roberts, B. (1978). *Policing the Crisis: Mugging, the State,and Law and Order*. London:

Macmillan.

Hall, S., et al. (1981). The Social Production of News:Mugging in the Media.In Cohen,S.,&Young,J. (Eds.), *The Manufacture of News:Deviance, Social Problems,and the Mass Media.*Beverly Hills,CA:Sage.

Hallin, D. C. (1989). *The Uncensored War: The Media and Vietnam*.Oxford:Oxford University Press.

Hallin,D.C.（1994）.*We Keep America on Top of the World*. London：Routledge.

Hallin, D. C. (1997). The Media and War. In Corner , J., Schlesinger, P., & Silverston , R. (Eds.) , *International Media Research: A Critical Survey*(pp.206-231). London: Routledge.

Harris, R. (1983). *Gotcha ! The Media, The Government and the Falklands Crisis*.London: Faber.

Harris, R. (1991). *Good and Faithfull Servant*. London: Faber.

Herman, E.S.&Chomsky, N. (1988). *Manufacturing Consent:The Political Economy of the Mass Media.* New York: Pantheon Books.

Herman, E.S., &McChesney, R.W. (1997). *The Global Media : The Missionaries of Global Capitalism* .London:Cassell.

Hiebert, E.R. (1991). Public Relations as a Weapon of Modern Warfare. *Public Relations Review* . Summer 1996, 17(2) :107-116.

Holloway,R.L.(1994).Keeping the Faith: Eisenhower Introduces the Hydrogen Age,in M.J.Medhurst (Ed.).*Eisenhower's War of Words: Rhetoric and Leadership* (pp.47-72). East Lansing, MI: Michigan State University Press.

Jowett,G.S.,&O'Donnell,V.(1992). *Propaganda and Persuasion*. Beverly Hills, CA: Sage.

Katz, E., & Lazarsfeld, P.F.(1955).*Personal Influence*. Glencoe, IL: Free Press.

Keane, J. (1991). *Media and Democracy*. Cambridge, Cambridgeshire : Polity Press.

Kellner, D. (1990). *Television and the Crisis of Democracy*. Boulder, Colorado: Westview.

Kellner, D. (1992). *The Persian Gulf TV War*. Boulder, Colorado: Westview.

Kellner, D. (1995). *Media Culture: Cultural Studies, Identity and Politics between the Modern and the Postmodern*. London: Routledge.

Kellner, D. (2003a). *Media spectacle* . London ,New York : Routledge.

Kellner, D. (2003b).*From 9/11 to Terror War:Dangers of the Bush Legacy*. Boulder, Co.: Rowman and Littlefield.

Klapper , J. (1960).*The Effects of Mass Communication*. New York: Free Press.

Knightley, P. (1975). *The First Casualty: From the Crimea to Vietnam*. New York: Harcourt, Brace, Jovanovich.

Koenig, S. (1961). *Sociology: An Introduction to the Science of Society*. New York : Barnes & Noble.

Lake, B. (1984) . *British Newspaper*. London: Speppard Press.

Lasswell, H. D. (1938). *Propaganda Technique in the World War*. New York: Peter Smith.

Lasswell, H. D. (1948). The Structure and Function of Communication in Society.In Lyman Bryson（ed.）, *The Communication of Ideas*. New York: Harper & Row.

Lazarsfeld, P. F., Berelson, B., &Gaudet,H.(1944).*The People's Choice*. New York: Duell, Sloan and Pearce.

Lee , A. M.,&Lee ,E. B.(1972).*The Fine Art of Propaganda:Prepared for the Institute for Propaganda Analysis*. New York: Octagon Books.

Libicki,M.C.(1996).*What is Information Warfare ?* Washington, D. C.: National Defense University Press.

Liddell-Hart, B.H. (1967). *Strategy:The Indirect Approach*. London: Faber and Faber.

Lippmann, W. (1929). *Public Opinion*. New York: Macmillan.

Littlejohn, S. W. (1989). *Theories of human communication*. CA: Wadsworth.

Lyman Bryson (ed.), *The Communication of Ideas*. New York: Harper & Row.

M.,&Jones,E.〔1999〕.*Mass Media*. Macmillan Press LTD.

Martin, L. J. (1970). International Propaganda in Retrospect&Prospect.In Fischer , H.D.,&.Merrill ,J.C(Eds.), *International Communication*. New York:Hasting.

McChesney, R. W. (2004). *The Problem of the Media: U.S. Communication Politics in the 21st Century*. New York: Monthly Review Press.

McClelland, C. A. (1977). The Anticipation of International Crisis : Prospects for Theory and Research, *International Studies Quarterly*,21.

McLuhan, M. (1964). *Understanding Media: The Extensions of Man*. London: Routledge and Kegan Paul.

McLuhan, M., & Fiore, Q. (1967). *The Medium is the Message:An Inventory of Effects*.New York:Bantam Books.

McLuhan, M., &Fiore, Q. (1968).*War and Peace in the Global Village*. New York: McGraw Hill.

McNair, B. (1995). *An Introduction to Political Communication*. London: Routledge.

McQuail , D.,&Windahl ,S.(1981).*Communication Models:For the Study of Mass Communications*.London；New York:Longman.

McQuail, D. (1983). *Mass Communication Theory: An Introduction*. London: Sage.

Medhurst, M. J. (1997a). Atoms for Peace and Nuclear Hegemonny: The Rhetorical Structure of a Cold War Campaign.*Arms Forces and*

Society,23,571-593.

Medhurst, M. J.(1997b).Eisenhower and the Crusade for Freedom:The Rhetorical Origins of a Cold War Campaign.*Presidential Studies Quarterly*,27,646-661.

Mercer, D., Mungham, G., &Williams, K. (1987).*The Fog of War*. London: Heinemann.

Merrill, J.C., &Lowenstein, R.L. (1971). *Media,Messages and Men: New Perspectives in Communication.*New York:David Mckay.

Metz, S. (2000). *Armed Conflict in the 21st Century : The Information Revolution and Post-Modern Warfare.* Strategic Studies Institute (SSI),U.S. Army War College.

Miller, D. L. (1985). *An Introduction to Collective Behavior.* Belmont, California: Wadsworth.

Mowlana, H. (1986). *Global Information and World Communication.* New York: Longman.

Newsom, D., & Scott, A.(1981). *This is PR: The Reality of Public Relations*. Belmont, CA: Wadsworth.

Nye, J. S. Jr. (2004) .*Soft Power ：The Means to Success in World Politics.* New York: Public Affairs.

Nimmo, D. (1977). Political Communication Theory and Research: An Overview.In B.Ruben (Ed.), *Communication Yearbook Ⅰ*. New Brunswick , NJ: Transaction-International Communication Association.

Nisbet, R. A. (1969). *Social Change and History.*New York:Oxford University Press.

Paletz, D. L., &Schmid, A. P. (1992). *Terrorism and the Media.*Newbury Park, CA: Sage.

Parray-Giles, S. (1994). Rhetorical Experimentation and the Cold War,1947-1953:The Development of an Internationalist Approach to Propaganda.*The Quarterly Journal of Speech*,80,448-467.

Polanyi, M. (1966). *The Tacit Dimension.*New York: Doubleday& Company Inc.

Ponting, C. (1998). *Progress and Barbarism: The World in theTwentieth Century.*London: Chatto&Windus.

Popper, K. (1976). The Logic of the Social Sciences.In Adorno, T.W. (Ed.) *The Positivist Dispute in German Sociology.* London: Heinemann Educational Books.

Preston, P. (2001). *Reshaping Communications.*London: Sage.

Rainie, L., Fox, S., & Fallows, D. (2003). The Internet and the Iraq War: How Online Americans Have Used the Internet to Learn War News, Understand Events, and Promote Their Views. *http://www. PEWINTERNET. ORG.*

Rivers, W. L. (1970). *The Adversaries.*Boston: Beacon Press.

Rivers, W. L. (1982). *The Other Government: Power and the Washington Media.*New York: Universe.

Rogers, E. M. (1983). *Diffusion of Innovation.*New York:Free Press.

Rogers, E. M., & Storey, J.D. (1987). Communication Campaigns.In Berger, C.R.,& Chaffee , S.H.(Eds.),*Handbook of Communication Science*. Newbury Park, CA: Sage.

Rogers, E. M, & Dearing, J.W.（1988）.Agenda-setting Research：Where as it Been, Where is it Going？In Anderson, J.A.（Ed.）, *Communication Yearbook11*（pp.555-594）.Newbury Park, CA：Sage.

Roloff, M. E., &Miller, G.R. (Eds.). (1980). *Persuasion: New Directions in Theory and Research.*Beverly Hills, CA: Sage.

Schiller, H. I. (1969). *Mass Communication and American Empire.*New York: Kelly.

Schiller, H. I. (1976). *Communication and Cultural Domination.*New York: Sharpe.

Schlesinger, P., Murdock , P.G.,&Elliott,P. (1983).*Televising "Terrorism":*

Political Violence in Popular Culture. London:Comedia.

Schramm , W. (1963).Communication Development and the Development Process. In Pye, L. W.(Ed.),*Communication and Political Development*. Princeton, New Jersey: Princeton University Press.

Schramm , W. (1964).*Mass Media and National Development*. Stanford: Stanford University Press.

Schramm, W., & Roberts, F. (1971). *The Process and Effects of Mass Communication.* Urbana, IL:University of Illinois Press.

Seitel, F. P. (1992). *The Practice of Public Relations*. New York: Macmillan Publishing Company.

Severin , W. J.,&Tankard, J. W.(2001).*Communication Theories:Origins, Methods, and Uses in the Mass Media.* New York: Longman.

Shannon , C. ,& Weaver , W. (1949). *The Mathematical Theory of Communication*. Urbana : University of Illinois Press.

Sharkey, J. (1991). *Under Fire: U.S. Military Restrictions on the Media from Grenada to the Persian Gulf.* Washington, DC: The Center for Public Integrity.

Shultz, R.H., & Godson, R. (1984). *Dezinformatsia: Active Measures in Soviet Strategy.*Washington, D C : Pregamon-Brassey.

Siebert, F. S., Peterson, T., &Schramm, W.(1956).*Four Theories of the Press*.Urbana: University of Illinois Press.

Sigal, L. (1973). *Reporters and Officials: The Organisation and Politics of Newsmaking.* Lexington, Mass.: D.C.Heath.

Singer, J. D. (1965). Media Analysis in Inspection for Disarmament. *Journal of Arms Control,*3,248-259.

Solery, L. C. (1989). *Radio Warfare*.New York: Praeger.

Soley, L.C., &Nichols, J.S. (1987). *Clandestine Radio Broadcasting:A Study of Revolutionary and Counterrevolutionary Electronic Communication.* Westport, CT: Praeger.

Straubhaar, J., & LaRose, R. (1997). *Communications Media in the Information Society*. Belmont, CA: Wadsworth.

Strentz , H.(1989). *News Reporters and News Sources : Accomplices in Shaping and Misshaping the News*. Ames : Iowa State University Press.

Tai, H. C. (1989). The Approach to Peace and War. In Cheng, C.Y. (Ed.), *Sun Yat-sen's Doctrine in the Modern World*. Boulder, Colorado: Westview Press.

Taylor, P. M. (1997). *Global Communications, International Affairs and the Media since 1945*. London: Routledge.

Taylor, P. M. (1990). *Munitions of the Mind: War Propaganda from the Ancient World to the Nuclear Age*.Wellingborough, UK: Patrick Stephens.

Thomson, O. (1977). *Mass Persuasion in History*.Edinburgh: Paul Harris.

Tocqueville, A. D. (1995). *Democracy in America*.Vol.1.New York: Vintage Books.

Tomlinson, J. (1999). *Globalization and Culture*. Oxford : Polity.

Toth, E .L. (1992). The Case of Pluralistic Studies of Public Relations: Rhetorical, Critical, and Systems perspectives. In Toth, E.L., & Heath ,R.(Eds.),*Theoretical and Critical Approached to Public Relations*. Hillsdale, N. J.: Lawrence Erlbaum Associates ,Publishers.

Watson, P. (1978). *War on the Mind*.New York: Basic Books.

Wilcox, D. L., Ault, P. H., & Agee,W.K.(1998). *Public Relations: Strategies and Tactics*. New York: Longman.

Williams, J. (1972). *The Home Fronts: Britain, France and Germany 1914-1918. London*: Constable.

Windahl, S., Signitzer, B., & Olson, J. (1992). *Using Communication Theory*. Newbury Park, CA: Sage.

Wright, Q. (1965). *A Study of War*. Chicago : University of Chicago Press.

Wright, W.Evan, & M. Deutsch (Eds.), *Preventing World War Ⅲ*. (pp.62-73)New York: Simon&Schuster.

Young, P., & Jesser, P. (1997).*The Media and the Military:From the Crimea to Desert Strike.* South Melbourne: Macmillan Education.

Yü, Y. S. (1989). Sun Yat-sen's Doctrine and Traditional Chinese Culture. In Cheng, C.Y. (Ed.), *Sun Yat-sen's Doctrine in the Modern World.* Boulder, Colorado: Westview Press.

國家圖書館出版品預行編目

戰爭傳播：一個「傳播者」取向的研究／方鵬程
著. -- 一版. -- 臺北市：秀威資訊科技,
2007[民 96]
面； 公分. -- (社會科學類；AF0062)
參考書目：面
ISBN 978-986-6909-64-1(平裝)

1. 戰爭 2. 傳播

592 96008078

社會科學類 AF0062

戰爭傳播：
一個「傳播者」取向的研究

作　　者／方鵬程
發 行 人／宋政坤
執行編輯／賴敬暉
圖文排版／陳湘陵
封面設計／李孟瑾
數位轉譯／徐真玉　沈裕閔
圖書銷售／林怡君
網路服務／徐國晉
法律顧問／毛國樑律師
出版印製／秀威資訊科技股份有限公司
台北市內湖區瑞光路 583 巷 25 號 1 樓
電話：02-2657-9211　　傳真：02-2657-9106
E-mail：service@showwe.com.tw
經 銷 商／紅螞蟻圖書有限公司
台北市內湖區舊宗路二段 121 巷 28、32 號 4 樓
電話：02-2795-3656　　傳真：02-2795-4100
http://www.e-redant.com

2007 年 5 月 BOD 一版
定價：380 元

讀　者　回　函　卡

感謝您購買本書，為提升服務品質，煩請填寫以下問卷，收到您的寶貴意見後，我們會仔細收藏記錄並回贈紀念品，謝謝！

1.您購買的書名：______________________________

2.您從何得知本書的消息？

□網路書店　□部落格　□資料庫搜尋　□書訊　□電子報　□書店

□平面媒體　□ 朋友推薦　□網站推薦　□其他__________

3.您對本書的評價：(請填代號　1.非常滿意 2.滿意 3.尚可 4.再改進)

封面設計____　版面編排____　內容____　文/譯筆____　價格____

4.讀完書後您覺得：

□很有收獲　□有收獲　□收獲不多　□沒收獲

5.您會推薦本書給朋友嗎？

□會　□不會，為什麼？____

6.其他寶貴的意見：____

____

____

____

讀者基本資料

姓名：____________________　年齡：______　性別：□女　□男

聯絡電話：________________　E-mail：____________________

地址：____

學歷：□高中(含)以下　□高中　□專科學校　□大學

□研究所(含)以上　□其他_______________

職業：□製造業　□金融業　□資訊業　□軍警　□傳播業　□自由業

□服務業　□公務員　□教職　□學生　□其他__________

請貼
郵票

To：114

台北市內湖區瑞光路 583 巷 25 號 1 樓

秀威資訊科技股份有限公司 收

寄件人姓名：

寄件人地址：□□□

(請沿線對摺寄回,謝謝!)

秀威與 BOD

BOD（Books On Demand）是數位出版的大趨勢，秀威資訊率先運用 POD 數位印刷設備來生產書籍，並提供作者全程數位出版服務，致使書籍產銷零庫存，知識傳承不絕版，目前已開闢以下書系：

一、BOD 學術著作—專業論述的閱讀延伸
二、BOD 個人著作—分享生命的心路歷程
三、BOD 旅遊著作—個人深度旅遊文學創作
四、BOD 大陸學者—大陸專業學者學術出版
五、POD 獨家經銷—數位產製的代發行書籍